Elektrotechnik

Grundbildung Schaltungstechnik

Jürgen Klaue, Roxheim
Heinrich Hübscher, Lüneburg
unter Mitarbeit von Klaus Schierack

westermann

Diesem Buch wurden die bei Manuskriptanschluß vorliegenden neuesten Ausgaben der DIN-Normen und VDE-Bestimmungen zugrunde gelegt. Verbindlich sind jedoch nur die neuesten Ausgaben der DIN-Normen und VDE-Bestimmungen selbst.

Die DIN-Normen wurden wiedergegeben mit Erlaubnis des DIN Deutsches Institut für Normung e.V.

Die DIN-Normen können bezogen werden bei Beuth Verlag GmbH, Burggrafenstraße 6, 10787 Berlin.

Die VDE-Bestimmungen können bezogen werden bei VDE-Verlag GmbH, Bismarckstraße 33, 10625 Berlin.

Zu diesem Buch kann ein Satz
mit 46 herausnehmbaren Arbeitsblättern DIN A4
unter der Best.-Nr. **22 1041** bezogen werden.

Bildquellenverzeichnis

Hinweis: Ziffern vor dem Komma = Seitenzahl
Ziffern nach dem Komma = Bild-Nr.

Fotos:

J. Klaue, Roxheim: 5,1; 5,2a; 8,1; 11,2; 12,1; 14,1a–d; 15,4; 16,1a–e; 21,4; 24,2; 25,5; 27,1; 46,3; 51,1

Metzenauer & Jung GmbH, Wuppertal: 48,1

Römisch Zehn, I. Polastri, Weddel: 6,5; 9,3; 31,1a/b; 35,5a/b; 39,3; 41,6; 46,2b; 48,2; 51,1

rotring-werke Riepe KG, Hamburg; 6,1; 6,4; 7,6a/b; 7,9

G. Schütze, Neuwied: 45,2; 46,2a

K. Steinke, Braunschweig; 7,7b

Valvo Unternehmensbereich Bauelemente der Philips GmbH, Hamburg: 75,1

Westermann-Foto, H. Buresch, Braunschweig: 6,3; 7,7a; 7,8; 63,3; 70,1; 74,1; 82,1; 84,1

Satz, Layout und Zeichnungen:

Satzpunkt Ewert Digitale Medien GmbH, Braunschweig

Dieses Papier wurde
aus chlorfrei gebleichtem
Zellstoff hergestellt

2. Auflage Druck 5 4 3 2
Herstellungsjahr 1999 1998 1997
Alle Drucke dieser Auflage können im Unterricht parallel verwendet werden.

Verlagslektorat: Armin Kreuzburg
Herstellung: Herbert Heinemann
Gesamtherstellung: westermann druck GmbH, Braunschweig

ISBN 3-14-**22 1040**-7

Vorwort

Das vorliegende Buch soll Schüler in der Grundbildung des Berufsfeldes Elektrotechnik in

- die normgerechte Darstellung mechanischer Bauteile, elektrischer Installationsschaltungen und elektronischer Bauelemente,
- die VDE-gerechte Installation elektrischer Anlagen,
- und Schaltungstechnik mit einfachen logischen Bausteinen und
- den Umgang mit Kennlinien linearer und nichtlinearer Bauelemente

einführen.

Die verschiedenen Themen werden in kleinen überschaubaren Kapiteln besprochen, die mit einem praxis- und handlungsorientierten Auftrag eingeleitet werden. Zahlreiche Aufgaben verschiedenster Art schließen sich unmittelbar an jedes Kapitel an, wobei einige wahlweise auch mit Hilfe von besonders gekennzeichneten Arbeitsblättern (❏) bearbeitet werden können.

Die Aufgaben sind so ausgewählt, daß sowohl das zeichnerische Gestalten und das Zeichnungslesen, als auch die Beschreibung des Aufbaus und der Funktion einer Schaltung eingeübt werden können. Als Hilfe bei der Lösung von Aufgaben sind am Schluß des Buches wichtige Regeln, Symbole und Schaltzeichen in Form von Kurzfassungen zusammengefaßt worden. Damit hat der Lernende ein kleines Nachschlagewerk zur Hand, das ihm auch zur Festigung des Gelernten sehr dienlich sein kann.

Durch besondere blaue Markierungen im Text und in den Abbildungen wird zusätzlich der Zusammenhang zwischen Text und Bild an wichtigen Stellen für den Lernenden hergestellt.

An verschiedenen Stellen war es notwendig, einführende Kapitel voranzustellen, um grundlegende Festlegungen und Zusammenhänge zu erläutern oder den Aufbau und die Funktion von Geräten zu erklären.

Die gewählte Struktur und der abgestufte Schwierigkeitsgrad der Übungen ermöglichen, die einzelnen Kapitel des Buches mit unterschiedlicher Ausführlichkeit zu bearbeiten und so den Unterricht an die jeweilige Unterrichtssituation anzupassen.

Wir haben konsequent die DIN-Norm 40 900/3.88 eingehalten, was zu zahlreichen neuen Darstellungen geführt hat. In diesem Zusammenhang wird insbesondere auf die Gehäusedarstellung, die Leiterkennzeichnung, die Schalterstück-Anordnung beim Wechselschalter sowie das mehrpolige Symbol des Dimmers verwiesen. Die Möglichkeit, bei Verzweigungen auf den Verbindungspunkt zu verzichten, haben wir aus methodischen Gründen verworfen.

Das vorliegende Buch umfaßt alle Lerninhalte der Rahmenlehrpläne der KMK für die Grundbildung der industriellen und handwerklichen Elektroberufe des Faches Schaltungs- und Funktionsanalyse. Neben dieser Bezeichnung des Faches werden in einigen Bundesländern auch die Bezeichnungen „Fachzeichnen“, „Technisches Zeichnen“, „Schaltungstechnik und Funktionsanalyse“ oder „Schaltungstechnik“ benutzt. Aufgrund dieser Uneinheitlichkeit wurde für das vorliegende Werk der übergreifende Titel „Schaltungstechnik“ verwendet.

Für Hinweise und Verbesserungsvorschläge sind Autoren und Verlag jederzeit aufgeschlossen und dankbar.

Autoren und Verlag — Braunschweig 1990

Vorwort zur 2. Auflage

Die vorliegende 2. Auflage wurde durch das Kapitel „Schalten mit Schutzeinrichtungen“ erweitert. Dieses zusätzliche Lernangebot soll insbesondere Elektroinstallateuren die Möglichkeit bieten, sich schon während der Grundbildung mit diesem Thema auseinanderzusetzen.

Mit der jetzt gültigen Norm DIN 406 Teil 11 wurde eine Überarbeitung aller Maßeintragungen für Durchmesser und Radien erforderlich. Das Kapitel „Werkstücke in zwei Ansichten“ mußte deshalb inhaltlich neu gestaltet werden. An anderen Stellen wurden entsprechende Korrekturen vorgenommen.

Die 2. Auflage bot auch die Möglichkeit, im Informations- und insbesondere im Übungsteil Verbesserungsvorschläge zu berücksichtigen. So wurde der Schwierigkeitsgrad der Übungsaufgaben stärker gestuft, damit die einzelnen Lösungsschritte besser dem unterschiedlichen Leistungsvermögen der Schüler angepaßt werden können. Die Grundbildung Schaltungstechnik wird dadurch noch besser das Unterrichtsgeschehen unterstützen und Lehrern und Lernenden eine wichtige Hilfe sein.

Wir danken all denen, die uns in der Vergangenheit mit Verbesserungsvorschlägen geholfen haben das vorliegende Lehr- und Lernbuch weiterzuentwickeln und hoffen, daß wir auch in Zukunft viele Anregungen erhalten.

Autoren und Verlag — Braunschweig 1996

Inhaltsverzeichnis

1 Einführung in Technisches Zeichnen

Aus der täglichen Erfahrung weiß man, daß „ein Bild mehr als 1000 Worte sagen kann". Bilder sind meistens eindeutiger und anschaulicher als die Sprache. Man verwendet deshalb in der Technik vorzugsweise **Technische Zeichnungen** (Abb. 3).

Unvollständige und ungenaue Abbildungen können vom Betrachter unterschiedlich ausgelegt werden, deshalb müssen an Technische Zeichnungen besondere Anforderungen gestellt werden. Dazu genügt es nicht, die Körperform so genau wie möglich darzustellen, sondern es sind weitere Angaben notwendig, wie z. B.

- die Maße (Abb. 3 ①),
- die Güte der Oberfläche ② und
- der Werkstoff ③.

Diese Eintragungen dürfen aber die Klarheit und Eindeutigkeit der Zeichnung nicht beeinträchtigen. Um dies sicherzustellen, müssen Technische Zeichnungen den folgenden zwei Grundsätzen entsprechen.

[M01] Die Form des Werkstückes muß klar erkennbar sein!

[M02] Die Maße des Werkstückes müssen vollständig und eindeutig angegeben sein!

Um diese grundsätzlichen Bedingungen einzuhalten, wurden Vereinbarungen getroffen, die in **DIN-Normen** festgelegt sind. Dort findet man auch Vereinfachungen und andere symbolhafte Darstellungen.

Es gibt neben den genormten Festlegungen noch eine Reihe von Gewohnheiten, an die sich Technische Zeichner normalerweise halten. Beide Arten von Vereinbarungen nennen wir **Regeln**. Wir besprechen diese stets dann, wenn sie zur Lösung eines bestimmten Auftrages notig sind.

Auf den Seiten 90...92 befindet sich die **Kurzfassung Metalltechnik**, in der alle Regeln noch einmal verkürzt aufgeführt sind und/oder an Zeichnungen verdeutlicht werden.

Ein Elektro-Facharbeiter bzw. -Geselle stellt im allgemeinen keine Technischen Zeichnungen her, sondern bekommt sie als Anweisung für seinen Arbeitsauftrag. Er muß also in erster Linie solche Pläne lesen können, d. h. er muß die Symbole und andere Vereinfachungen beherrschen. Um dieses Ziel zu erreichen ist es sinnvoll, für eine gewisse Zeit selber zu zeichnen. Unter dieser Sicht sind die folgenden Kapitel aufgebaut.

Technische Zeichnungen werden in Normschrift beschriftet. Wir haben die verschiedenen Schriftarten in die oben genannte Kurzfassung aufgenommen. Wir haben auf Übungen im Normschrift-Schreiben verzichtet, weil wir die Verwendung von Schriftschablonen befürworten.

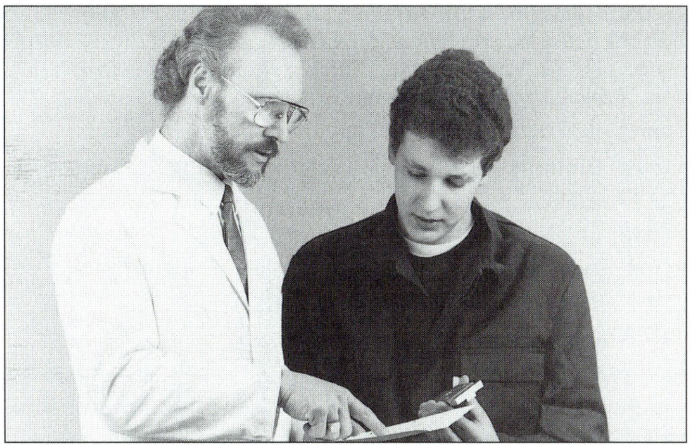

Abb. 1: Besprechung eines Auftrages

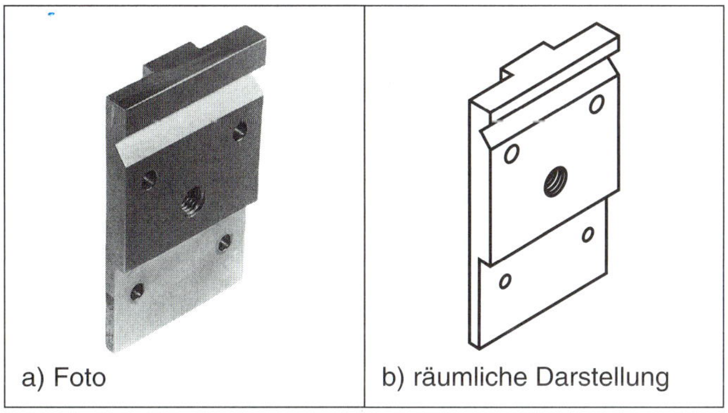

a) Foto   b) räumliche Darstellung

Abb. 2: Teil 6 des Schraubstocks (feste Backe)

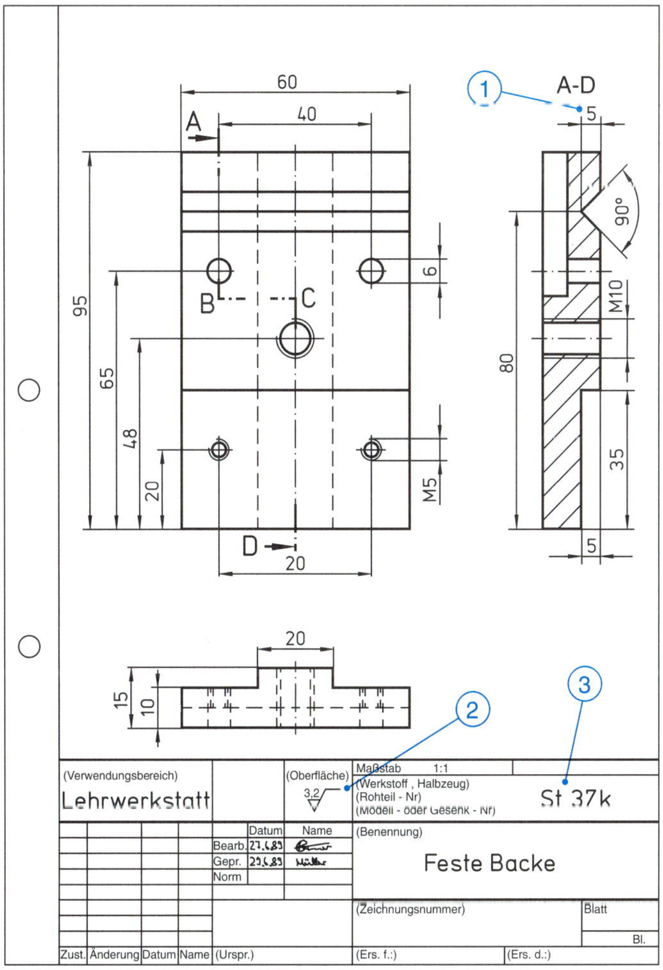

Abb. 3: Technische Zeichnung zu Abb. 2

1 Einführung in Technisches Zeichnen

Wie für jede andere Arbeitsausführung gehört auch zum Zeichnen gutes und vor allen Dingen zweckmäßiges Werkzeug. Wir empfehlen die folgenden **Zeichengeräte** und geben dabei Hinweise zur Auswahl und zur Handhabung.

Zuerst muß geklärt werden, ob

- mit **Bleistift auf Zeichenkarton** (Papiergewicht: ca. 150 g/m²)

  oder
- mit **Tusche auf Transparentpapier** (Papiergewicht: ca. 90 g/m²)

gezeichnet werden soll.

Beide Möglichkeiten haben Vorteile und Nachteile, die wir im folgenden kurz ansprechen wollen. Beim **Zeichnen mit Bleistift auf Zeichenkarton** liegt der Hauptvorteil darin, daß einfacher radiert werden kann als bei Tuschezeichnungen. Nachteilig ist dagegen, daß die Bleistiftstriche (Stärke und Schwärzung) stark von der Haltung und vom Druck beim Zeichnen abhängen. Die Zeichnung ist dadurch häufig unsauber und nicht klar in der Darstellung.

Beim **Zeichnen mit Tusche auf Transparentpapier** wird mit Bleistift vorgezeichnet, so daß bei der Reinzeichnung nur noch nachgezeichnet werden muß. Durch die Tuschefüller ist die Strichbreite und -schwärzung einwandfrei vorgegeben. Das Radieren ist mit Hilfe eines Glasradierers (Abb. 8b) ohne große Schwierigkeiten möglich. Nachteilig ist beim Zeichnen mit Tusche die relativ lange Einübungsphase.

Zu der Grundausrüstung (Abb. 2) gehört eine **Zeichenplatte** (Abb. 1) für A4-Zeichenblätter. Alle Aufgaben dieses Buches sind auf diese Blattgröße abgestimmt. Die Klemmleiste der Platte muß einfach zu betätigen sein und das Zeichenblatt auf der ganzen Länge rutschsicher festhalten. Auf eine präzise Führung und Arretierung des Lineals ist besonders zu achten.

Als Bleistifte haben sich **Feinminenstifte** (Abb. 7a) bewährt. Der Vorteil der Feinminenstifte liegt in der exakten Strichstärke, die sich bei richtiger Handhabung nicht ändert. Hierbei ist wichtig, daß der Stift genau senkrecht geführt wird (Abb. 5). Ist das nicht der Fall, nutzt sich die Mine einseitig ab und die Strichbreite verändert sich.

Die **Zeichenschablone** (Abb. 4) sollte neben den elektrotechnischen Symbolen auch Kreise und senkrechte Normschrift in den Größen 3,5 mm und 5 mm enthalten. Beim Kauf muß man beachten, daß die Schablonen zum Zeichenstift (Feinminenstift oder Tuschefüller) passen.

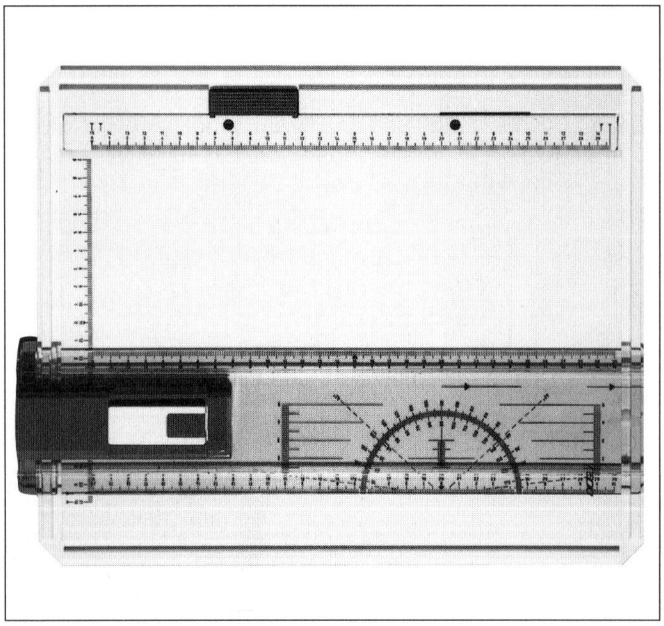

Abb. 1: Zeichenplatte

GRUNDAUSRÜSTUNG
FÜR
TECHNISCHES ZEICHNEN

Zeichenplatte A4 mit Lineal	(Abb. 1)
Zeichendreieck 45°/90°/45°	(Abb. 3)
Zeichendreieck 30°/90°/60°	(Abb. 3)
Geodreieck mit Winkelmesser	(Abb. 3)
Schablone für Elektro-Symbole	(Abb. 4)
Teilzirkel (165 mm)	(Abb. 9)
Feinminenstift, 0,3 mm HB-Mine	(Abb. 7a)
Feinminenstift, 0,5 mm HB-Mine	
Plastikradierer	
Radierstift	(Abb. 8a)
Radierschablone	(Abb. 8c)
zusätzlich für Tusche:	
Tuschefüller 0,25 mm	(Abb. 7b)
Tuschefüller 0,50 mm	
Glasradierer	(Abb. 8b)

Abb. 2: Zeichengeräteliste

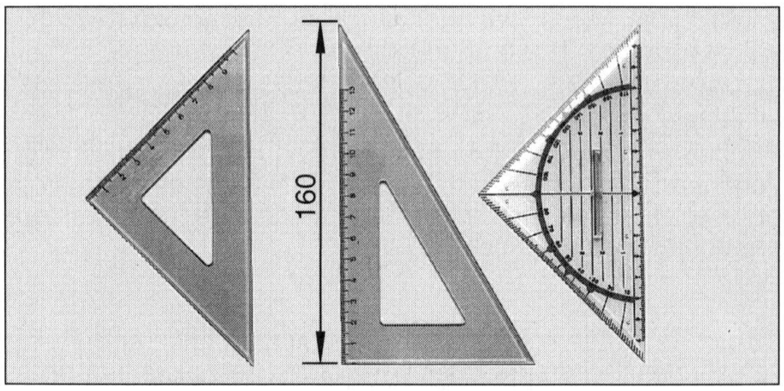

Abb. 3: Zeichendreiecke

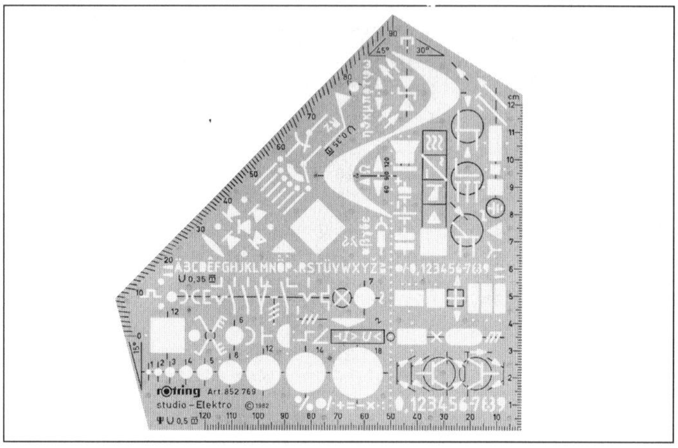

Abb. 4: Zeichenschablone

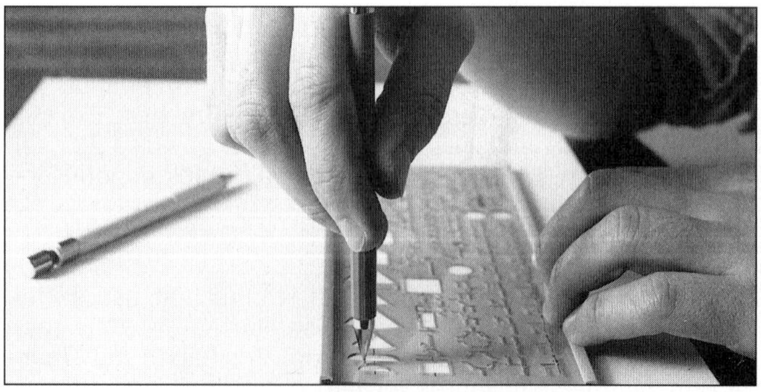

Abb. 5: Zeichnen mit Schablone

1 Einführung in Technisches Zeichnen

Zum Zeichnen mit Tusche werden **Tuschefüller** (Abb. 7b) verwendet. Durch ihre Metallröhrchen können die vorgeschriebenen Linienbreiten gut eingehalten werden, wenn man auf senkrechte Haltung der Tuschefüller achtet (Abb. 6a).

Vom guten Radierer hängt wesentlich die Sauberkeit einer Zeichnung ab. Radierer müssen deshalb genauso sorgfältig ausgesucht werden wie die anderen Zeichengeräte. Neben den bekannten **Plastik-Radierern** haben sich **Radierstifte** (Abb. 8a) bewährt. Sie kann man wie Holzbleistifte anspitzen und bekommt so exakte Spitzen, die für sauberes Radieren wichtig sind. Um beim Radieren die Stellen abzudecken, die erhalten bleiben sollen, verwendet man **Radierschablonen** (Abb. 8c). Diese bestehen entweder aus dünnen Metall-Blechen oder Kunststoff-Folien.

Auch bei Tuschezeichnungen wird man nicht ohne Radieren auskommen. Hierfür benutzt man die schon erwähnten **Glasradierer** (Abb. 8b). Sie bestehen aus einem Glasfaser-Bündel, das in einem Halter geführt wird. Je nach Abnutzung lassen sich die Fasern herausschieben. Um die aufgerauhte Oberfläche des Zeichenpapiers wieder zu glätten, sollte man anschließend mit einem Plastik-Radierer nachradieren.

Zum Zeichnen von Kreisen, Aus- und Abrundungen mit größeren Radien (r > 5 mm) sind Zirkel notwendig. Wir empfehlen einen **Teilzirkel** mit Mitteltrieb (Schenkellänge: ca. 165 mm) (Abb. 9). Die Führung der Schenkel muß genau gearbeitet sein, so daß kein Spiel vorhanden ist, damit sich der Abstand zwischen Spitze und Mine beim Zeichnen nicht verstellt. Der abgebildete Zirkel kann Feinminenstifte oder Tuschefüller aufnehmen. Dies hat den großen Vorteil, daß die Linien der Kreisbögen genauso breit werden wie die übrigen. Bei vielen Zirkeln kann man den Bleistiftminen-Einsatz durch eine entsprechende Halterung (Abb. 10) ersetzen.

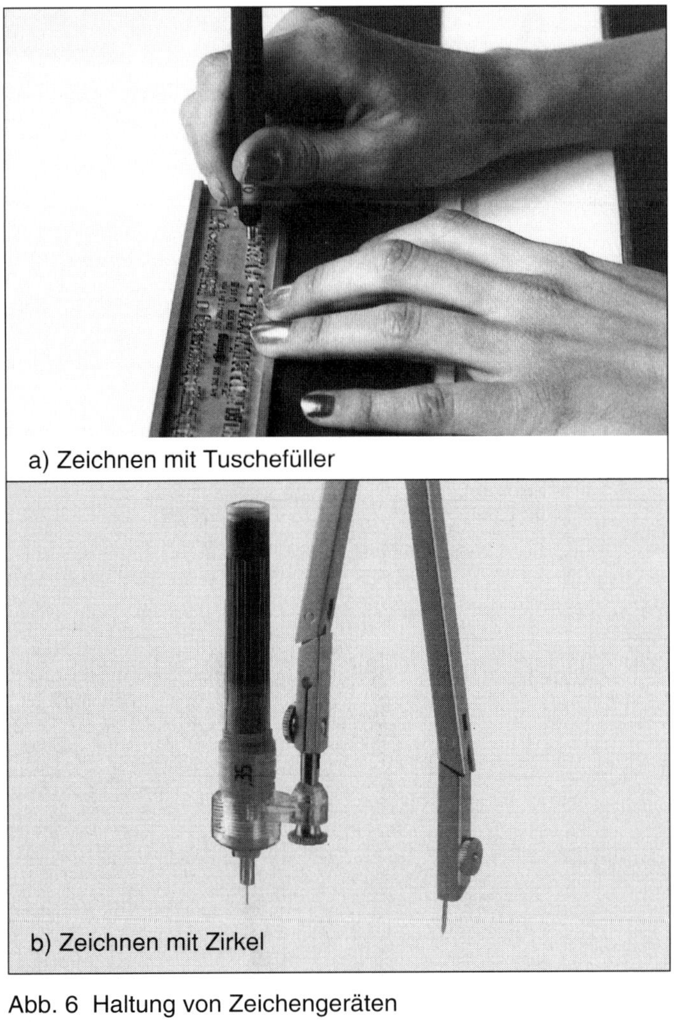

a) Zeichnen mit Tuschefüller

b) Zeichnen mit Zirkel

Abb. 6 Haltung von Zeichengeräten

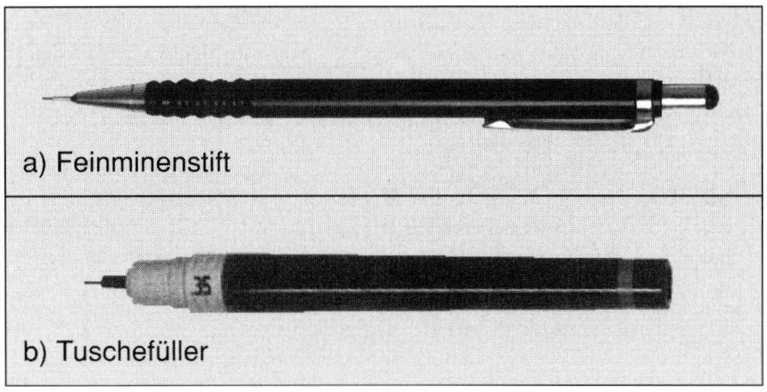

a) Feinminenstift

b) Tuschefüller

Abb. 7: Schreibgeräte

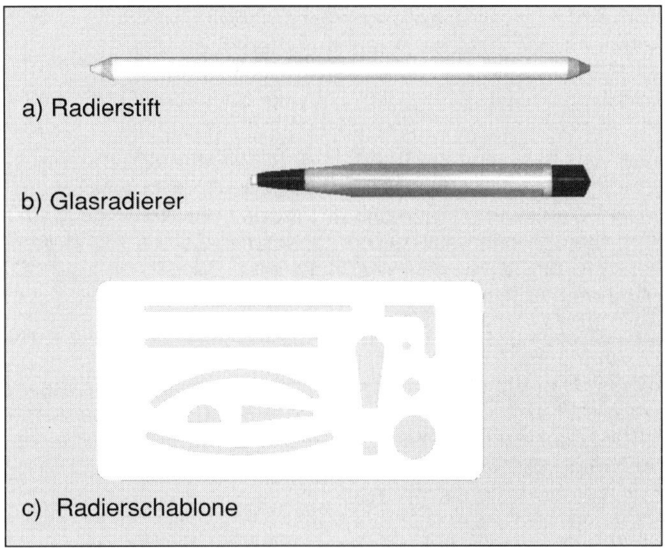

a) Radierstift

b) Glasradierer

c) Radierschablone

Abb. 8: Radiergeräte

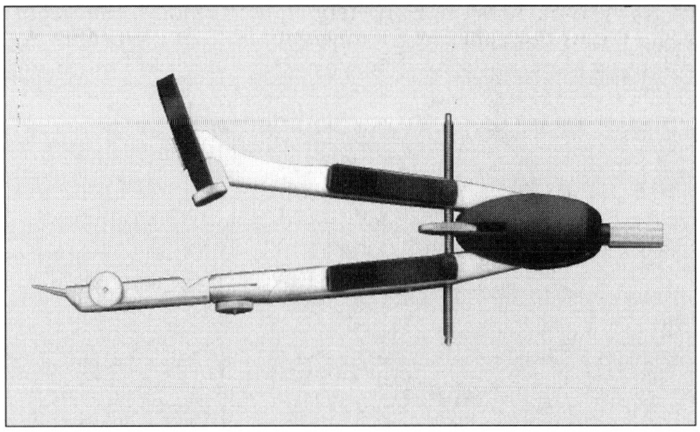

Abb. 9: Teilzirkel

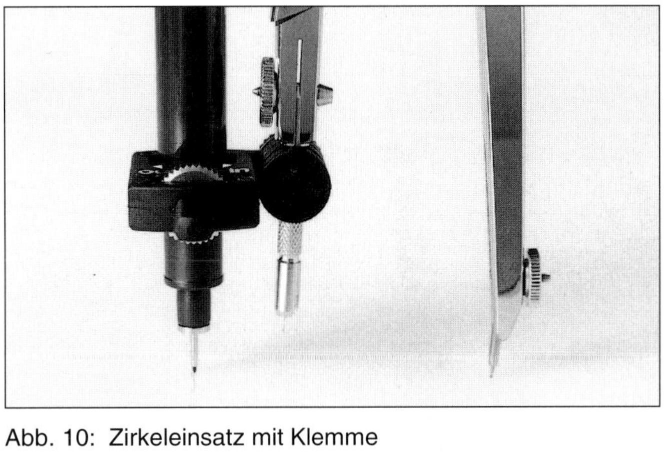

Abb. 10: Zirkeleinsatz mit Klemme

2 Explosionszeichnungen

Wir verwenden in diesem Buch zur Besprechung der metalltechnischen Zeichnungen als Werkstück einen **Schraubstock** (Abb. 1). Er ist zum Einspannen kleiner Bauteile gedacht. Mittels einer Klemmvorrichtung kann er an Arbeitsplatten befestigt werden.

Als Ergänzung sind vorgesehen:

- Zwei Paar **Zwischenbleche** (Kap. 3), die empfindliche Teile vor Druckstellen beim Einspannen schützen sollen.
- Eine einspannbare **Biegevorrichtung** (Kap. 6), mit der Drähte abgewinkelt werden können.

Auftrag

Mit Hilfe der **Explosionszeichnung** (nach DIN: **Anordnungsplan,** Abb. 2) sollen die Einzelteile des Schraubstocks erkannt sowie ihr Zusammenbau erläutert werden.

Lösung

Die Explosionszeichnung ist eine sehr anschauliche Darstellung und wird deshalb von jedem Betrachter sofort verstanden. Dies liegt daran, daß die einzelnen Teile in einer räumlichen Darstellung gezeichnet wurden. Sie kommen damit dem tatsächlichen Aussehen sehr nahe. Solche Pläne werden oft für Montage-Anleitungen bei Bausätzen und für Reparatur-Anleitungen benutzt.

Die einzelnen Bauteile sind so dargestellt, wie sie beim Zusammenbau ineinander oder aneinander gefügt werden sollen, d. h. die entsprechenden Achsen bzw. Kanten liegen in einer Flucht. Es entsteht so der Eindruck, als ob das Werkstück auseinander gezogen wurde oder als ob es explodieren würde. So ist für diese Darstellungsart der Name Explosionszeichnung entstanden.

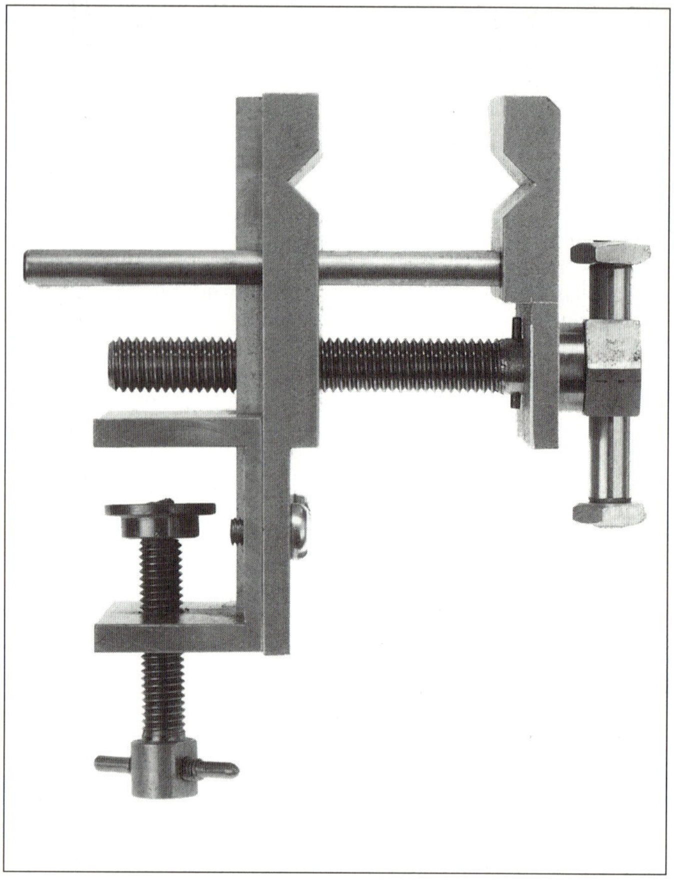

Abb. 1: Schraubstock

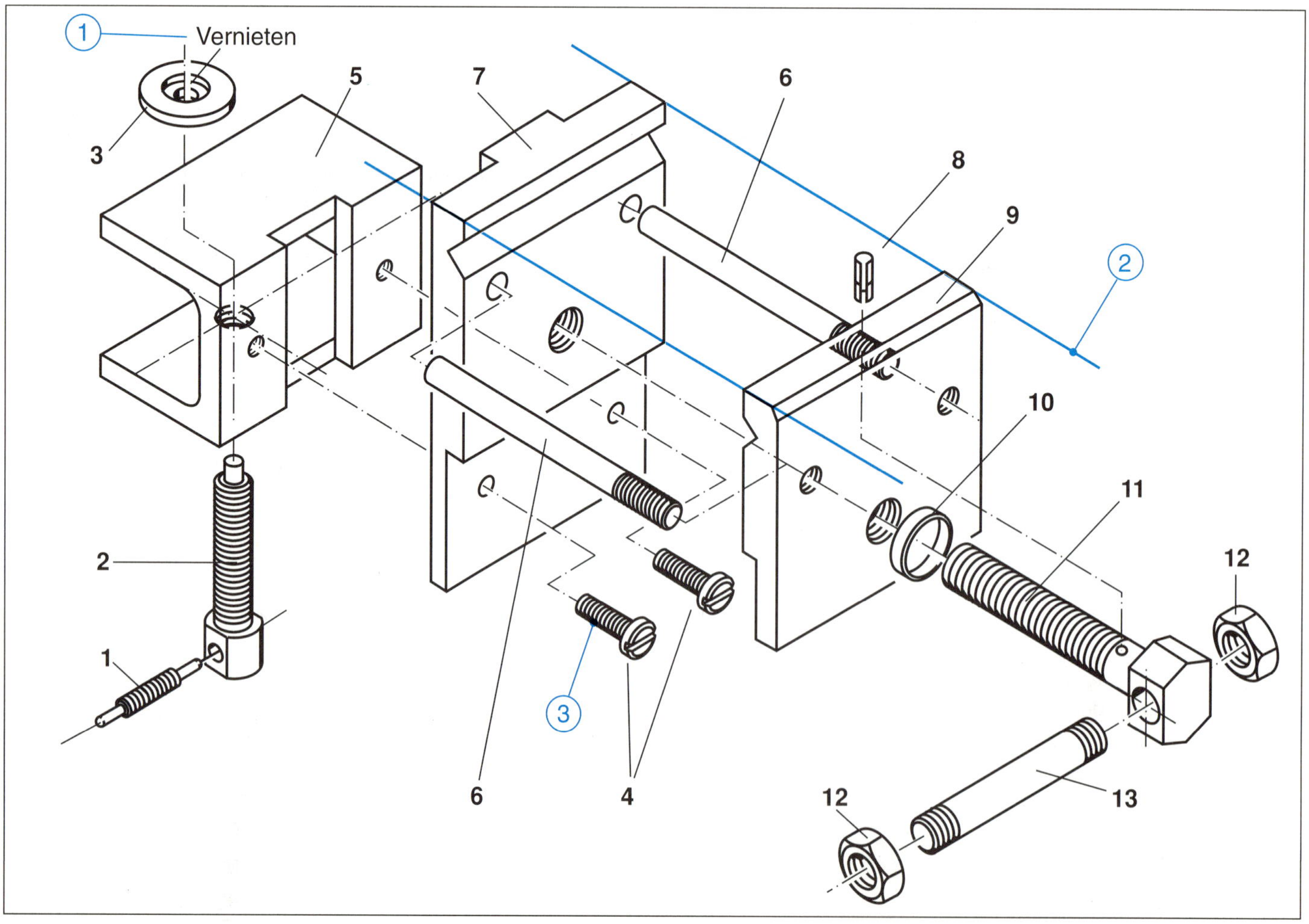

Abb. 2: Schraubstock (Explosionszeichnung)

2 Explosionszeichnungen

Für die Darstellung von Explosionszeichnungen gibt es keine genormten Festlegungen. Es werden trotzdem bestimmte Regeln eingehalten. Dies zeigt sich besonders beim Herstellen solcher Pläne mittels CAD[1)] (Abb. 3).

[M03] In Explosionszeichnungen (nach DIN: **Anordnungspläne**) werden die einzelnen Bauteile des (Gesamt-) Werkstücks als Raumbild (dimetrische Projektion) dargestellt.

[M04] Von den Bauteilen werden nur die typischen Kanten gezeichnet, wobei keine Maßstäbe eingehalten werden.

Man kann also nach den Explosionszeichnungen keine Bauteile herstellen. Dazu benötigt man genaue Teil-Zeichnungen, wie sie in den Kapiteln 3...9 vorgestellt werden.

[M05] Gemeinsame Fluchtrichtungen (Abb. 2 ②) bzw. Mittellinien ③ geben den Fluß des Zusammenbaus an, wobei keine verbindlichen Angaben über die Reihenfolge gemacht werden. Montage-Hinweise ① ergänzen daher oft die Explosionszeichnungen.

[M06] Die Einzelteile (Fachwort: **Positionen**) werden numeriert und mit Bezeichnungen versehen.

Im folgenden wird der **Zusammenbau** an Hand von Abb. 2 erläutert. Wir beginnen dabei mit Teil 5. Man hätte auch an einer anderen Stelle (z. B. bei Teil 9) anfangen können. Zu beachten ist nur, daß sich die folgenden Teile direkt montieren lassen.

- Teil 5 **(Halter)** mit Hilfe der beiden **Schrauben** (Teil 4) mit Teil 7 **(feste Backe)** verbinden.
- Teil 2 **(Feststellspindel)** in Teil 5 schrauben.
- Teil 3 **(Klemmscheibe)** darauf setzen und Teil 2 vernieten.
- Teil 1 **(Knebel 1)** in Feststellspindel schrauben.
- Teil 6 **(Führungsstangen)** in Teil 9 **(lose Backe)** schrauben.
- Teil 10 **(Distanzring)** auf Teil 11 **(Hauptspindel)** schieben.
- Teil 11 durch Teil 9 stecken.
- Teil 8 **(Spannstift)** in Loch von Teil 11 einschlagen.
- Teil 11 in Teil 7 schrauben und dabei die Teile 6 einschieben.
- Teil 13 **(Knebel 2)** durch Teil 11 stecken. Dann die beiden **Muttern** (Teil 12) auf den Knebel schrauben.

[M07] Die Position, deren Stückzahl, ihre Benennung und eventuelle Norm-Hinweise werden in **Stücklisten** (Abb. 4) zusammengefaßt.

Die Stücklisten enthalten auch Werkstoff-Bezeichnungen. Diese geben an, aus welchen Halbzeugen die betreffenden Einzelteile hergestellt werden. So wird z. B. das Teil 7 aus einem Flachstahl mit den Abmessungen 60 x 15 mm^2 gefertigt. Häufig setzen die Firmen noch Bestell-Nummern oder andere Vermerke hinzu. Wir haben in der letzten Spalte die Kapitel des Buches bzw. die Aufgaben-Nr. vermerkt, in denen die betreffenden Einzelteile besprochen werden.

1) CAD = Computer Aided Design (computergestütztes Zeichnen)

Abb. 3: CAD-Arbeitsplatz

Schraubstock				
Pos.	St.	Benennung	Werkstoff/Norm	Kap./Aufg.
1	1	Knebel 1	DIN 668-9S20k-∅4	8.2
2	1	Feststellspindel	DIN 175-Ck45-∅16	4
3	1	Klemmscheibe	DIN 668-9S-20k-∅20	6
4	2	Zylinderschraube	DIN 84-M5x10-6,8	
5	1	Halter	DIN 1026-St37-2-U40	7.5
6	2	Führungsstange	DIN 175-C105W1-∅6	8
7	1	feste Backe	DIN 174-St37-2-60x15	5.7
8	1	Spannstift	DIN 7346-∅ 2x16	
9	1	lose Backe	DIN 174-St37-2-60x10	5.3
10	1	Distanzring	DIN 668-St37-2-∅10,5	
11	1	Hauptspindel	DIN 175-Ck45-∅10	7
12	2	Mutter	DIN 439 M8 6,8	
13	1	Knebel 2	DIN 668-9S20k-∅8	8.2

Abb. 4: Stückliste

2 Explosionszeichnungen

Aufgaben

2.1 Spannvorrichtung

a) Das Werkstück soll zusammengebaut werden.
Geben Sie eine mögliche Reihenfolge dafür an!
Nennen Sie die entsprechenden Befestigungsarten!

b) Beantworten Sie folgende Fragen und begründen Sie Ihre Antworten!
1. Welche Teile werden mit Hilfe von Zylinderkopfschrauben verbunden?
2. Welches Teil kann eine Drehbewegung ausführen?
3. Welches Teil kann hin und her bewegt werden?
4. Warum geht des Gewinde der Paßschraube nicht bis an deren Kopf?
5. Wie lang müssen die Zylinderstifte (Pos. 3) mindestens sein?
6. Würde die Länge der Zylinderkopfschrauben auch ausreichen, wenn im Teil 2 keine Senkungen wären?
7. Muß die Bohrung im Schieber eine Durchgangsbohrung sein?

Stückliste			
Pos.	Benennung	Stück	DIN
1	Zylinderkopfschraube	2	DIN 84-M6x18-5.8
2	Führungsstück	1	DIN 174 60x12x41
3	Zylinderstift	2	DIN 7-6m6x20
4	Grundplatte	1	DIN 174 60x12x93
5	Schieber	1	DIN 174 60x12x66
6	Zylinderstift	1	DIN 8-6m6x14
7	Hebel	1	DIN 174 40x5x100
8	Paßschraube	1	DIN 669 ∅ 19x60

c) Einer der Zylinderstifte (Pos. 3) ist defekt. Er soll ausgewechselt werden.
Geben Sie an, welche Teile in welcher Reihenfolge ausgebaut werden müssen!

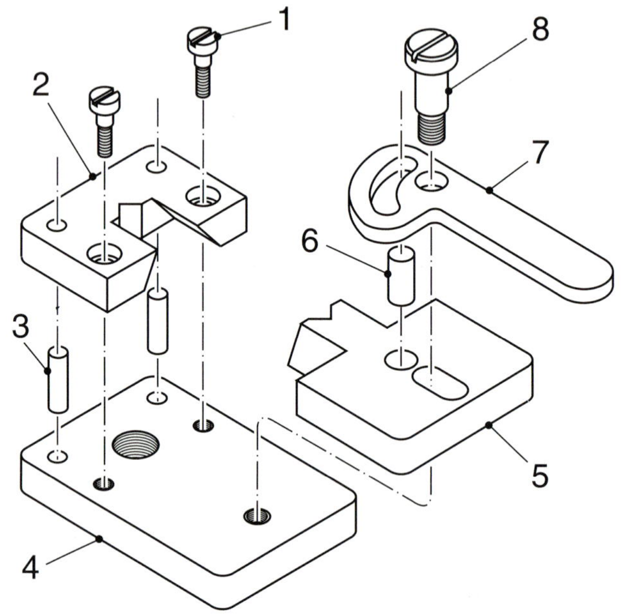

2.2 Exzenterschleifer

Die Explosionszeichnung mit der entsprechenden Stückliste stammt aus den Service-Unterlagen eines Herstellers von Elektro-Werkzeugen.

a) Geben Sie an, wofür diese Unterlage verwendet wird!
Begründen Sie Ihre Antwort!

b) Die Stückliste enthält keine Bezeichnungen.
Geben Sie den Positionen 1, 5, 13, 14, 19, 25, 26, 30, 33 und 35 sinnvolle Bezeichnungen!

c) Untersuchen Sie die Durchmesser der Positionen 27, 29, 30, 26, 25 und 3!
Geben Sie bei den entsprechenden Durchmessern an, welche gleichgroß sein müssen!

d) Geben Sie die Bestell-Nr. des Schalters an!

e) Geben Sie die Funktion der Teile 46 und 47 an!

Stückliste					
Pos.	Stück	Bestell-Nr.	Pos.	Stück	Bestell-Nr.
1	1	605 104	28	1	915 121
2	1	604 220	29	1	600 116
3	1	604 010	30	1	600 905
4	1	607 200	33	1	608 000
5	1	604 460	35	1	910 135
6	1	600 703	36	2	900 210
7	1	601 035	37	1	600 222
8	1	601 110	38	2	604 448
9	1	601 113	39	1	604 448
13	1	600 917	40	1	601 022
14	1	600 905	41	1	614 431
16	1	604 337	42	1	916 015
18	2	603 410	43	2	603 436
19	9	603 435	44	1	602 026
25	1	600 100	45	1	607 014
26	1	606 610	46	1	605 411
27	1	600 328	47	1	605 702

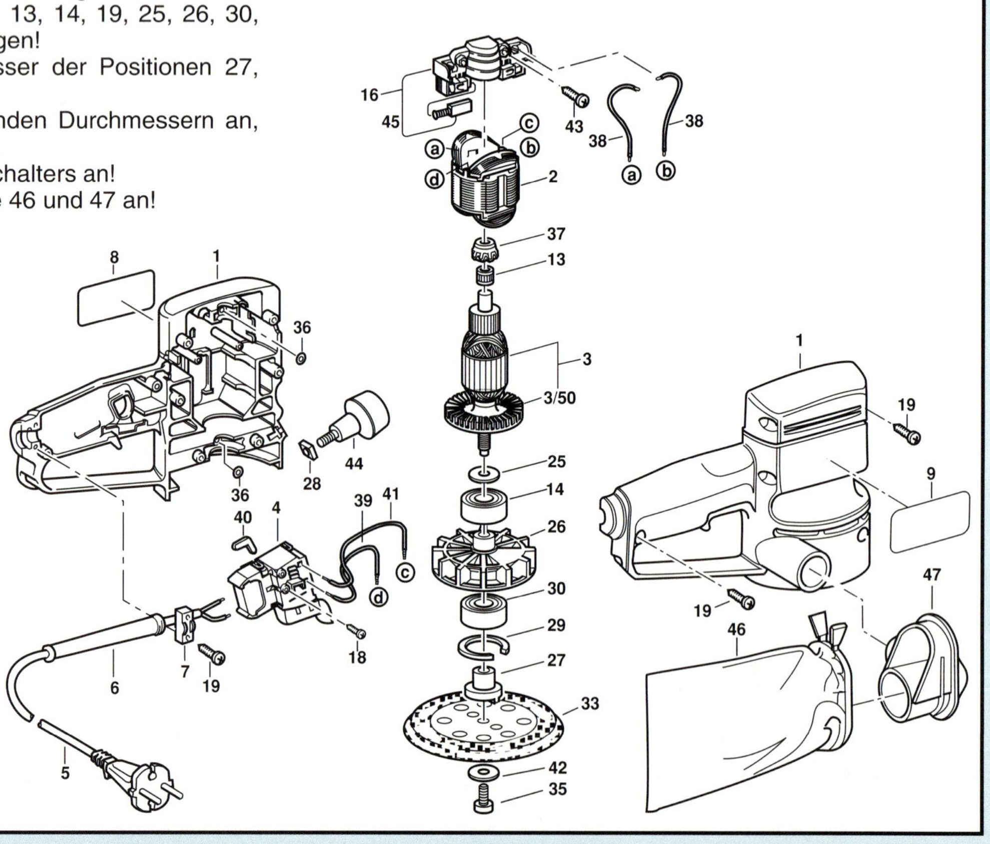

Auftrag 1

Für den Schraubstock (Seite 8, Abb. 1) sollen zwei **Zwischenbleche** hergestellt werden, die zwischen die Schraubstockbacken und die zu bearbeitenden Werkstücke gehängt werden (Abb. 2), um die Oberfläche empfindlicher Werkstücke zu schützen. Als Grundlage zur Herstellung der Zwischenbleche wird eine entsprechende Zeichnung benötigt.

Lösung (Abb. 3)

Das Werkstück ist deutlich zu erkennen, weil sich seine Umrisse (Fachwort: Körperkanten) wegen der breiten Linien von der übrigen Zeichnung abheben. Da alle Hilfslinien dünn gezeichnet wurden, treten diese in den Hintergrund.

[M08] **Körperkanten** werden durch breite Vollinien (0,5 mm) dargestellt.

[M09] **Maßlinien** ① und **Maßhilfslinien** ③ werden als schmale Vollinien (0,25 mm) gezeichnet.

Alle Maße sind auf eine von zwei **Bezugslinien** ⑦ bzw. ⑨ bezogen, die senkrecht aufeinander stehen. Bei diesem Werkstück konnten wir die entsprechenden Linien frei wählen. Diese Art der Bemaßung eignet sich gut für die Fertigung, denn beim Anreißen (Abb. 4) werden immer die Maße von der Auflagekante ausgehend benötigt.

[M10] Maße werden auf gemeinsame Bezugskanten bezogen. Diese Linien stehen bei flachen Werkstücken senkrecht aufeinander und sind meistens frei wählbar.

Alle Maße sind außerhalb des Werkstückes eingetragen, dadurch bleibt die Zeichnung übersichtlich. Diese Darstellungsart ist zu empfehlen, auch wenn die Bemaßung innerhalb eines Werkstückes zulässig ist.

[M11] Die **Maßlinien** werden parallel zu den Körperkanten gezeichnet.
Abstand von Körperkanten : mindestens 10 mm ⑥
Abstand untereinander: mindestens 7 mm ⑤

[M12] Die Maßlinien werden durch **Maßpfeile** ② begrenzt (Abb.1). Sie enden an Maßhilfslinien oder Köperkanten, aber nicht an Körperecken. Maßlinien sollen sich und andere Linien nicht kreuzen.

[M13] **Maßhilfslinien** werden als Verlängerung von Körperkanten gezeichnet. Sie sollen sich und andere Linien möglichst nicht kreuzen. Sie gehen 2 mm über die Maßlinie hinaus ④.

[M14] Die **Maßzahlen** werden über die Maßlinien geschrieben. Sie müssen (Leselage der Zeichnung ≙ Leselage des Schriftfeldes) von unten oder von rechts lesbar sein. Ihr Höhe beträgt mindestens 3,5 mm.

[M15] Alle **Maße** werden in **mm** angegeben, ohne daß die Maßeinheit mitgeschrieben wird.

Technische Zeichnungen müssen übersichtlich sein, deshalb wird alles Überflüssige weggelassen. Bei flachen Werkstücken bringt eine weitere Ansicht keine zusätzlichen Informationen. Sie werden deshalb nur von vorn dargestellt (Fachwort: **Vorderansicht**).

[M16] Bei flachen Werkstücken wird nur die Vorderansicht gezeichnet. Die Materialdicke wird durch t = …[1]) in ⑧ oder neben dem Werkstück angegeben.

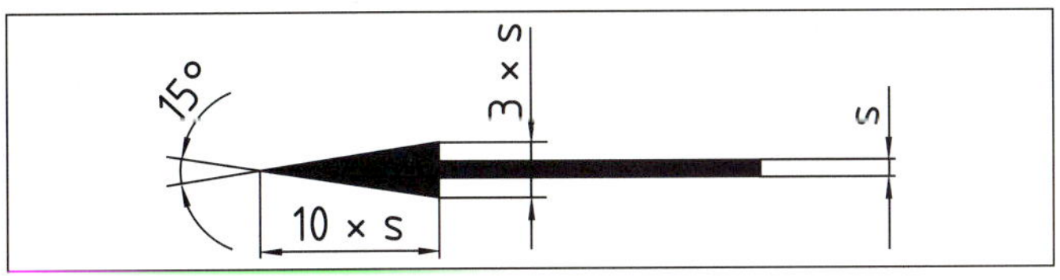

Abb. 1: Maßpfeil

[1]) thick (engl.) = dick

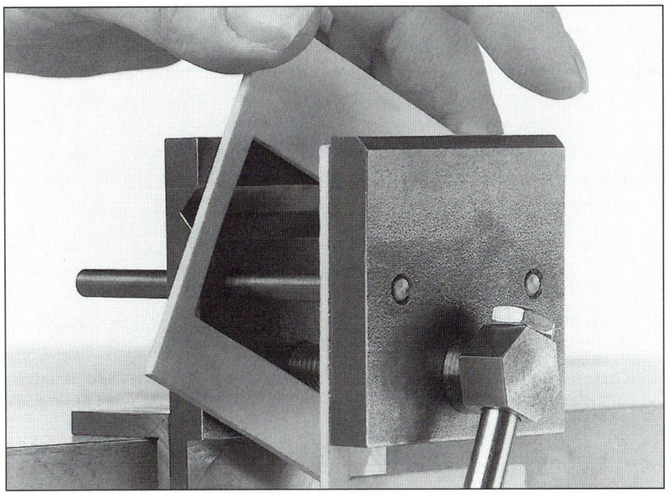

Abb. 2: Schraubstock mit Zwischenblech

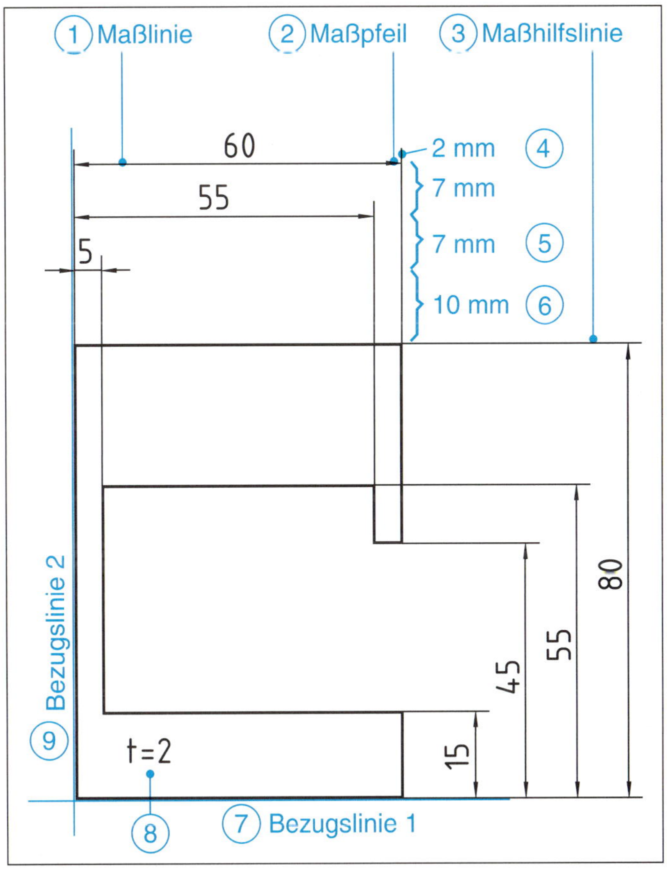

Abb. 3: Zwischenblech 1

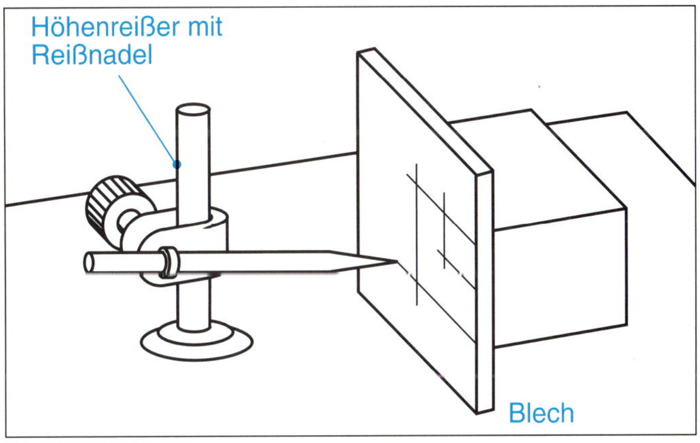

Abb. 4: Anreißen mit Höhenreißer

Auftrag 2

Für das Einspannen besonders empfindlicher Bauteile werden Zwischenbleche aus plastischem Material (Abb. 1) benötigt, die zwischen die Schraubstock-Backen und das eingespannte Werkstück gehängt werden sollen. Zur Herstellung dieser Bleche wird eine Zeichnung mit den erforderlichen Maßen benötigt.

Abb. 1: Zwischenblech 2

Lösung (Abb. 2)

Dieses Werkstück hat eine spiegelbildliche (symmetrische) Form. Sie wird durch eine **Mittellinie** ② gekennzeichnet. Hierdurch ändert sich die Art der Bemaßung gegenüber dem Zwischenblech 1 (Seite 11).

[M17] **Symmetrische Werkstücke** werden zur Festlegung der geometrischen Mitte mit **Mittellinien** versehen. Diese werden als schmale Strichpunkt-Linien (0,25 mm) gezeichnet (Abb. 3).

Zur Bemaßung werden auch hier wieder zwei Bezugslinien benutzt, eine davon muß die Mittellinie sein. Die Breitenmaße ① werden symmetrisch zu dieser Linie eingetragen.

[M18] Bei der Bemaßung spiegelbildlicher Werkstücke sind die Mittellinien Bezugslinien, zu denen die betreffenden Maße symmetrisch eingetragen werden ①.

[M19] Dicht übereinanderliegende Maßzahlen werden versetzt geschrieben ①.

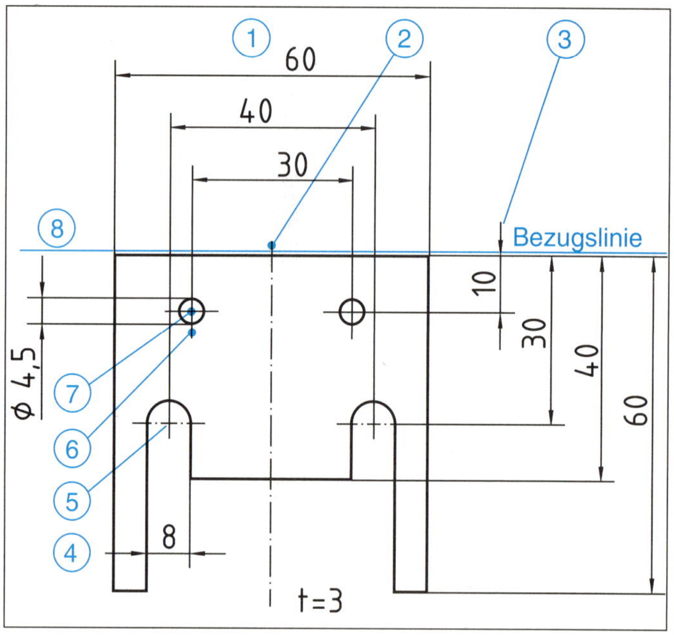

Abb. 2: Zwischenblech 2 (Zeichnung)

Dieses Werkstück hat zwei symmetrische Löcher (Bohrungen) und zwei symmetrische Aussparungen. Sie werden ebenfalls durch Mittellinien gekennzeichnet. Um bei den Bohrungen eindeutige Mittelpunkte zu bekommen, sollen sich die Strichpunkt-Linien in ihren Strichen ⑤ schneiden. Auch beim Kreuzen mit Körperkanten sollen Linien ② die Kanten schneiden.

[M20] Bei Bohrungen werden Mittelpunkt ⑦ und Durchmesser ⑧ bemaßt. Bei Durchmessermaßen wird das Symbol Ø vorangesetzt.

[M21] Mittellinien gehen 2 mm über die Körperkante ② bzw. das Loch hinaus ⑥.

[M22] Mittellinien werden auch zum Bemaßen ⑤ verwendet. Sie werden dabei als Maßhilfslinien verlängert.

Wenn der Platz zwischen zwei Maßhilfslinien nicht ausreicht, um Maßpfeile und Maßzahlen unterzubringen, sind andere Anordnungen möglich.

[M23] Bei Platzmangel werden Maßpfeile von außen gegen die Maßhilfslinien gesetzt ③. Die Maßzahl kann auch auf eine von außen angesetzte Maßlinie geschrieben werden ⑧.

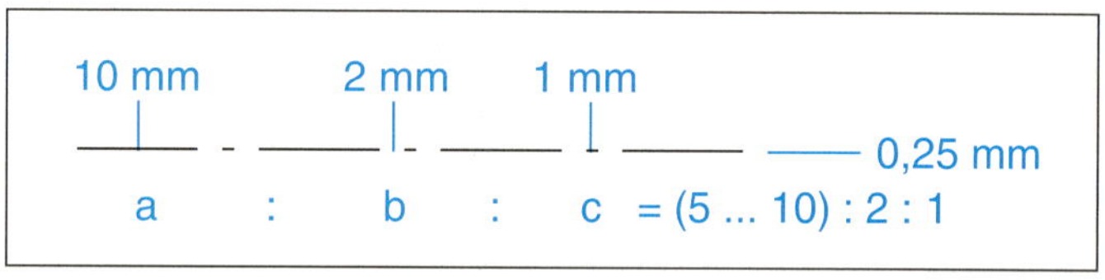

Abb. 3: Maße bei Strichpunkt-Linien

Die Abb. 4 zeigt zwei mögliche Bemaßungen von rechteckigen Löchern (Fachwort: **Durchbruch**).

[M24] Bei Durchbrüchen werden deren Abmessungen ⑨ ⑫ bzw. ⑬ ⑯ sowie die Lage des Lochs ⑩ ⑪ bzw. ⑭ ⑮ zu den Bezugslinien gemaßt.

Wenn man in einer Maßkette keine Pfeile zeichnen kann, dürfen auch Punkte ⑭ verwendet werden.

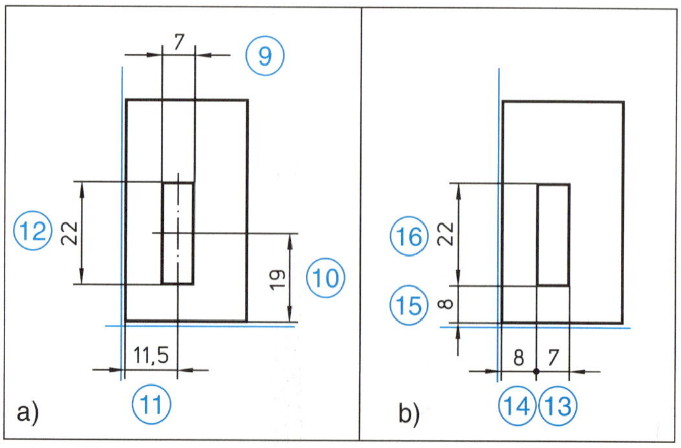

Abb. 4: Bemaßungen von Durchbrüchen

Aufgaben

3.1 Paßteil ❑

Zeichnen Sie das Werkstück (2 mm dick) einschließlich Bemaßung! Entnehmen Sie dazu die Maße dem Karoraster.

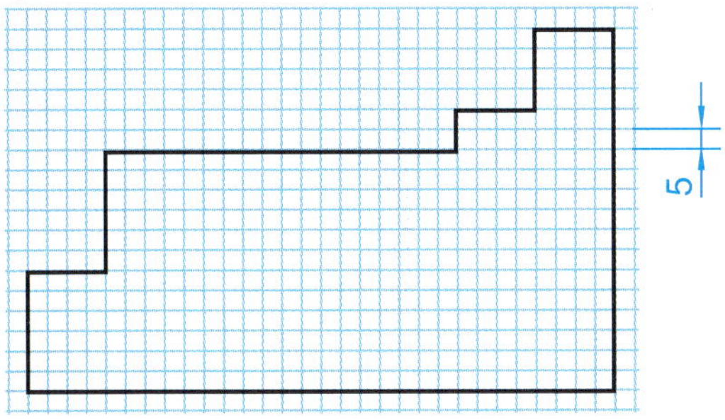

3.2 Blechteil

Zeichnen Sie das Werkstück (1 mm dick) einschließlich Bemaßung! Entnehmen Sie dazu die Maße dem Karoraster.

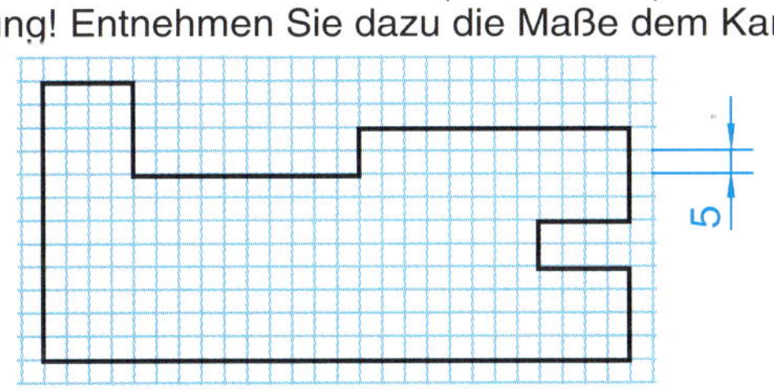

3.3 Stanzteil

Die folgende Zeichnung enthält mehrere Bemaßungsfehler.

a) Nennen Sie die Hinweis-Nummern ○, bei denen eine fehlerhafte Bemaßung vorliegt!

b) Geben Sie bei den Fehlern an, welche Regel nicht beachtet wurde!

c) Zeichnen Sie das Werkstück mit richtiger Bemaßung!

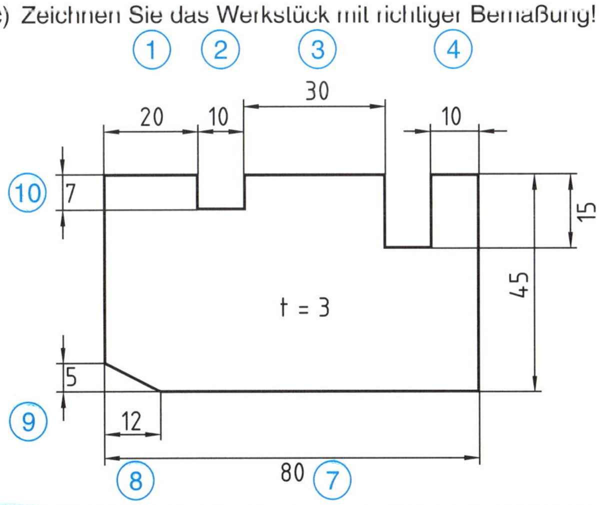

3.4 Stahllasche ❑

Zeichnen Sie das Werkstück (2 mm dick) einschließlich Bemaßung! Entnehmen Sie dazu die Maße dem Karoraster.

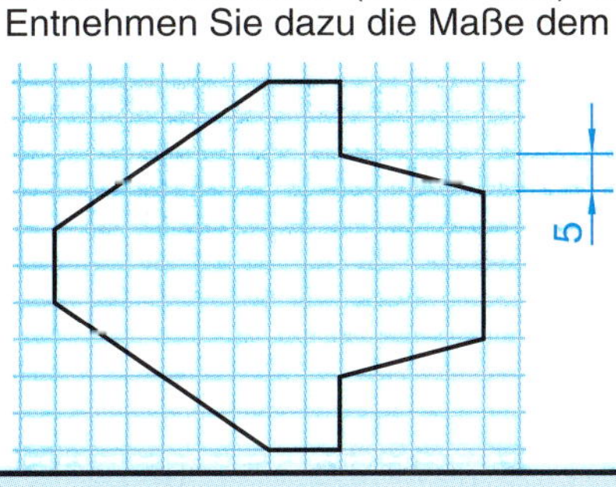

3.5 Deckel ❑

Zeichnen Sie das Werkstück (3 mm dick) einschließlich Bemaßung! Entnehmen Sie dazu die Maße dem Karoraster.

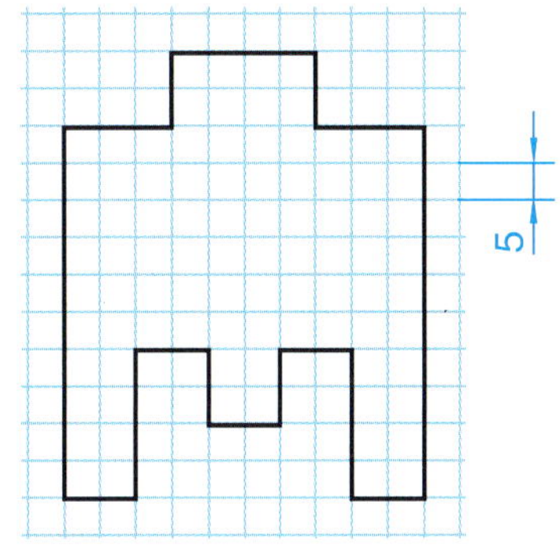

3.6 Gummidichtung

Zeichnen Sie das Werkstück (3 mm dick) einschließlich Bemaßung! Entnehmen Sie dazu die Maße dem Karoraster.

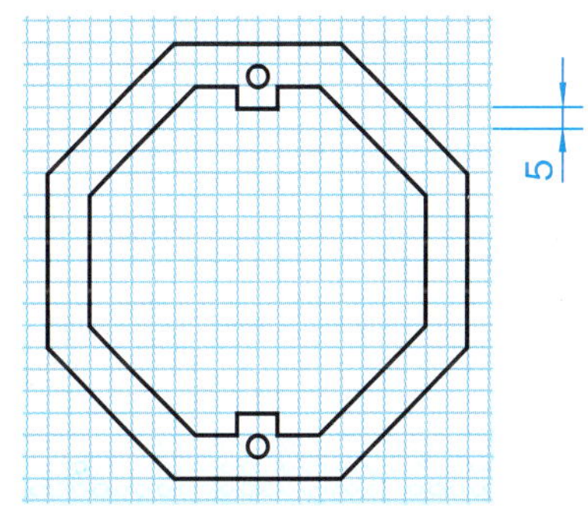

3.7 Grundplatte

Die folgende Zeichnung enthält mehrere Bemaßungsfehler.

a) Nennen Sie die Hinweis-Nummern ○, bei denen eine fehlerhafte Bemaßung vorliegt!

b) Geben Sie bei den Fehlern an, welche Regel nicht beachtet wurde!

c) Zeichnen Sie das Werkstück mit richtiger Bemaßung!

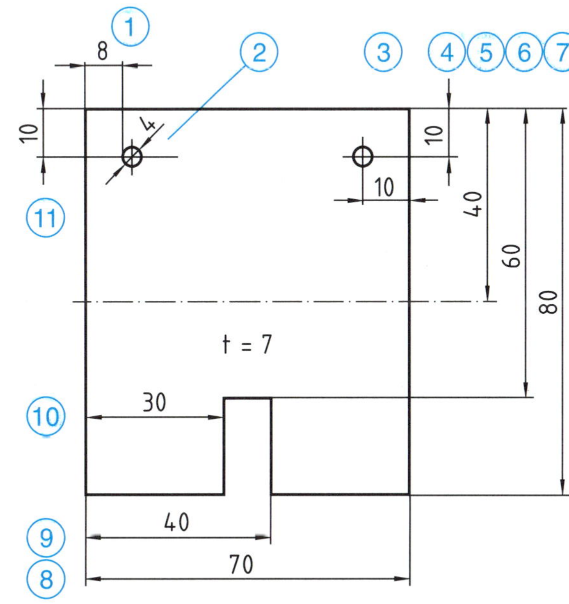

4 Werkstücke in zwei Ansichten

Auftrag

Die Abb. 1 zeigt Fotografien von vier Fertigungsstufen der **Feststellspindel** (Teil 2 des Schraubstocks, Seite 8).

a) Absägen eines Rundstahl-Stücks entsprechender Länge,

b) Abdrehen der Stirnseiten und Absätze,

c) Abflachen des starken Absatzes an zwei Seiten und

d) Bohren des Loches im abgeflachten Teil.

Im kleinen Absatz wird ein Loch (Ø 2; 7 mm tief) gebohrt ②.

Der dann folgende Arbeitsvorgang – das Gewindeschneiden – wird mit seiner zeichnerischen Darstellung erst im Kapitel 7 besprochen und ist deshalb hier noch nicht berücksichtigt.

In einer Lehrwerkstatt sollen weitere solcher Spindeln hergestellt werden, deshalb wird eine Technische Zeichnung benötigt.

Lösung (Abb. 2)

Im Gegensatz zu flachen Werkstücken kommen wir hier nicht mehr mit einer Ansicht aus, weil zur vollständigen Beschreibung auch Informationen aus einer anderen Sicht gebraucht werden.

[M25] Werkstücke mit symmetrischem Querschnitt (z. B. Drehkörper) werden mindestens in zwei Ansichten dargestellt.

Bei unserem Beispiel wurde neben der Vorderansicht die Seitenansicht (von links) verwendet, weil eine Draufsicht keine zusätzlichen Erkenntnisse über das Werkstück gebracht hätte. In der Seitenansicht sind die Kanten des Loches ∅ 4 nicht zu sehen ④. Man nennt sie deshalb **verdeckte Kanten**.

[M26] Verdeckte Kanten werden durch **schmale Strichlinien** (0,25 mm) dargestellt (Abb. 3).

[M27] An verdeckten Kanten darf nicht bemaßt werden.

Alle Ansichten eines Werkstückes bilden gemeinsam eine Zeichnung, so daß die Maße der einen Ansicht natürlich auch für die anderen Ansichten gelten. Sie werden daher nur in einer Ansicht eingetragen.

[M28] Jedes Maß wird nur einmal eingetragen, und zwar in der Ansicht, in der die Form am deutlichsten zu erkennen ist (z. B. ⑤).

[M29] Bei Rundungen ③ wird ein **R** vor die Maßzahl des **Radius** gesetzt. Die Maßlinie erhält dann nur **einen Maßpfeil**.

In der Abb. 2 ist die Feststellspindel gegenüber den Fotos der Abb. 1 um 180° gedreht worden. Diese Darstellung wurde gewählt, um die Kreise mit den Durchmessern 2,4 und 8 als sichtbare Kanten zeichnen zu können.

[M30] Zeichnungen müssen so dargestellt werden, daß alle **Maße an sichtbaren Körperkanten** eingetragen werden können.

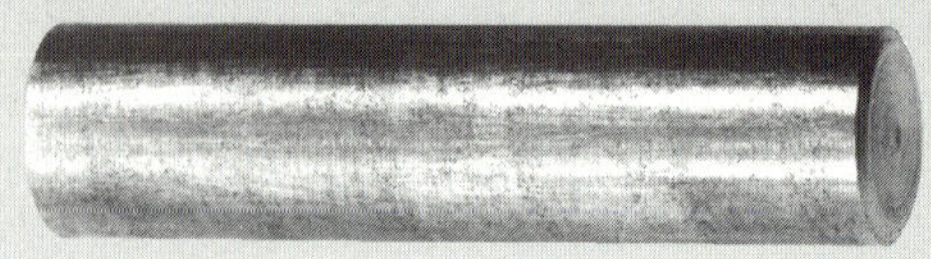

a) abgesägtes Rundstahl - Stück

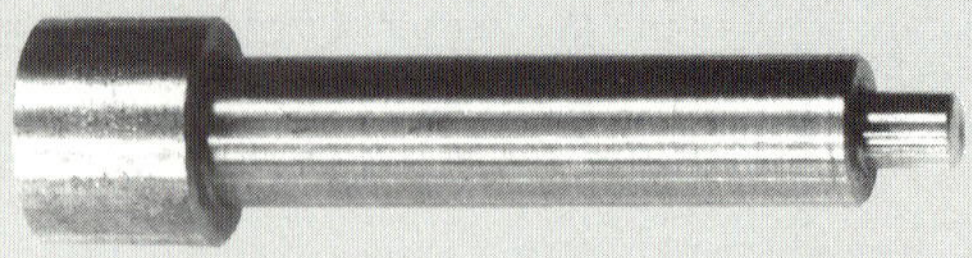

b) Stirnseiten und Absätze abgedreht

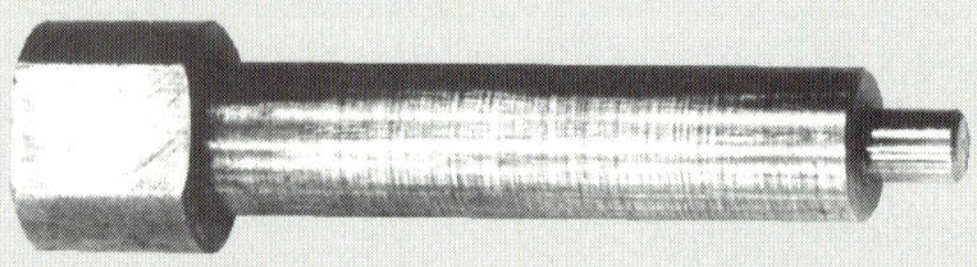

c) Absatz abgeflacht

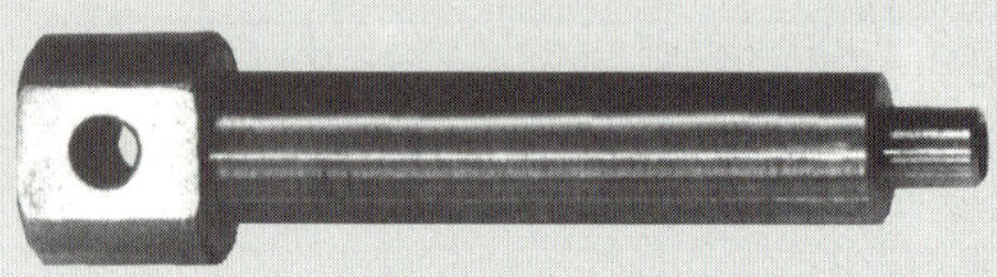

d) Loch gebohrt

Abb. 1: Fertigungsstufen der Feststellspindel

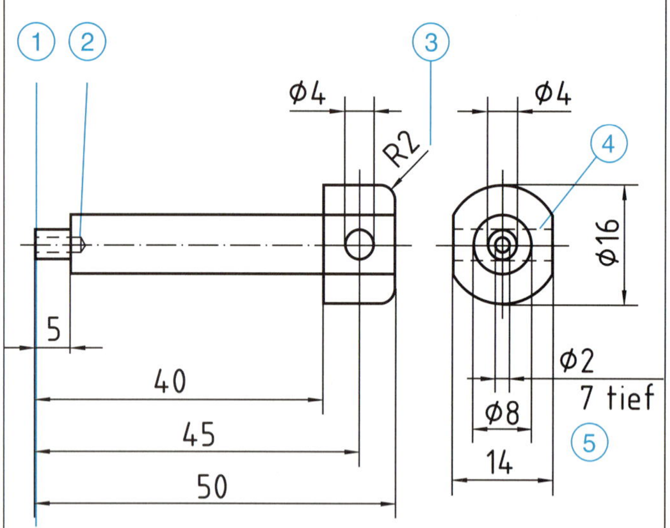

Abb. 2: Feststellspindel (ohne Gewinde)

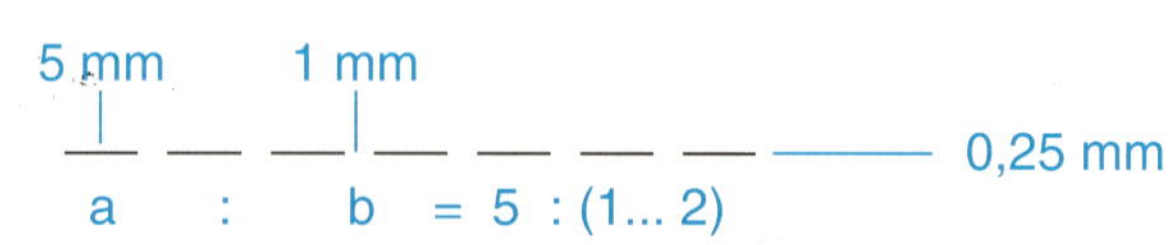

Abb. 3: Maße bei Strichlinien

4 Werkstücke in zwei Ansichten

Die Feststellspindel wird vorwiegend durch **Drehen** hergestellt. Bei diesem Arbeitsvorgang dreht sich das Werkstück an einem feststehenden Drehmeißel vorbei, der das Material dabei abträgt (Abb. 4). Da die eine Seite des Werkstücks eingespannt ist, müssen alle Längsmaße vom anderen Ende aus angegeben sein. Daraus ergibt sich, daß bei Drehteilen auch die **zweite Bezugslinie** ① nicht frei gewählt werden kann.

[M31] Bei Drehteilen (rotationssymmetrische Werkstücke) geht eine Bezugslinie durch eine Stirnfläche. Sie steht damit senkrecht auf der Mittellinie (zweite Bezugslinie).

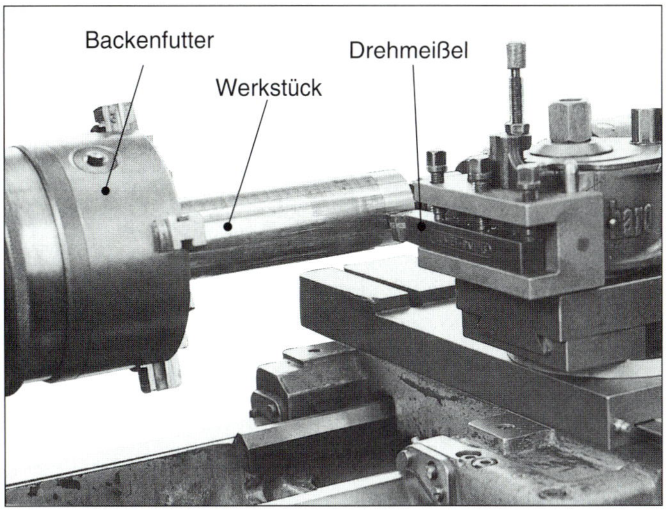

Abb. 4: Längsdrehen

Aufgaben

4.1 Führungsbolzen ❑

Zeichnen Sie das skizzierte Werkstück einschließlich Bemaßung!

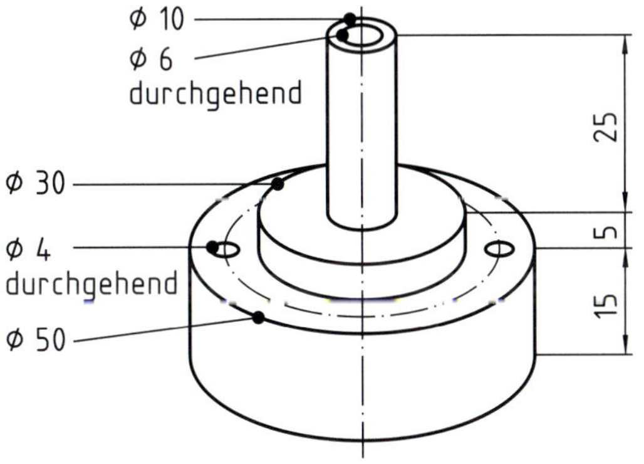

4.2 Steckwelle

Zeichnen Sie das skizzierte Werkstück einschließlich Bemaßung!

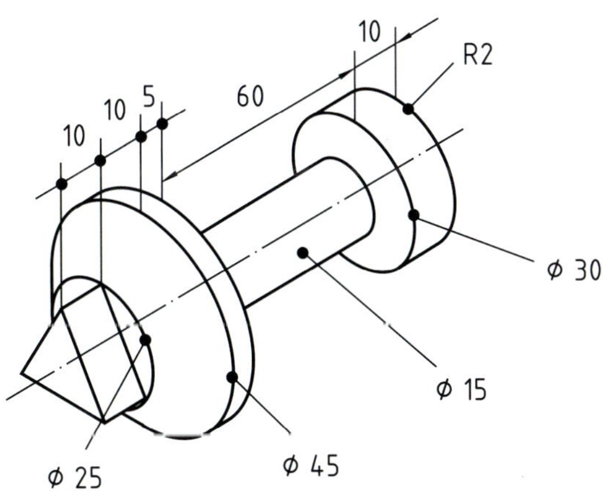

4.3 Hülse

Zeichnen Sie das skizzierte Werkstück einschließlich Bemaßung!

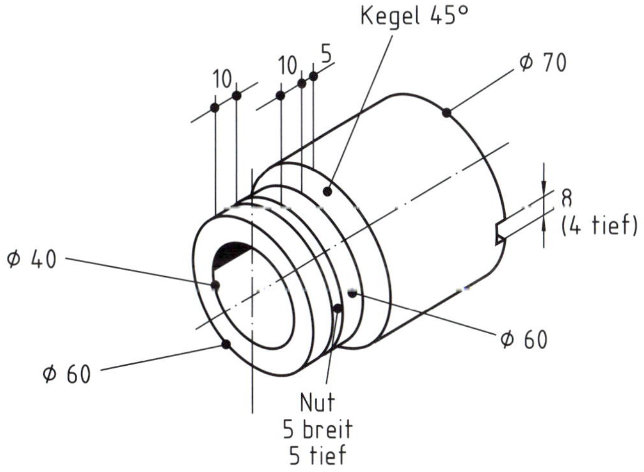

4.4 Welle ❑

Ein Rundstahl-Stück (85 mm lang, ∅ 30 mm) wird in folgenden Stufen bearbeitet:

1. Abdrehen des Mittelteils auf ∅ 10 mm, so daß an beiden Enden ein Absatz stehen bleibt, einer 15 mm lang und der andere 25 mm.
2. Der breite (30 mm) Absatz wird 5 mm lang auf ∅ 10 mm abgedreht.
3. Der schmale (15 mm) Absatz wird beidseitig abgeflacht, sodaß die Seiten einen Abstand von 20 mm erhalten (SW).
4. Es wird axial ein Loch von ∅ 5 mm durchgebohrt.
5. Die beiden Kanten des breiten Absatzes werden mit R = 2 mm abgerundet.

a) Skizzieren Sie die Welle in den einzelnen Fertigungsstufen!

b) Zeichnen Sie die fertige Welle einschließlich Bemaßung!

5 Werkstücke in drei Ansichten

Auftrag

Die Abb. 1 zeigt Fotografien von fünf Fertigungsstufen der **festen Backe** (Teil 7 des Schraubstocks, Seite 8).

a) Absägen eines Rechteck-Stückes entsprechender Länge,

b) Abfräsen des vorderen Absatzes,

c) Ausfräsen des rückwärtigen Absatzes,

d) Ausfräsen der Nut und

e) Bohren der fünf Löcher.

Auch hier wird der nächste Arbeitsgang – das Gewindeschneiden – nicht besprochen, sondern erst in Kapitel 7.

Sollen weitere solcher Werkstücke hergestellt werden, muß dafür eine Technische Zeichnung angefertigt werden.

Lösung (Abb. 3, Seite 17)

Zur vollständigen Darstellung dieses Werkstückes sind drei Ansichten erforderlich. Diese Aussage kann leicht überprüft werden. Deckt man z. B. die Seitenansicht zu und versucht nur mit Hilfe der beiden übrigen Ansichten eine eindeutige Vorstellung von dem Werkstück zu bekommen, so wird das nicht gelingen. Besonders deutlich wird das an der Nut ① (Abb. 3).

Hinzu kommt noch ein weiterer Gesichtspunkt. Als Folge der Zeichenregel [M27] („Keine Bemaßung an verdeckten Kanten") können einige Maße nur dann eingetragen werden, wenn drei Ansichten gezeichnet wurden. So kann z. B. das Maß ③ (Abb. 3) nur in der Draufsicht eingetragen werden.

[M32] Werden Werkstücke in drei Ansichten dargestellt, so heißen diese **Vorderansicht**,
Draufsicht und
Seitenansicht (von links).

[M33] Man zeichnet die **Draufsicht unter** die Vorderansicht und die **Seitenansicht rechts neben** die Vorderansicht, wobei die entsprechenden Kanten senkrecht bzw. waagerecht projiziert werden (Abb. 2).

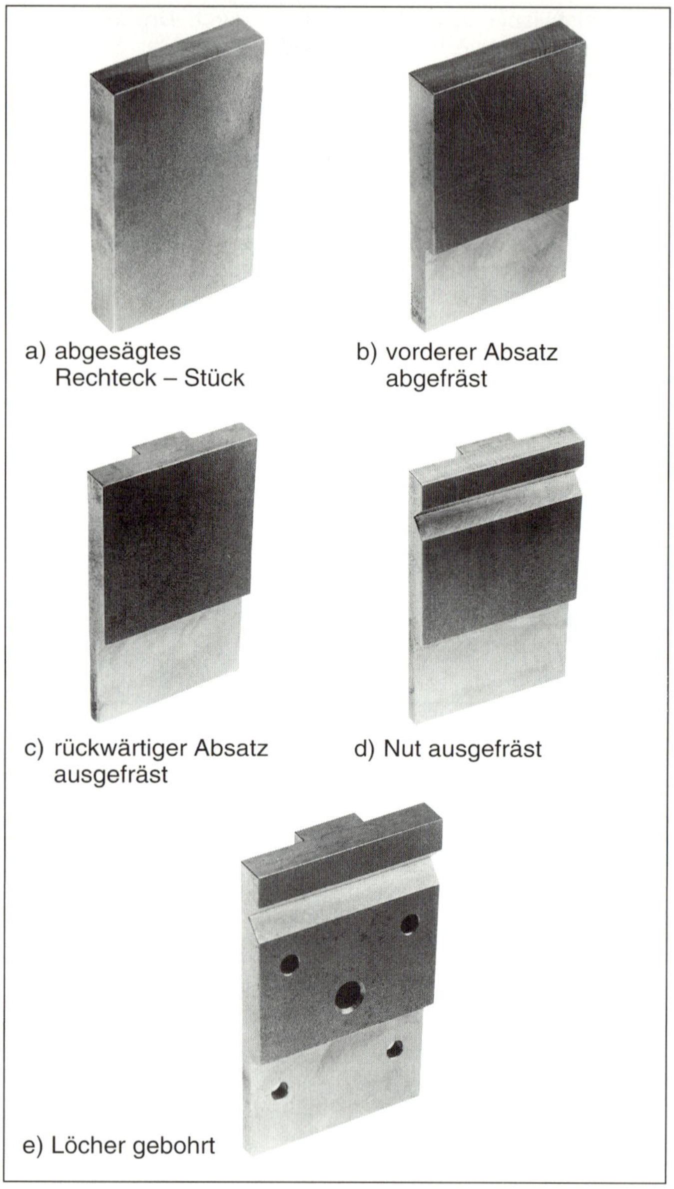

Abb. 1: Fertigungsstufen der festen Backe

Bei diesem Werkstück sind viele verdeckte Kanten darzustellen, besonders in der Draufsicht. Damit die Zeichnung trotzdem übersichtlich und damit deutlich bleibt, sind folgende Hinweise zu beachten.

[M34] Strichlinien müssen mit einem Strich an Körperkanten ④ bzw. Strichlinien ⑥ enden.

[M35] Strichlinien sollen sich in Strichen kreuzen ⑤.

In der Zeichnung (Abb. 3) ist von den beiden kleinen Bohrungen nur ein Durchmesser bemaßt ②. Dieses Maß gilt auch für die zweite Bohrung ⑦.

[M36] Gleichgroße Bohrungen und Rundungen werden nur einmal in der Zeichnung bemaßt.

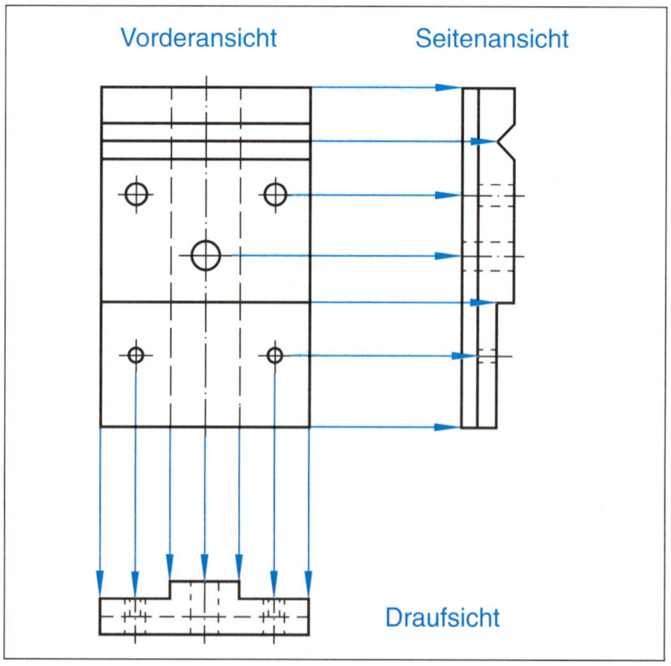

Abb. 2: Anordnung der Ansicht

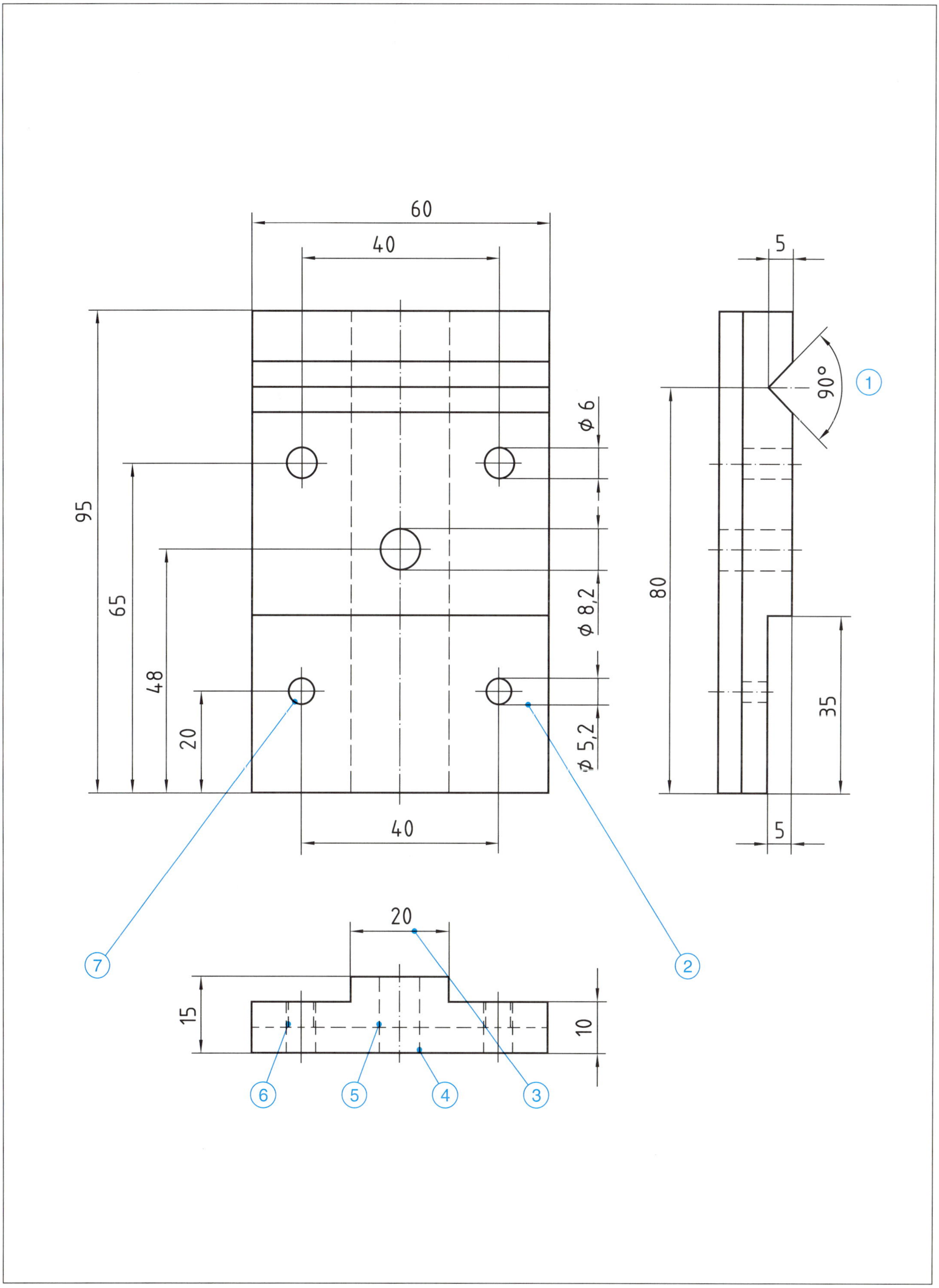

Abb. 3: Feste Backe (ohne Gewinde)

5 Werkstücke in drei Ansichten

Aufgaben

5.1 Querstück

Zeichnen Sie das Werkstück in drei Ansichten!

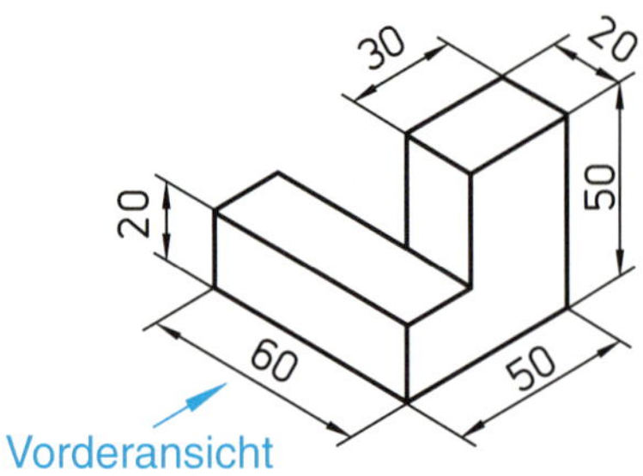

5.2 Klemmstück ❑

Zeichnen Sie das Werkstück in drei Ansichten einschließlich Bemaßung!

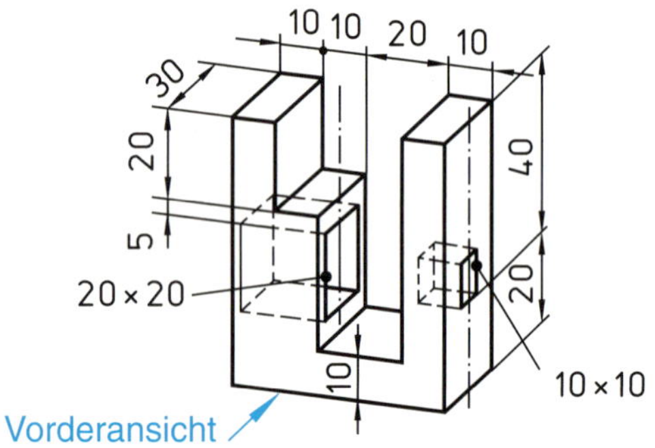

5.3 Lose Backe (Teil 8 des Schraubstocks)

Zeichnen Sie das Werkstück in drei Ansichten einschließlich Bemaßung!

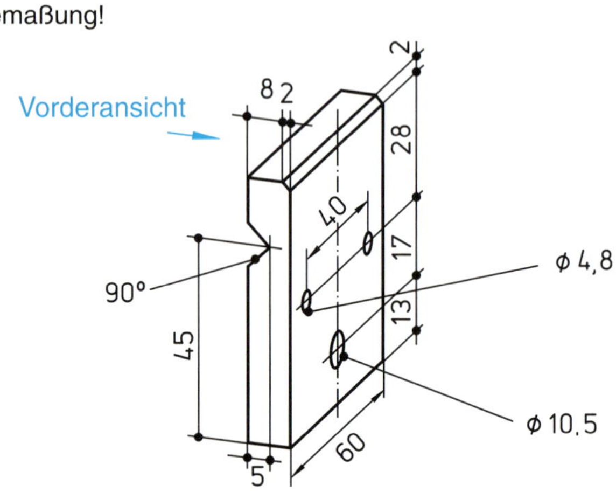

5.4 Halterung ❑

Zeichnen Sie das Werkstück in drei Ansichten einschließlich Bemaßung!

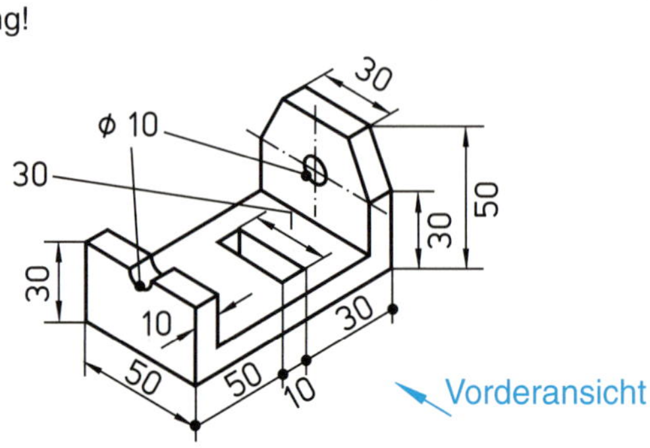

5.5 Ansichten-Überprüfung

Bei den Aufgaben 5.1...5.4 sollten jeweils alle drei Ansichten gezeichnet werden. Sie sind aber nicht in jedem Fall erforderlich.

Geben Sie an, welche Ansichten wegfallen könnten und beschreiben Sie, wie die betreffende Bemaßung dann verändert werden müßte!

5.6 Eindeutige Ansichten-Zuordnung

a) Ordnen Sie den Ansichtspaaren 1...8 die betreffenden perspektivischen Darstellungen A...H zu!

b) Ordnen Sie den Ansichtspaaren 1...8 die fehlende dritte Ansicht aus I...VIII zu!

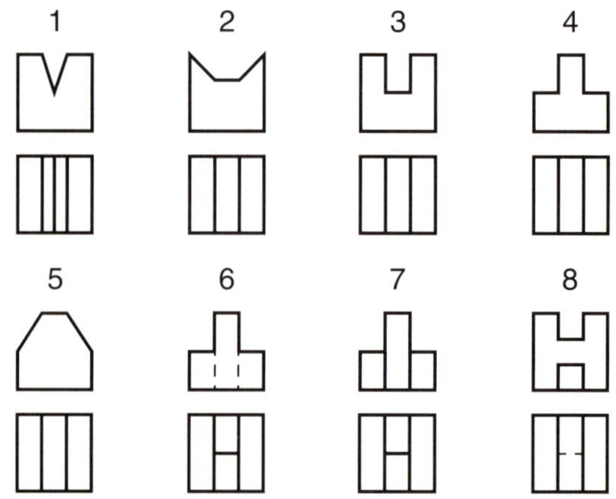

Ansichtenpaare

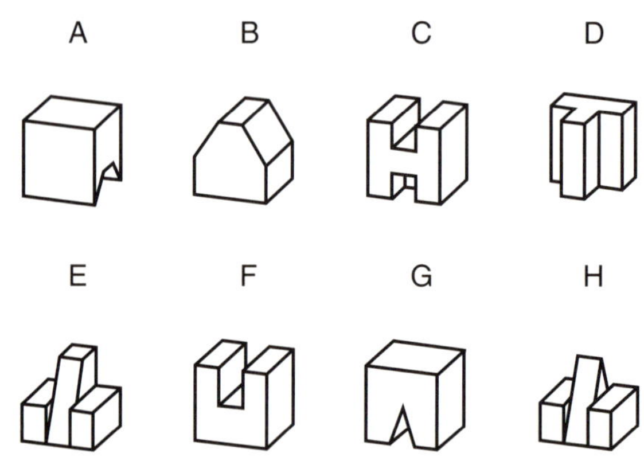

Perspektivische Darstellungen

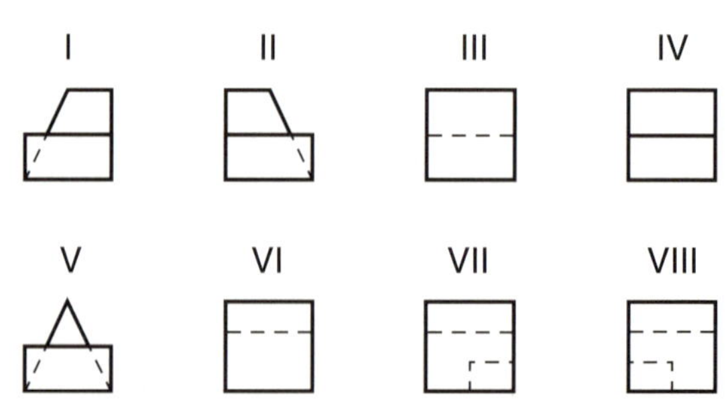

Ansichten

Aufgaben

5.7 Ansichten-Zuordnung 1

Ordnen Sie den Vorderansichten 1...4 die Seitenansichten A...D und die Draufsichten I...IV zu!

1 2 3 4

Vorderansichten

A B C D

Seitenansichten

I II III IV

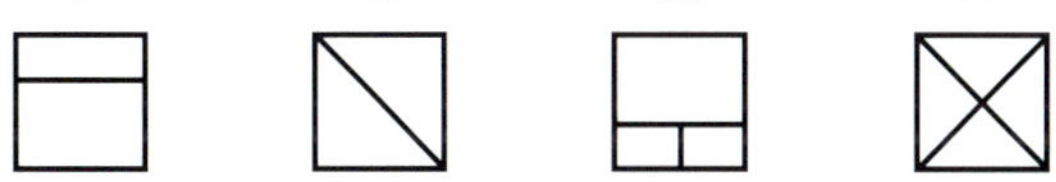

Draufsichten

5.8 Ansichten und perspektivische Darstellung

a) Zu den Ansichtspaaren 1...4 können verschiedene der perspektivischen Darstellungen A...K gehören. Ordnen Sie die Darstellungen den Ansichten zu!

b) Ordnen Sie die fehlenden Seitenansichten aus I...X den entsprechenden Kombinationen (siehe a) zu!

1 2 3 4

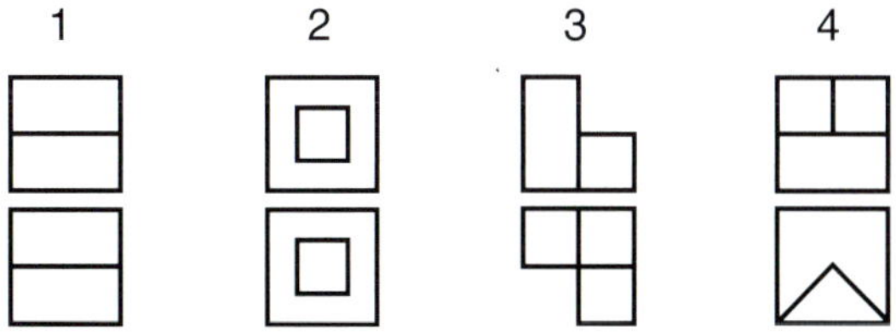

Ansichtspaare

5.9 Ansichten-Zuordnung 2

Ordnen Sie den Ansichtspaaren 1...9 die entsprechende Seitenansicht aus A...M zu!

1 2 3

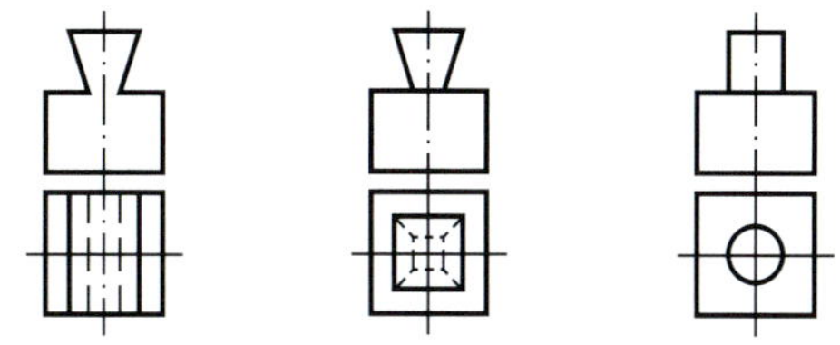

4 5 6

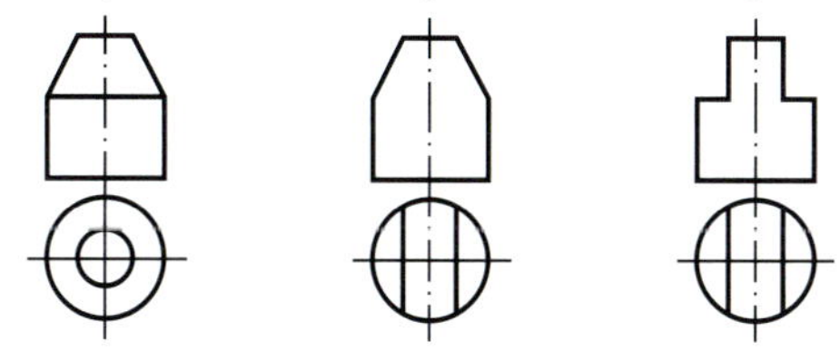

7 8 9

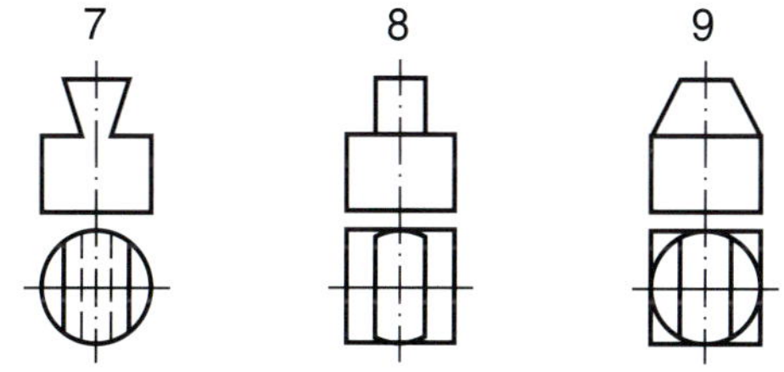

Ansichtspaare

A B C D

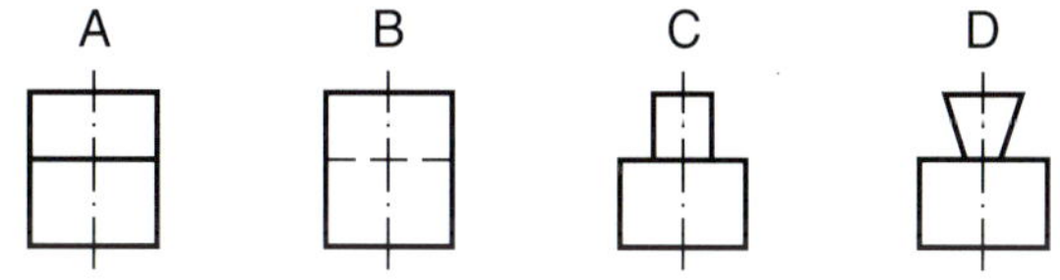

E F G H

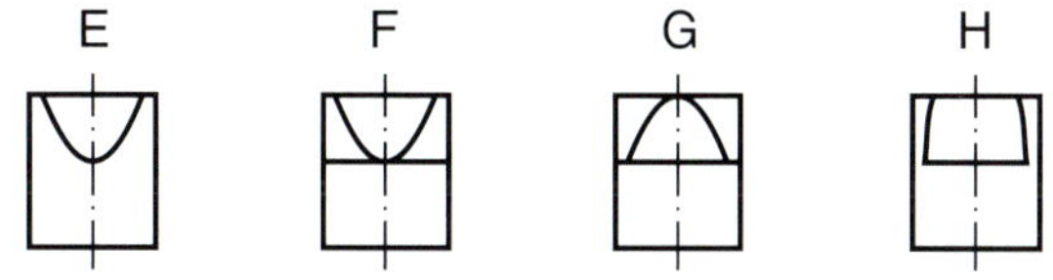

J K L M

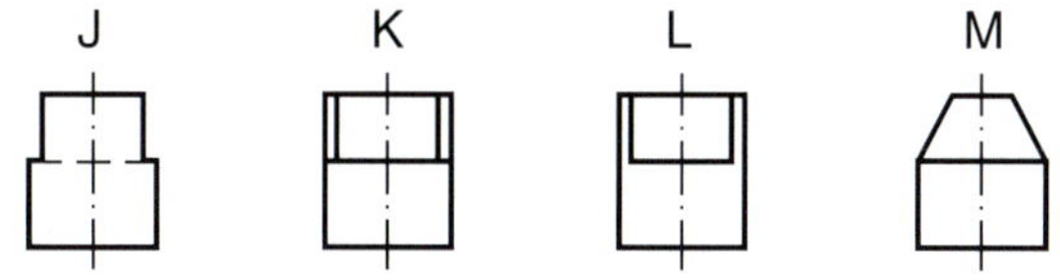

Seitenansichten

A B C D E F G H J K

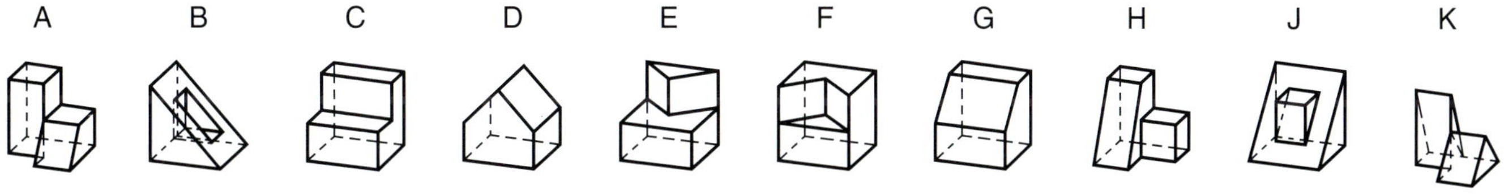

Perspektivische Darstellungen

I II III IV V VI VII VIII IX X

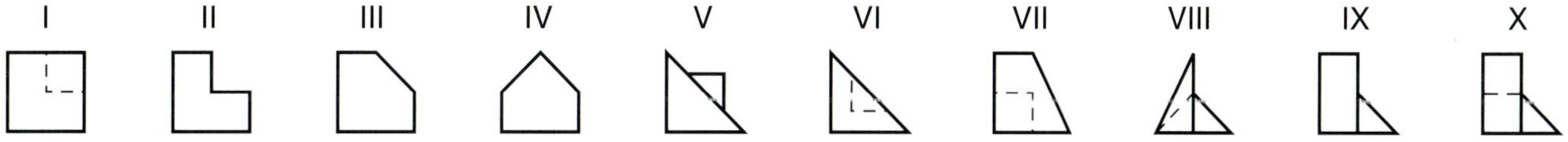

Seitenansichten

6 Werkstücke mit Schnittdarstellungen

Auftrag 1

Zur Herstellung der **Klemmscheibe** (Teil 3 des Schraubstockes, Seite 8) wird eine Technische Zeichnung benötigt.

Lösung (Abb. 2)

Mit den bisher vorgestellten Darstellungs-Möglichkeiten ist dieser Auftrag nicht zu erfüllen. Die Tiefe der Bohrung ∅ 10 ② kann nicht bemaßt werden, weil die entsprechende Kante verdeckt dargestellt werden muß (Hierzu Regel [M27]). Um sie sichtbar zeichnen zu können, benötigt man eine Schnittdarstellung. Ihr Entstehen kann man sich folgendermaßen vorstellen:

- Man denkt sich die Klemmscheibe senkrecht entlang der Mittellinie durchgeschnitten (Abb. 1).
- So entsteht eine neue Ansicht (Fachwort: **Schnittansicht**).

[M37] Für Schnittdarstellungen werden Werkstücke vorzugsweise entlang von Mittellinien geschnitten.

[M38] Geschnittene Werkstoff-Flächen werden schraffiert. Die **Schraffurlinien** (0,25 mm) werden unter 45° gezeichnet. Ihr Abstand richtet sich nach der Flächengröße (ca. 2...4 mm).

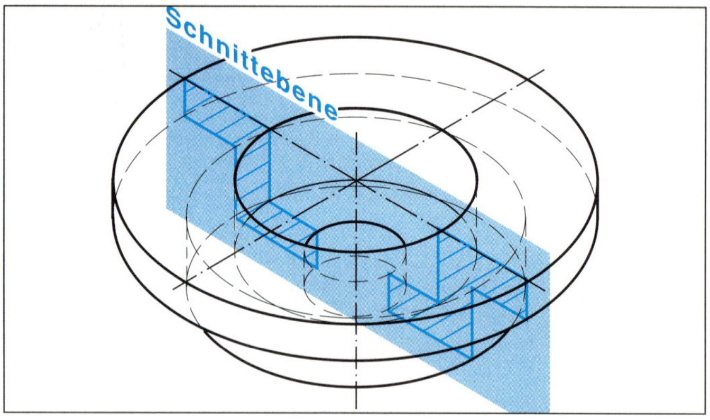

Abb. 1: Schnittebene an der Klemmscheibe

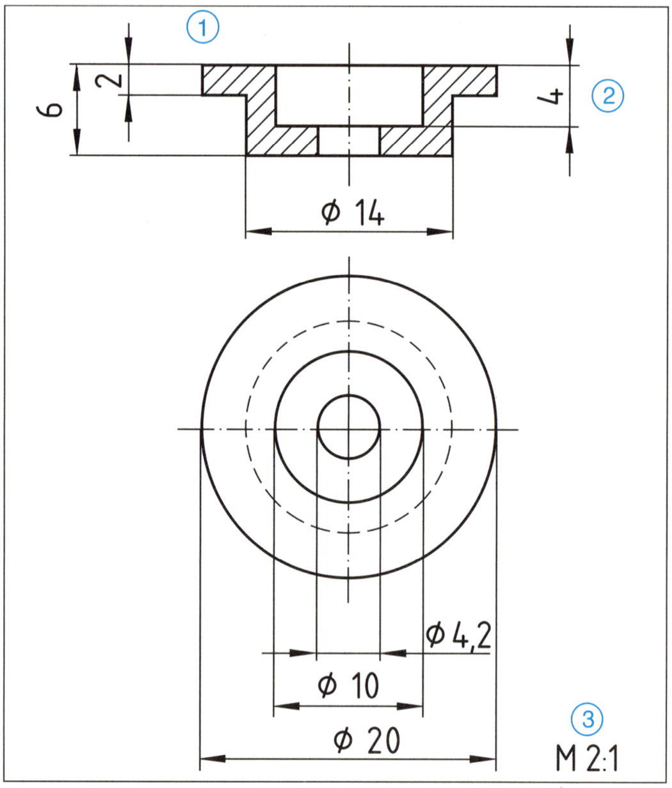

Abb. 2: Klemmscheibe

Bei der Schnittansicht fällt auf, daß keine verdeckten Kanten eingezeichnet sind, obwohl durch den Absatz ① eine verdeckte Kante entsteht.

[M39] In Schnittdarstellungen werden keine verdeckten Kanten eingezeichnet.

Um Ansichten zu sparen, werden statt des **Vollschnittes** (Abb. 2) **Halbschnitte** (Abb. 3a) oder **Teilschnitte** (Abb. 3b) verwendet.

[M40] Bei Halbschnitten endet die Schnittfläche an der Mittellinie.

[M41] Teilschnitte (auch: Ausschnitte genannt) werden durch Bruchlinien begrenzt. Sie werden als schmale (0,25 mm) Freihandlinien (nur leicht gewellt) dargestellt.

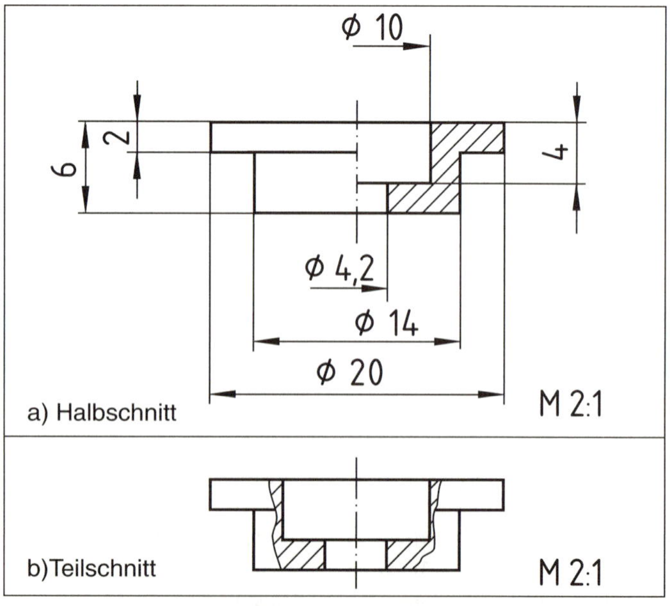

Abb. 3: Verschiedene Schnittdarstellungen der Klemmscheibe

Da dieses Werkstück relativ klein ist, kann es schlecht bemaßt werden. Es wurde daher doppelt so groß gezeichnet. Dies ist durch die Maßstabs-Angabe **M 2 : 1** kenntlich gemacht. Das „M" steht dabei für **Maßstab**. Das Zahlenverhältnis gibt das Verhältnis der gezeichneten Abmessungen zu den Werkstück-Maßen an. Die Abmessungen der Zeichnung (Abb. 2) sind also doppelt so groß wie die Werkstück-Maße.

[M42] Der Maßstab einer Zeichnung ist das Verhältnis der gezeichneten Abmessung zum Werkstück-Maß. Er wird als Verhältnis mit vorangesetztem „M" angegeben ③.

[M43] Die Maßstabs-Angabe wird neben der Zeichnung oder im Schriftfeld vermerkt.

[M44] Die Maßangabe in der Zeichnung sind immer Werkstückmaße und nicht die Abmessungen der Zeichnung.

Folgende Maßstäbe sind genormt:

- Vergrößerungen
  2 : 1, 5 : 1, 10 : 1 usw.
- Verkleinerungen
  1 : 2, 1 : 5, 1 : 10 usw.

Auftrag 2

Zum Biegen von Drähten wird die **Biegevorrichtung** in den Schraubstock gespannt (Abb. 4). Um weitere solcher Werkstücke herzustellen, wird eine Technische Zeichnung benötigt.

Lösung (Abb. 5)

Wir haben keine Seitenansicht gezeichnet, weil sie zum Erkennen des Werkstückes nicht erforderlich ist. Die Draufsicht ist im Schnitt dargestellt, weil nur so die Maße ⑤ und ⑥ eingetragen werden konnten. Die beiden Bohrungen liegen nicht auf einer Linie, so daß man eigentlich zwei Schnitte zeichnen müßte. Dies kann aber vermieden werden, wenn man einen abgeknickten Schnittverlauf anwendet ① ... ④. Beim Zeichnen muß besonders auf die unterschiedlichen Strichstärken der Schnittlinien, Blickpfeile und Mittellinien geachtet werden (Regel [M45]).

Die „Schnittfläche" wird (siehe Draufsicht) durchgehend gezeichnet. An den „Knickstellen" ② ④ entstehen keine neuen Kanten, da die Schnittverlaufslinie nur eine gedachte Linie ist.

[M45] Wird als Schnittlinie nicht die Mittellinie benutzt, muß der **Schnittverlauf** durch kurze, breite Strichpunkt-Linien (0,5 mm) an den Körperkanten ① ③ angegeben werden.

[M46] Blickpfeile ① ③ (doppelt so groß wie die Maßpfeile) zeigen die Blickrichtung auf die Schnittfläche an.

[M47] Soll der Schnitt durch versetzte Ebenen laufen, wird eine **abgeknickte Schnittverlaufslinie** gezeichnet, deren Anfangspunkt ① und Endpunkt ③ sowie ihre Abknickpunkte ② ④ fortlaufend mit Großbuchstaben gekennzeichnet werden.

Abb. 4: Anwendung der Biegevorrichtung

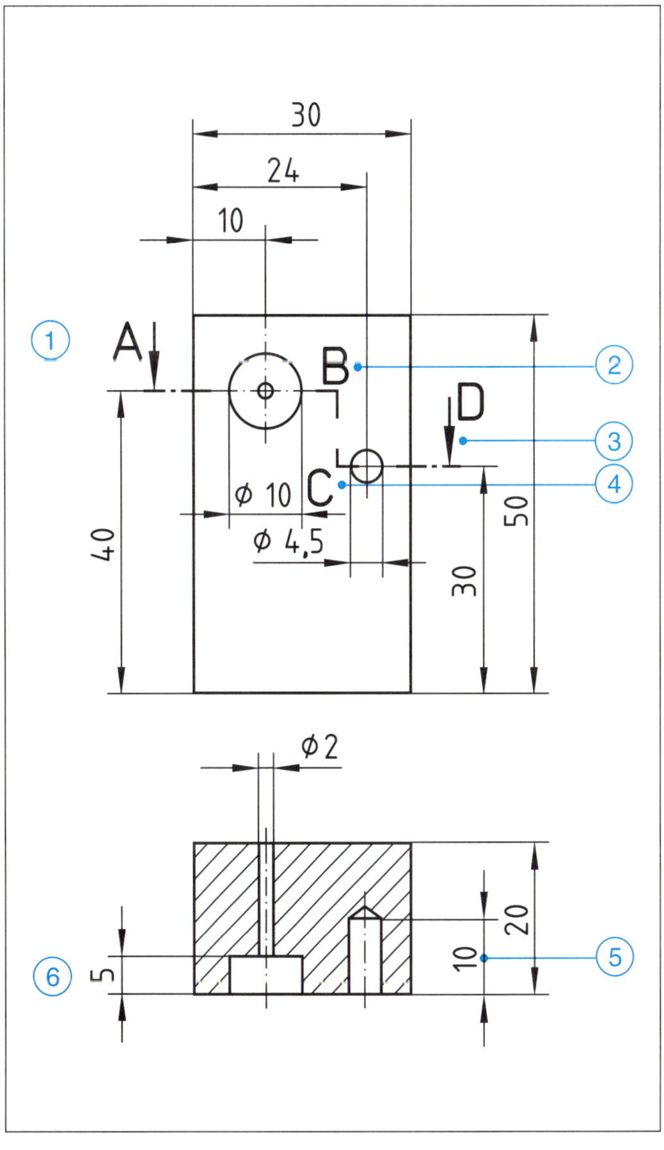

Abb. 5: Drahtbiegevorrichtung

Bei der Bemaßung des Grundloches ⑤ erkennt man, daß vom Kegel weder die Höhe noch der Winkel bemaßt sind.

[M48] Bei Grundlöchern wird nur die Länge des zylindrischen Teils bemaßt.

[M49] Bei Grundlöchern wird der Kegel stets mit einem Spitzenwinkel von 120° gezeichnet.

6 Werkstücke mit Schnittdarstellungen

Aufgaben

6.1 Behälter

Zeichnen Sie das Werkstück in einer Ansicht im Vollschnitt einschließlich Bemaßung!

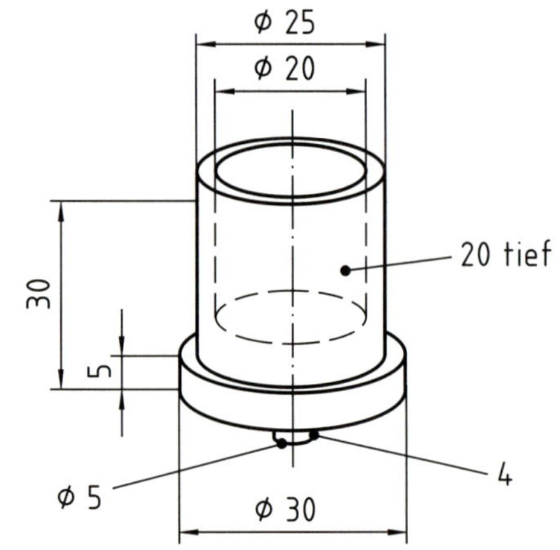

6.2 Kappe ❑

Zeichnen Sie das Werkstück im Halbschnitt einschließlich Bemaßung!

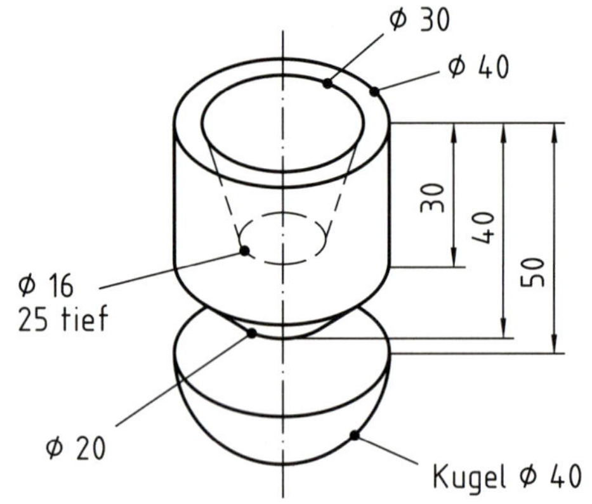

6.3 Verschluß

Zeichnen Sie das Werkstück in den beiden Ansichten einschließlich Bemaßung und tragen Sie einen möglichen Verlauf der Schnittlinie ein!

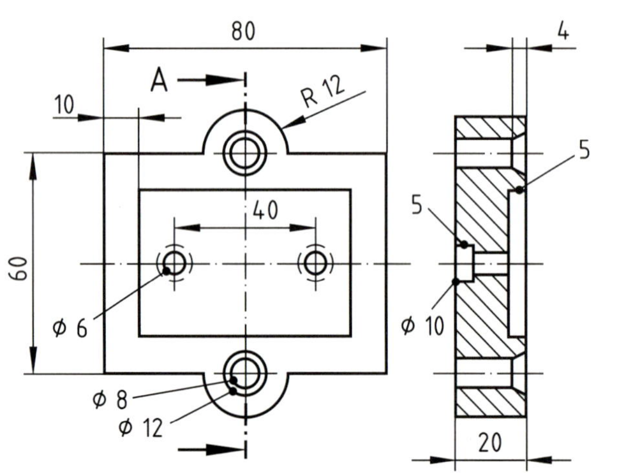

6.4 Klemmstein

Zeichnen Sie das Werkstück in drei Ansichten einschließlich Bemaßung!

Hinweise:
- Die Maße entnehmen Sie dazu dem Karoraster.
- Die Zeichnung soll im Maßstab 1:1 dargestellt werden.
- Die kleinen Löcher (quadratische und runde) gehen durch das Werkstück hindurch.
- Die großen Löcher (quadratische und runde) sind Grundlöcher mit einer Tiefe von 15 mm.

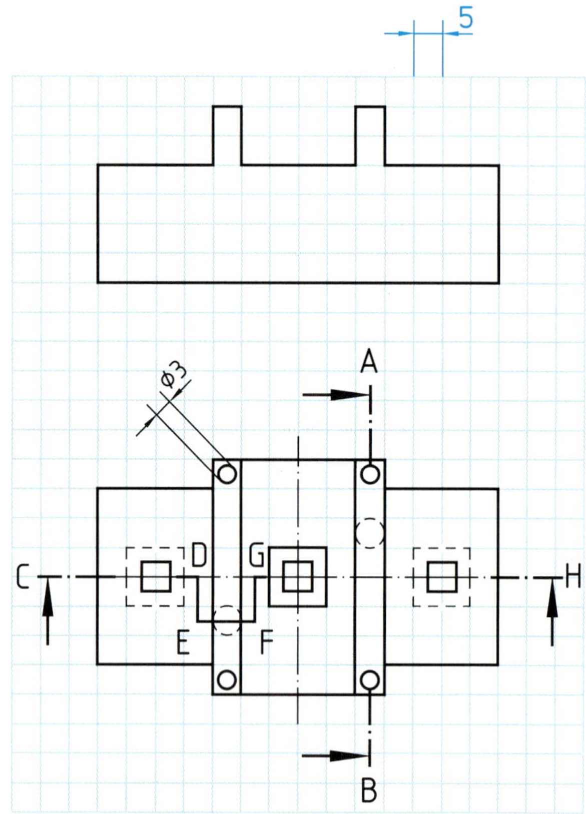

6.5 Führungsstück ❑

Zeichnen Sie das Werkstück in drei Ansichten einschließlich Bemaßung, wobei die Seitenansicht im Halbschnitt dargestellt werden soll!

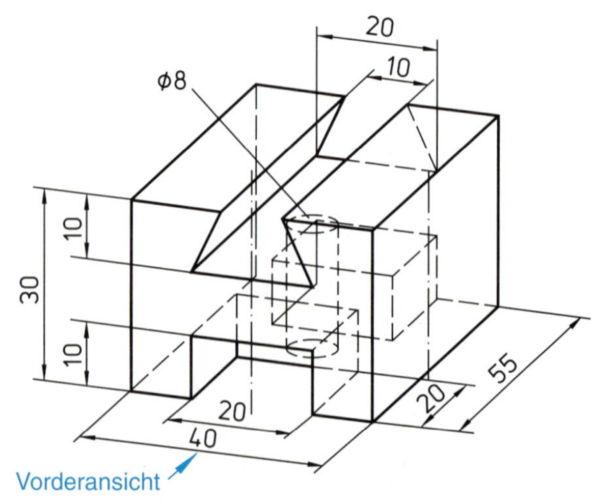

Aufgaben

6.6 Grundplatte

Die Vorderansicht des Werkstücks ist mit 12 unterschiedlichen Schnittverlaufslinien dargestellt worden.

a) Ordnen Sie den Vorderansichten 1...6 die richtigen Seitenansichten aus A...M zu!

b) Ordnen Sie den Vorderansichten 7...12 die richtigen Draufsichten aus I...IX zu!

c) Suchen Sie aus den Seitenansichten und Draufsichten jeweils diejenigen heraus, die für die Bemaßung am besten geeignet sind!

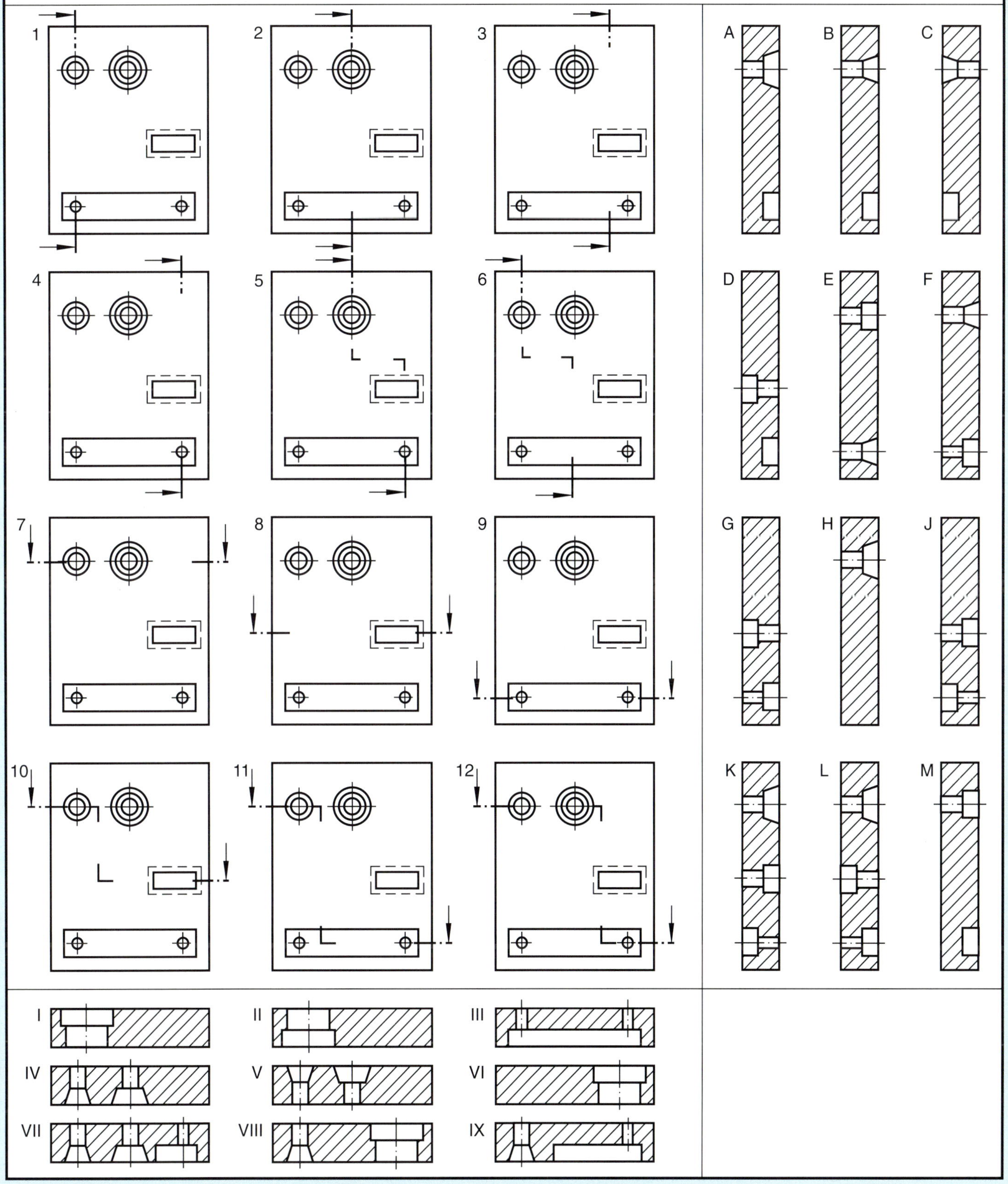

Auftrag 1

Die **Hauptspindel** (Teil 11 des Schraubstocks, Seite 8) soll mehrfach hergestellt werden, deshalb ist dafür eine Technische Zeichnung erforderlich (Abb. 2).

Lösung (Abb. 4)

Die Hauptspindel besteht aus einem Bolzen mit **Außengewinde** und einem Sechskant mit Bohrung für den Knebel 2 (Teil 12 des Schraubstockes).

Beim Schneiden des Bolzengewindes wird ein Teil des Materials so herausgeschnitten (Abb. 3a ①), daß eine Gewindespirale ② entsteht. Das bedeutet, daß der ursprüngliche Bolzendurchmesser zwischen den Gewindespitzen erhalten bleibt. Im Inneren des Bolzens bleibt ein bestimmter Teil unberührt (Fachwort: **Kern**, ③).

Dieser Kern und die Kanten des stehengebliebenen Außendurchmessers werden in allen Ansichten gezeichnet.

[M50] Der **Kern** (Richtwert beim Zeichnen: 0,8 · Außendurchmesser) wird mit schmalen Vollinien parallel zur Bolzenachse dargestellt ⑤.

[M51] Das **Gewindeende** ⑥ wird als breite Vollinie gezeichnet.

[M52] Senkrecht zur Bolzenachse zeichnet man den Kernkreis als 3/4-Kreis mit schmaler Vollinie ⑦.

[M53] Zur Bemaßung wird der Außendurchmesser des Gewindes benutzt ④.

[M54] Die unterschiedlichen Gewindeformen werden durch entsprechende Buchstaben vor den Maßzahlen gekennzeichnet ④.

Beispiele: M = Metrisches ISO-Gewinde
R = Whiteworth-Rohrgewinde
E = Elektrogewinde

Weitere Angaben zu den verschiedenen Gewindearten und deren Abmessungen (z. B. Kerndurchmesser) müssen Tabellenbüchern entnommen werden.

Der Sechskant der Hauptspindel ist lediglich mit einem Maß versehen. Das ist deshalb völlig ausreichend, weil solche Sechskantköpfe genormt sind (DIN 475). Die übrigen Maße (Größe der Sechskantflächen, Eckmaß) liegen damit fest.

[M55] Sechskant-Querschnitte werden durch Angabe der **Schlüsselweite** (Abkürzung: **SW**) an den parallelen Flächen bemaßt ⑧.

Bei der Herstellung von Schrauben und Muttern entstehen durch die Brechung der Kanten am Kopf und am Gewindeanfang, sogenannte Fasen. Bei deren exakter Darstellung würden schwierig darzustellende Kanten entstehen. Das wird vermieden, wenn man eine vereinfachte Darstellung wählt.

[M56] In der vereinfachten Darstellung von Normteilen (z. B. Schrauben, Muttern) werden die Fasen nicht gezeichnet (Abb. 1 b).

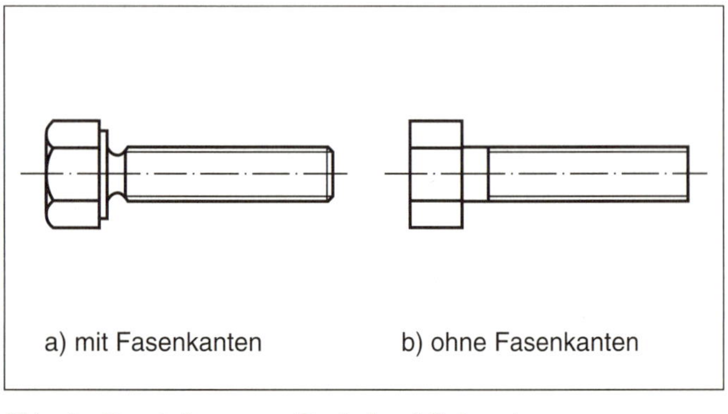

Abb. 1: Darstellung von Sechskant-Schrauben

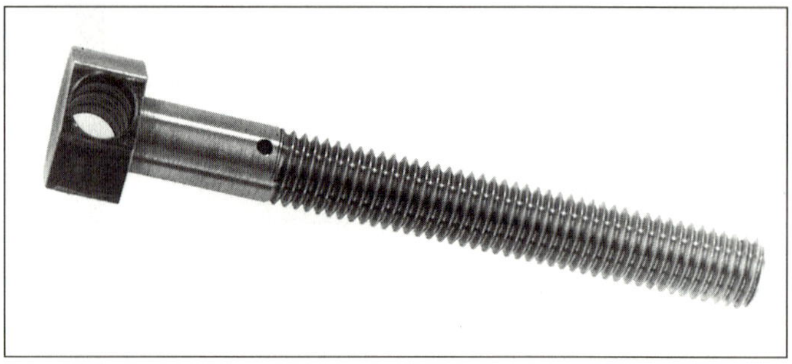

Abb. 2: Hauptspindel

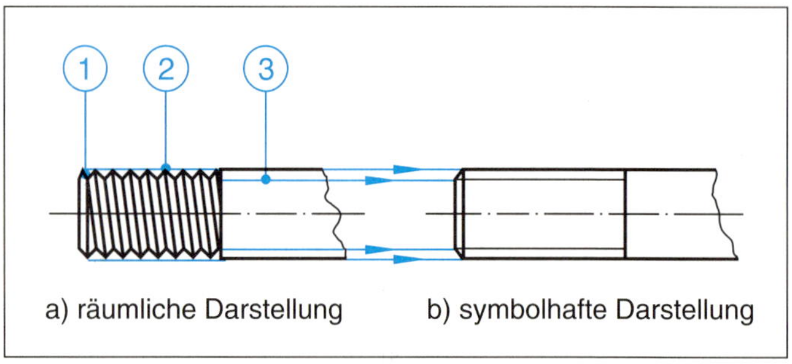

Abb. 3: Außengewinde (Bolzengewinde)

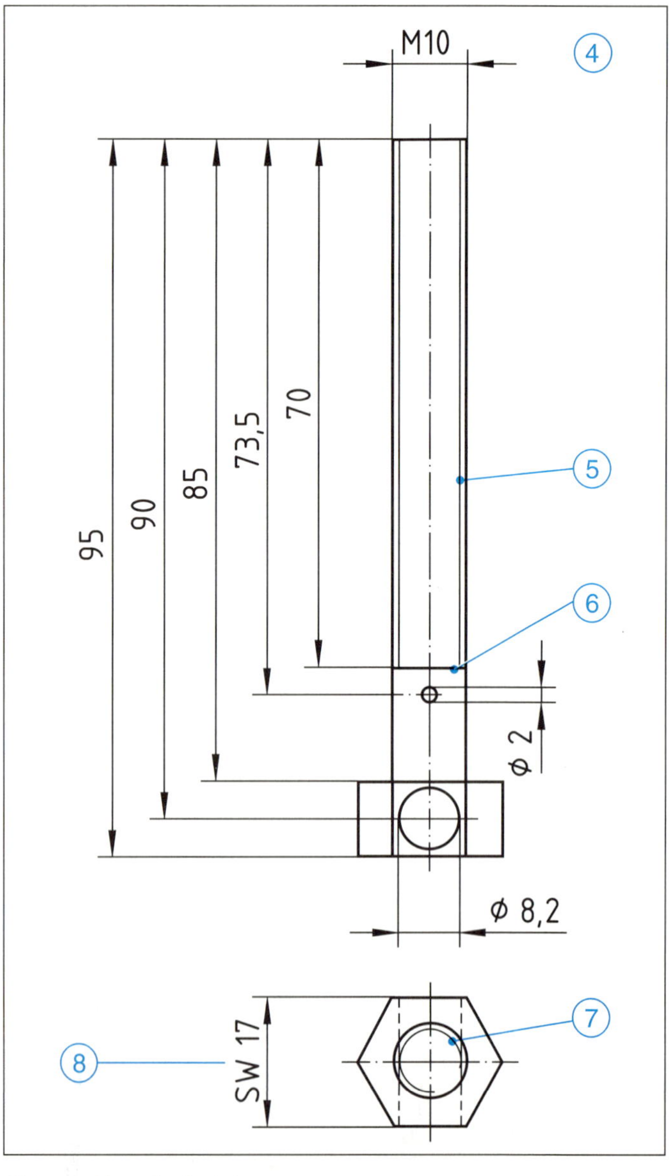

Abb. 4: Hauptspindel

Auftrag 2 (Abb. 5)

Die beiden Backen des Schraubstockes (Seite 8) haben Bohrungen mit Gewinde, deren Darstellung bisher nicht behandelt wurde. Um die Technische Zeichnung der **festen Backe** (Teil 7) vervollständigen zu können, soll hier die Darstellung von Innengewinde besprochen werden.

Lösung (Abb. 6)

Damit die Besonderheiten der Darstellung von **Innengewinden** (auch: Muttergewinde) hervortreten, haben wir die bereits bekannten Maße (siehe Seite 16) hier nicht noch einmal eingetragen. In der Seitenansicht wurde ein Teilschnitt benutzt, um das Gewinde bemaßen zu können ③.

[M57] Bei Längsschnitten eines Innengewindes werden die äußeren Gewindekanten ② als schmale Vollinien dargestellt.

[M58] Die Schraffur geht bei Gewindeschnitten bis an die Körperkanten des Kerns heran ④.

[M59] Der Außenumfang eines Innengewindes wird als 3/4-Kreis (Draufsicht des Gewindes) mit schmaler Vollinie gezeichnet ①.

[M60] Verdeckte Gewinde werden als parallele gegeneinander versetzte Strichlinien dargestellt ⑤.

Abb. 5: Feste Backe

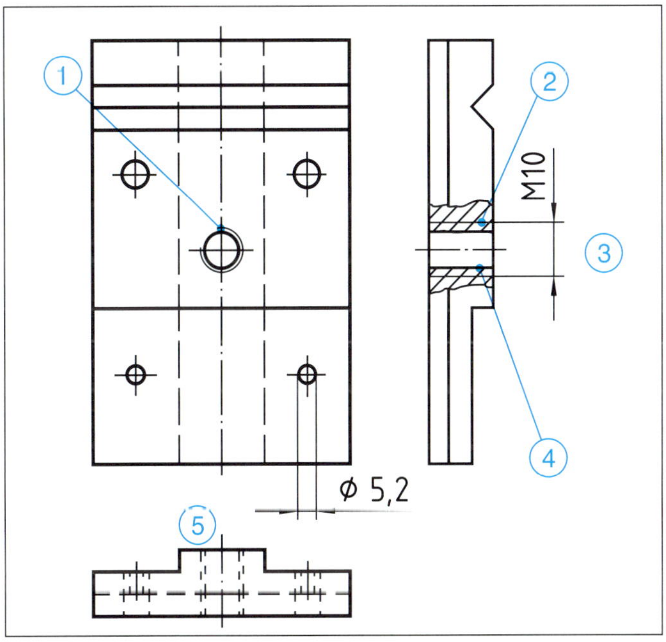

Abb. 6: Feste Backe

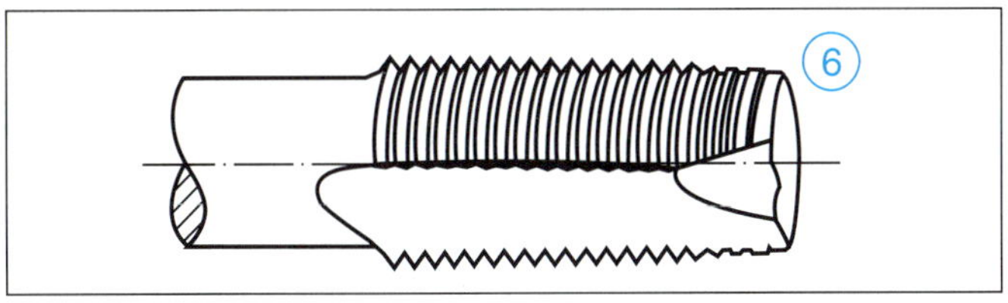

Abb. 7: Gewindebohrer

Bei **Grundlöchern** mit Gewinde kommt zu den bekannten Kanten noch eine weitere hinzu. Sie entsteht zwangsläufig bei der Anwendung von Gewindebohrern (Abb. 7). Diese haben nämlich an ihrer Spitze einen sog. Anschnitt ⑥. Er dient der Führung des Werkzeuges in der Bohrung. Es ergibt sich daraus, daß das Gewinde nicht bis zum Ende des Grundloches eingeschnitten werden kann. Es bleibt also ein „gewindefreies“ Stück übrig (Abb. 8 ⑧). Das Gewindeende wird auch hier durch eine breite Vollinie (siehe auch Regel [M51]) dargestellt ⑦.

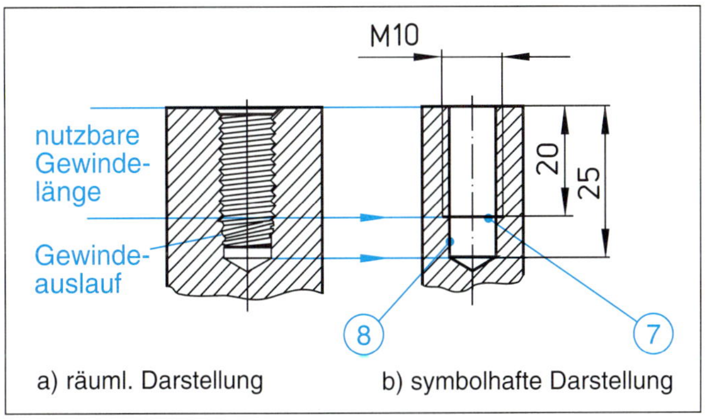

Abb. 8: Grundbohrung

Aufgaben

7.1 Spindel

Zeichnen Sie das Werkstück in zwei Ansichten einschließlich Bemaßung!

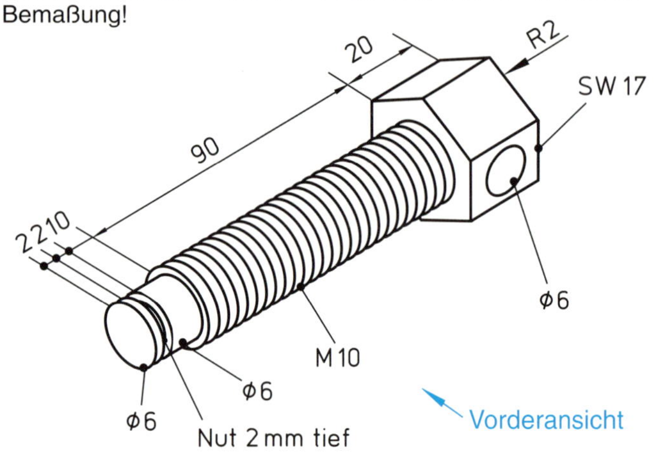

7.2 Spezialschraube

Zeichnen Sie das Werkstück in zwei Ansichten einschließlich Bemaßung!

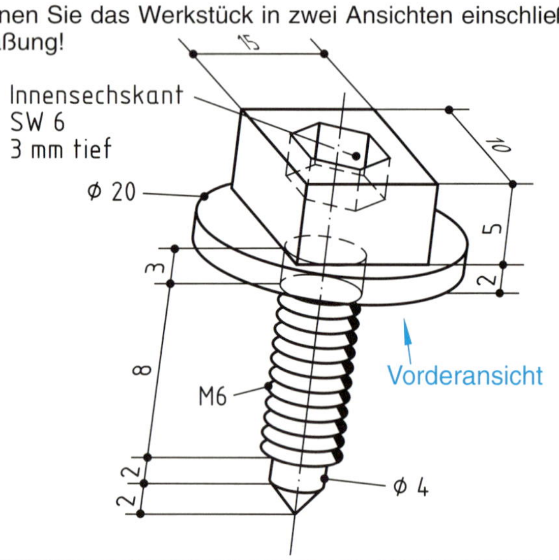

7.3 T-Stück

Zeichnen Sie das Werkstück in drei Ansichten einschließlich Bemaßung unter Beachtung folgender Hinweise!

Hinweise:
- Die beiden Gewindebohrungen im Mittelteil sind Durchgangsbohrungen.
- Die vier Gewindebohrungen in den flachen Teilen sind Grundbohrungen mit 15 mm Lochtiefe und mit 10 mm Gewindetiefe.

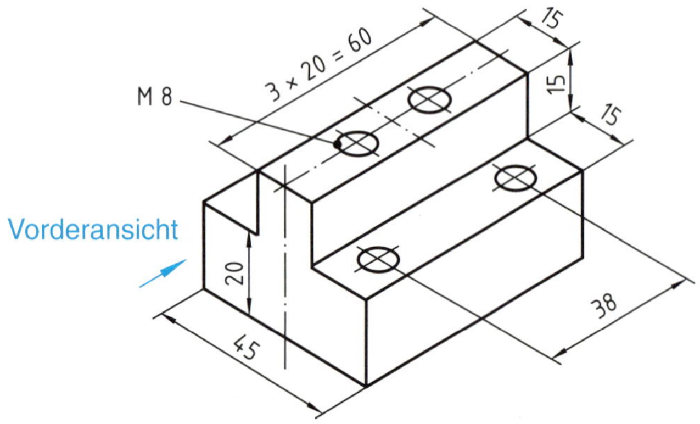

7.4 Griff

Zeichnen Sie das Werkstück in zwei Ansichten einschließlich Bemaßung!

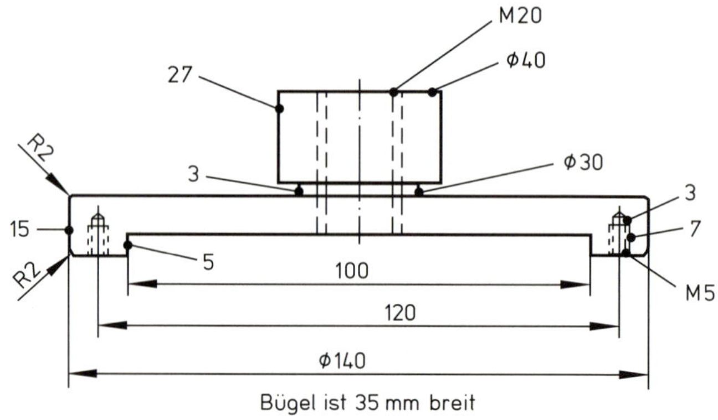

7.5 Halter (Teil 5 des Schraubstocks)

Zeichnen Sie das Werkstück in drei Ansichten einschließlich Bemaßung!

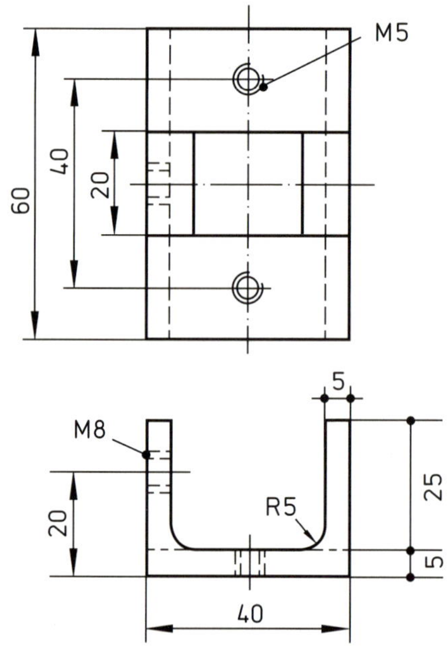

7.6 Überprüfung der Darstellungen

Einige der folgenden Gewindedarstellungen enthalten Fehler.

Geben Sie bei den Fehlern an, welche Regel jeweils nicht beachtet wurde!

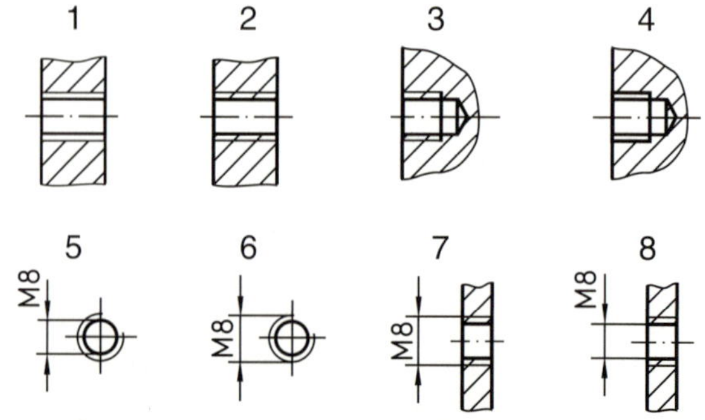

8 Werkstücke mit Oberflächenangaben

Auftrag

Bei fast allen Werkstücken erwartet man bestimmte Oberflächen-Güten, die durch unterschiedliche Fertigungsverfahren hergestellt werden können. Hier soll eine der **Führungsstangen** (Teil 6 des Schraubstocks, Seite 8) dargestellt werden. Wegen der Führung durch die Schraubstockbacke müssen die Führungsstangen sehr glatte Oberflächen haben.

Lösung (Abb. 2)

Die geforderte Oberflächengüte eines Werkstückes wird durch Symbole ① ausgedrückt. Sie bestehen aus einem Grundsymbol und Zusätzen. Hierzu gibt es mehrere Tabellen und Festlegungen, die man in Tabellenbüchern nachlesen kann. Hier sollen nur die wichtigsten behandelt werden.

[M61] Die **Oberflächenzeichen** bestehen aus dem Grundsymbol (Abb. 3a) und zusätzlichen Angaben
- zur zulässigen Rauhigkeit (Abb. 3a, ③),
- zur Art der Materialabtragung (Abb. 3b und c) und
- zum Fertigungsverfahren ④.

Die zulässige Rauhigkeit kann als Maß in µm oder als Rauhigkeitsklasse (s. Tabellenbuch) angegeben werden. Neben den genannten drei Angaben in Regel [M61] werden manchmal auch Angaben zur Richtung der Riefen und zur Materialzugabe vor der Oberflächen-Bearbeitung vorgesehen.

Aus dem Symbol ① (Abb. 2) kann daher folgendes entnommen werden:

Materialabtragung zulässig: ja
vorgeschriebenes Fertigungsverfahren: Polieren
durchschnittlicher Rauhigkeitswert: 0,8 µm

[M62] Symbole für Oberflächen werden senkrecht auf die betreffende Fläche gesetzt. Die Zusätze müssen dabei von unten oder rechts lesbar sein.

Um diese Regel einhalten zu können, müssen manchmal Hinweispfeile auf die entsprechende Fläche gesetzt werden. Einige Möglichkeiten sind in Abb. 4 dargestellt.

Wenn alle Flächen eines Werkstücks die gleiche Oberflächengüte bekommen sollen, wird das entsprechende Oberflächenzeichen unter die gesamte Zeichnung gesetzt. Werden einige Flächen besonders bearbeitet, erhalten diese die entsprechenden Symbole, die auch in Klammern hinter das oben genannte Zeichen (unter der Zeichnung) gesetzt werden (Abb. 4, ⑤).

In Abb. 2 wurde noch eine weitere symbolhafte Darstellung ② verwendet. Da die Führungsstange relativ lang ist und daher nicht in das Zeichenformat der Abbildung passen würde, ist das Werkstück unterbrochen dargestellt.

[M63] Lange Werkstücke können auch unterbrochen oder abgebrochen gezeichnet werden. Die Bruchlinien werden dabei als schmale Freihandlinien ② dargestellt.

Nach DIN 6/12.86 dürfen auch bei Drehkörpern schmale Freihandlinien als Bruchlinien anstelle der bisher üblichen Schleifenform benutzt werden.

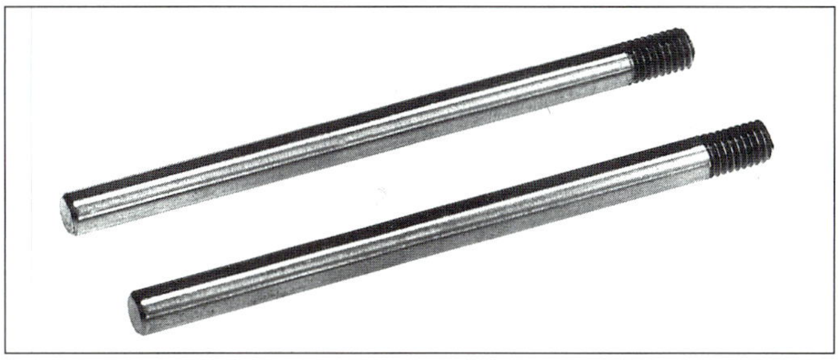

Abb. 1: Führungsstangen

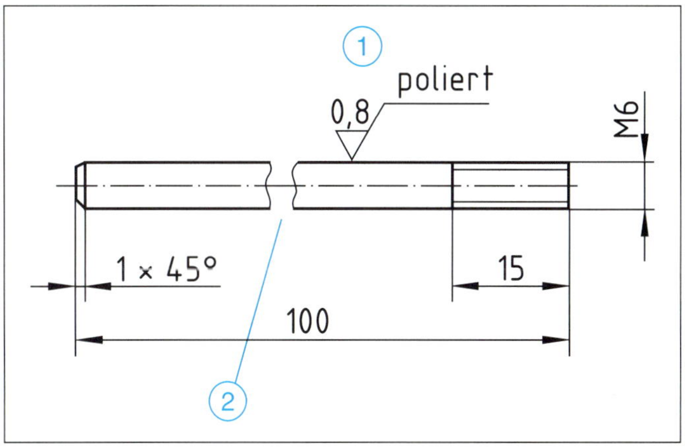

Abb. 2: Führungsstange

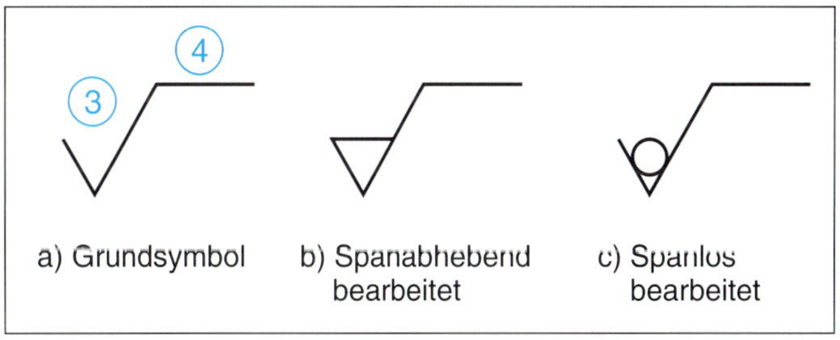

Abb. 3: Oberflächenzeichen

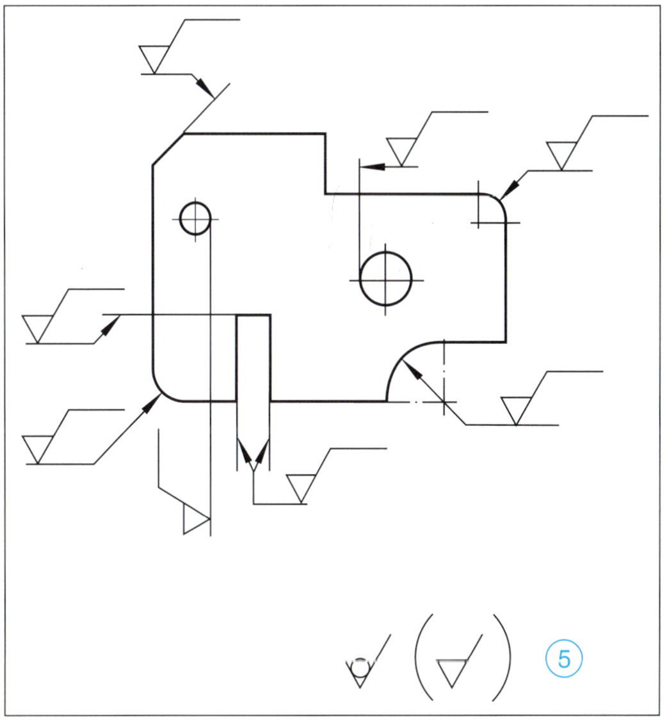

Abb. 4: Anordnungs-Beispiele für Oberflächenzeichen

8 Werkstücke mit Oberflächenangaben

Aufgaben

8.1 Schwalbenschwanzführung

a) Geben Sie an, welche Rauhigkeiten die folgenden Flächen haben sollen!

- Außenflächen
- Bohrung
- Längsseiten der rechteckigen Nuten
- Stirnseiten der rechteckigen Nuten
- schräge Flächen der oberen Nut

b) Geben Sie den Unterschied der Oberflächenbearbeitung zwischen der Bohrung und den Stirnflächen der rechteckigen Nuten an!

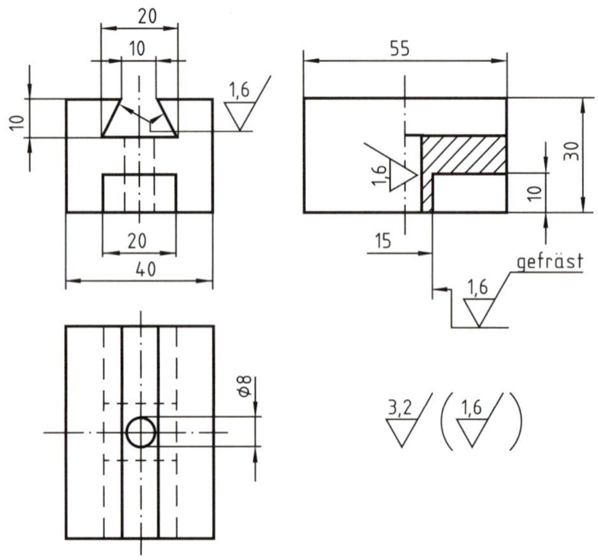

8.2 Knebel 1 und 2 (Teile 1 und 13 des Schraubstocks)

Zeichnen Sie die Werkstücke in einer Ansicht im Maßstab 5 : 1 bzw. 2 : 1 einschließlich Bemaßung!

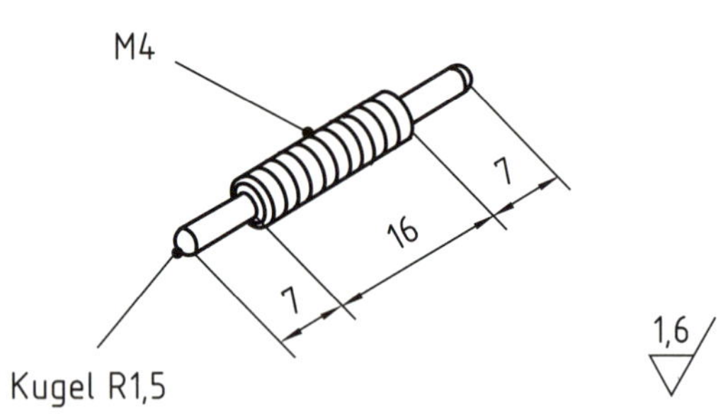

Teil 1

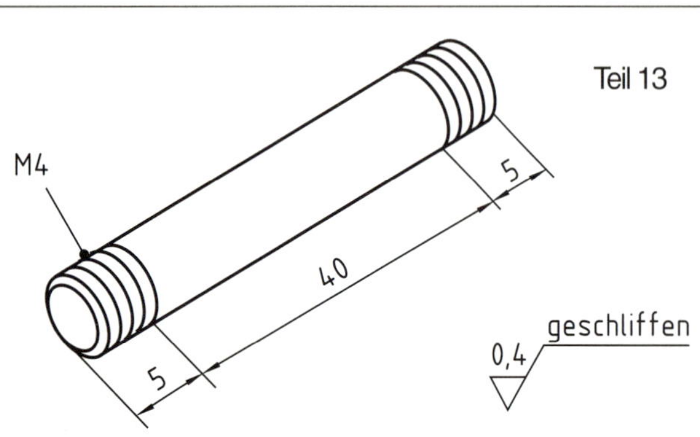

Teil 13

8.3 Vierkant-Rohr ❑

Zeichnen Sie das Werkstück einschließlich Bemaßung!

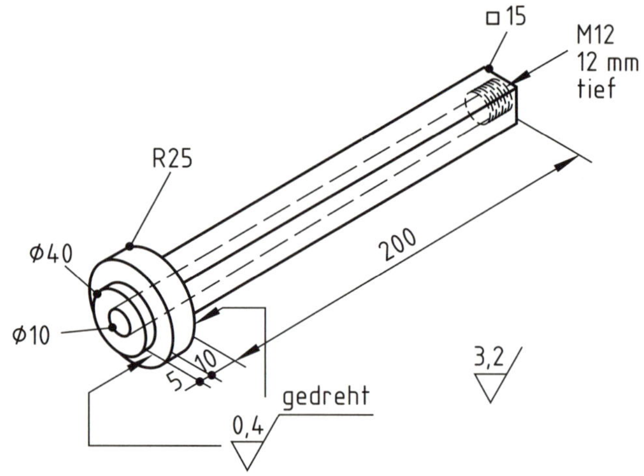

8.4 Gelenk ❑

Zeichnen Sie das Werkstück in zwei Ansichten einschließlich Bemaßung!

Hinweis: Bohrung ∅ 10 mm hat eine Einsenkung von oben mit ∅ 16 mm und 12 mm Tiefe!

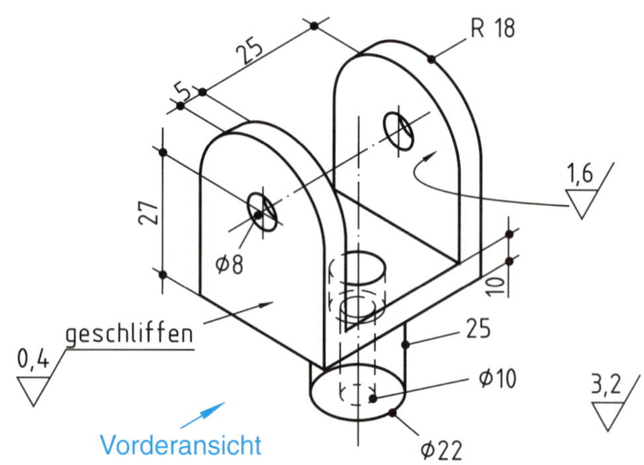

8.5 Prüflehre

Zeichnen Sie das Werkstück einschließlich Bemaßung!

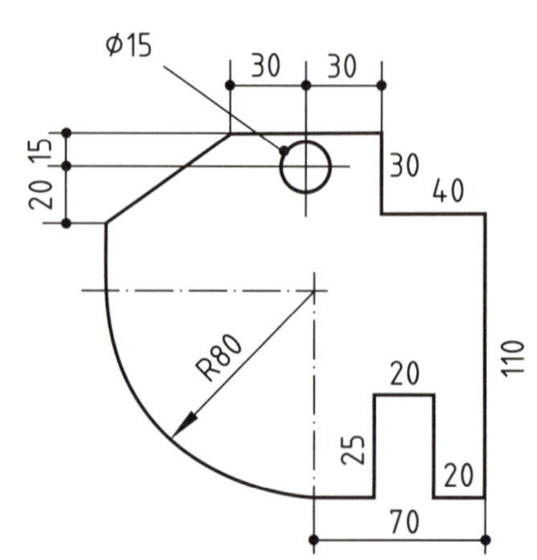

4 mm dick

Außenkanten:

0,4

Flächen und Bohrung:

3,2

Auftrag

Die Einzelteile des Schraubstocks sind in der Stückliste (Abb. 2) aufgeführt. Um das Zusammenwirken zeigen zu können, muß eine entsprechende Zeichnung (Fachwort: **Gesamt-Zeichnung**) erstellt werden.

Lösung (Abb. 1)

[M64] Gesamt-Zeichnungen zeigen Werkstücke (z. B. Geräte, Vorrichtungen, Maschinen) im zusammengebauten Zustand.

Man kann aus der Zeichnung erkennen, wie die verschiedenen Teile zusammengesetzt wurden und wie sie miteinander verbunden sind. Außerdem ist die Funktion des Schraubstocks gut zu erkennen.

[M65] Gesamt-Zeichnungen enthalten normalerweise keine Maße.

In der Abb. 1 ist nur eine Ansicht des Schraubstocks dargestellt, weil hier durch eine Reihe von Teilschnitten (z. B. ②) der Zusammenbau zweifelsfrei geklärt werden konnte.

[M66] Normteile und Bolzen werden ungeschnitten dargestellt.

[M67] Geschnittene Einzelteile werden in Zusammenbau-Zeichnungen unterschiedlich (in Richtung und/oder Abstand) schraffiert ⑤.

Bei Gesamt-Zeichnungen gibt es einige Besonderheiten, die im folgenden erläutert werden.

[M68] Die gemeinsame Kante sich berührender Teile wird als eine Linie gezeichnet ⑤.

[M69] Verdeckte Kanten ③ werden nur eingezeichnet, wenn es die Eindeutigkeit erfordert.

[M70] Die Mittellinien verdeckter Bohrungen werden stets eingetragen ①.

[M71] Die Positions-Nummern der Einzelteile (z. B. ④) werden eine Stufe größer geschrieben als Maßzahlen.

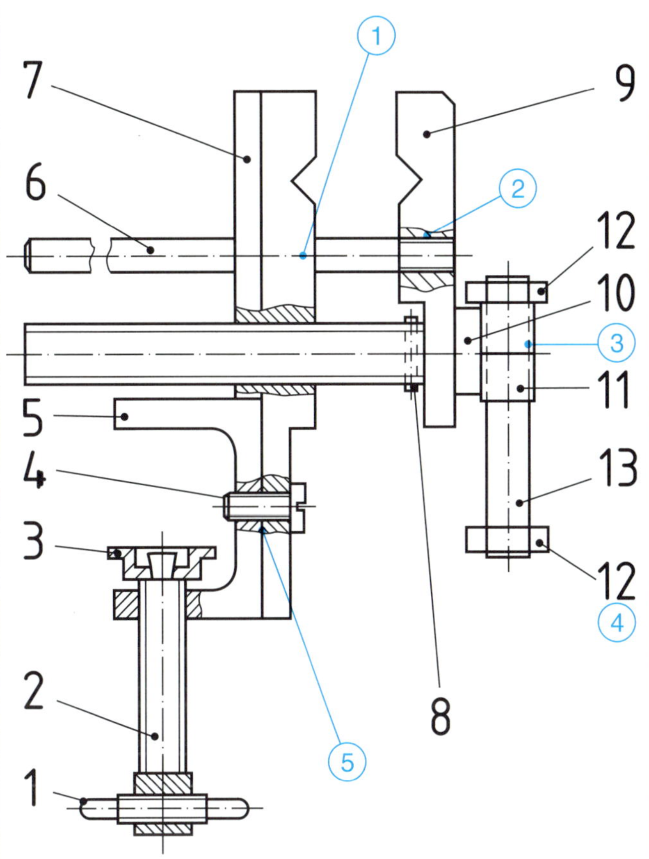

Abb. 1: Gesamt-Zeichnung des Schraubstocks

Gesamt-Zeichnungen müssen durch **Stücklisten** (Abb. 2) ergänzt werden, aus denen die Benennung der Einzelteile und ihre Zeichnungs-Nummern entnommen werden können. In unserer Stückliste haben wir an Stelle der Zeichnungs-Nummern die Seiten dieses Buches angegeben, auf denen die entsprechenden Teile zu finden sind.

Schraubstock				
Pos.	Stück	Bennennung	Werkstoff/Norm	Seite
1	1	Knebel 1	DIN 668-9S20k-∅4	28
2	1	Feststellspindel	DIN 175-Ck45-∅16	14
3	1	Klemmscheibe	DIN 668-9S-20k-∅20	20
4	2	Zylinderschraube	DIN 84-M5x10-6,8	–
5	1	Halter	DIN 1026-St37-2-U40	26
6	2	Führungsstange	DIN 175-C105W1-∅6	27
7	1	feste Backe	DIN 174-St37-2-60x15	25
8	1	Spannstift	DIN 7346-H-∅2x16	
9	1	lose Backe	DIN 174-St37-2-60x10	18
10	1	Distanzring	DIN 668-St37-2-∅10,5	–
11	1	Hauptspindel	DIN 175-Ck45-∅10	24
12	2	Mutter	DIN 439-M8-6,8	–
13	1	Knebel 2	DIN 668-9S20k-∅8	28

Abb. 2: Stückliste des Schraubstocks

Aufgaben

9.1 Spannvorrichtung

a) Stellen Sie fest, wo sich der Drehpunkt des Hebels (Teil 4) befindet!

b) Geben Sie an, an welchem Punkt ② ... ④ sich der Mittelpunkt des gebogenen Langloches ⑤ befindet!

c) Der Hebel wird im Uhrzeigersinn gedreht. Beschreiben Sie, wie sich dabei der Schieber (Teil 5) bewegt!

d) Vergleichen Sie die Abstände zwischen den markierten Punkten ② und ③, ⑦ und ⑧ sowie ⑩ und ⑪!
Geben Sie an, welchen Einfluß ein Maß-Unterschied auf die Funktion der Spannvorrichtung hätte!

e) Nennen Sie die Aufgabe der Zylinderstifte (Teil 3)!

f) Teil 5 soll ausgetauscht werden. Geben Sie die Reihenfolge der zu demontierenden Teile an!

g) Der Außendurchmesser der Zylinderschraube (Teil 1) ist kleiner als die entsprechende Bohrung. Überprüfen Sie, ob sich beim Zusammenbau oder bei der Handhabung Schwierigkeiten ergeben würden, wenn die genannten Durchmesser gleich groß wären!

h) Geben Sie an, zwischen welchen Teilen bzw. Kanten ein Werkstück eingespannt werden kann!

Hinweis: Stückliste auf Seite 9 beachten!

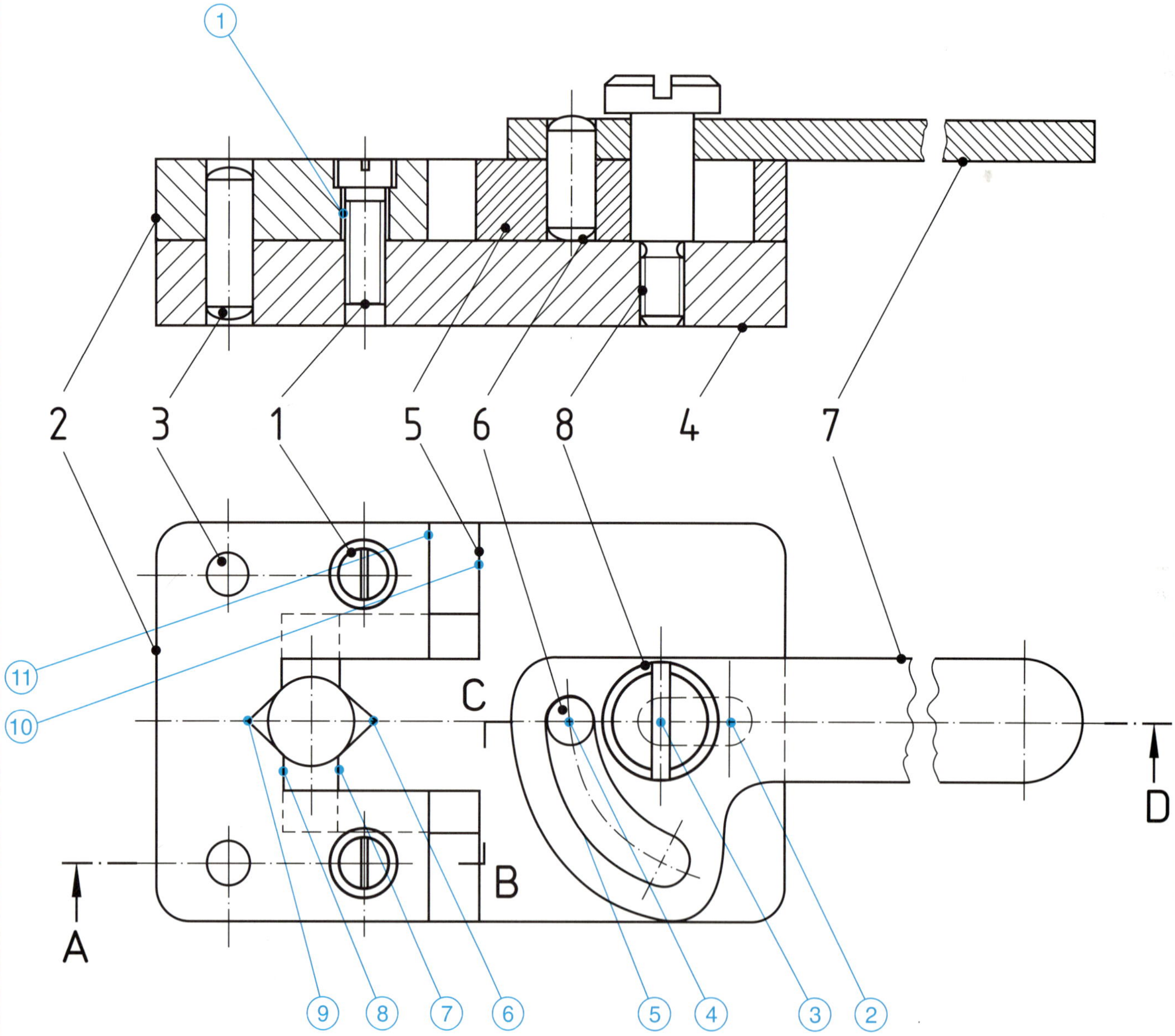

In der Metalltechnik werden die Werkstücke in allen Einzelheiten gezeichnet und mit Maßen versehen. Nach diesen Zeichnungen werden dann die Teile hergestellt und nach einer Zusammenbau-Zeichnung oder -Anweisung zu einem kompletten Bauteil zusammengesetzt.

Aus den Zeichnungen läßt sich normalerweise auch die Funktion des Werkstücks erkennen. In der Metalltechnik dient die Zeichnung also in erster Linie der Anschauung der Werkstücke. Der Betrachter soll den Gegenstand „sehen" und so eine Vorstellung von der Größe, der Form und der Funktion bekommen.

In der Schaltungstechnik ist die Aufgabe der Zeichnungen eine ganz andere. Hier steht die Funktion der Geräte (Fachwort: **Betriebsmittel**) im Vordergrund und nicht deren Form oder Maße. Aus diesem Grund werden in elektrotechnischen Zeichnungen Symbole (Fachwort: **Schaltzeichen**) für die Betriebsmittel benutzt.

[E01] In elektrotechnischen Zeichnungen (Fachwort: **Schaltpläne**) werden für die Funktion der Betriebsmittel Schaltzeichen verwendet (Abb. 1 ①).

Damit eine funktionsgerechte Installation möglich wird, ist auch die räumliche Anordnung wichtig. Man verwendet hierzu einen Bauplan, in den die einzelnen Betriebsmittel lagerichtig eingetragen wurden (Abb. 2). Die hierbei benutzten Schaltzeichen sind auf den Seiten 95 und 96 dargestellt.

[E02] Ein Bauplan mit eingezeichneten Betriebsmitteln wird **Installationsplan** genannt. Die Leitungen zu den Betriebsmitteln werden dabei nicht eingezeichnet.

Der Installationsplan bildet die Grundlage der Absprache zwischen Auftraggeber und Elektrofachkraft. Dieser Plan zeigt aber nicht, in welcher Höhe die Schalter und Steckdosen angebracht und wie die Leitungen geführt werden. Hierfür hat der VDE[1]) Vorschriften (DIN VDE 18 015 T3) erlassen, die eine einheitliche Elektro-Installation gewährleisten.

[1]) VDE= Verband Deutscher Elektrotechniker

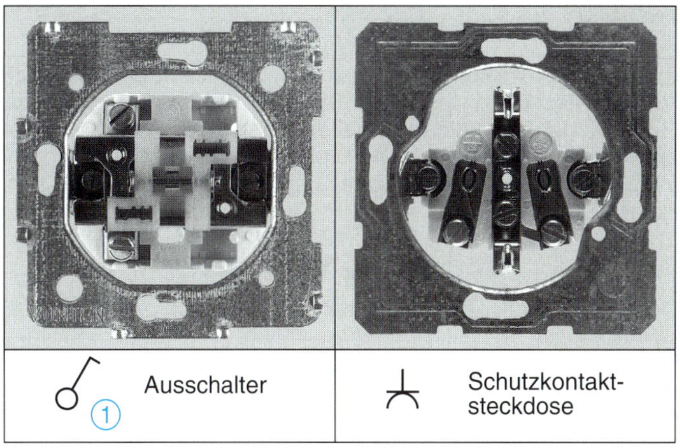

Abb. 1: Ausschalter und Schutzkontakt-Steckdose

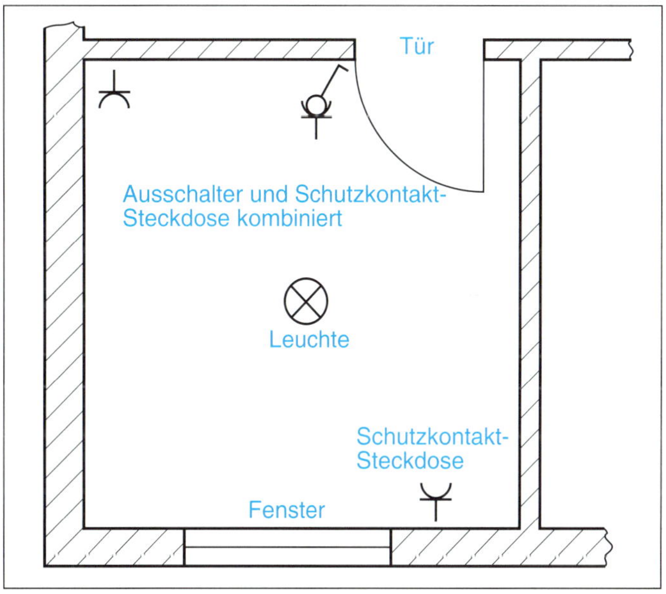

Abb 2: Installationsplan eines Kellerraums

Aufgaben

10.1 Büroraum

In einem Büroraum sollen im Rahmen von Renovierungsarbeiten die Schalter und Steckdosen der Unter-Putz-Installation ausgetauscht werden.

a) Stellen Sie eine Stückliste (auch: **Materialliste**) für die elektrischen Betriebsmittel auf (Spalten 1 und 2)!

b) Ergänzen Sie die Stückliste in den Spalten 3...5 anhand von Firmenunterlagen!

Stückliste				
1 Anzahl	2 Betriebsmittel	3 Hersteller	4 Bestell-Nr.	5 Preis

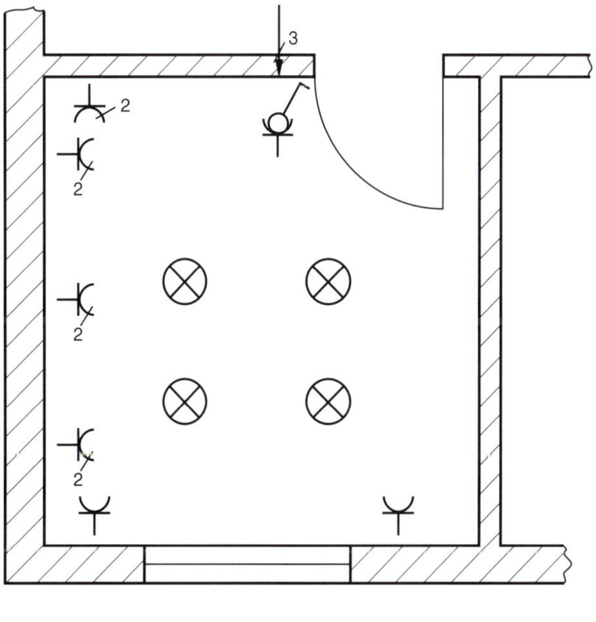

11 Schalten von einer Stelle

Auftrag 1

In einem Kellerraum werden eine Leuchte und eine Schutzkontakt-Steckdose installiert (Abb. 1). Die Leitungen aus NYM werden auf Abstandschellen montiert. Als Schalter wird ein Kippschalter benutzt. Die Steckdose soll immer an Spannung liegen. Für diese Schaltung sollen die notwendigen Pläne erstellt werden.

Aufbau der Schaltung

Der Installationsplan (Abb. 1) gibt lediglich an, wo die Betriebsmittel installiert werden sollen. Um aber über die Verbindungen und Leitungen etwas aussagen zu können, werden weitere Pläne benötigt. Durch den **Übersichtsschaltplan** (Abb. 2) erhält man eine Übersicht über die Zusammenschaltung der Betriebsmittel. Dieser Plan enthält auch Angaben über die Leitungsführung, die Leitungsart ④ und die Verlegungsart ⑤. Diese Angaben werden nur einmal im Plan vermerkt. Sie gelten dann für alle Leitungen dieser Schaltung. Abb. 3 zeigt einige Darstellungsbeispiele für Leitungen und deren Verlegungsarten.

[E03] Im **Übersichtsschaltplan** wird eine elektrische Anlage mit allen wesentlichen Bestandteilen vereinfacht dargestellt.

[E04] In Übersichtsschaltplänen werden die **Leitungen** nur durch **eine Linie** dargestellt (einpolige Darstellung). Die **Adernzahl** wird entweder durch die entsprechende Anzahl von Schrägstrichen durch die Leitung ⑥ oder durch einen Schrägstrich mit Zahl ① angegeben.

Bei Leitungen mit drei und mehr Adern wird üblicherweise die zweite Kennzeichnungsart benutzt. Die Adernzahlangabe gilt nur von Klemmstelle zu Klemmstelle. Sie muß deshalb nach jedem Abzweig neu vermerkt werden.

In Installationsplänen und Übersichtsschaltplänen werden die gleichen Symbole verwendet. Sie werden in Anlehnung an die Darstellungsart der genannten Pläne **Schaltzeichen für einpolige Darstellung** genannt.

Der Pfeil an der Abzweigdose X1 (Abb. 2; ②) bedeutet, daß dort die Leitungseinspeisung liegt. Die Buchstaben L1/N/PE ③ sind die Bezeichnungen der ankommenden Leiter.

Aus dem Übersichtsschaltplan (Abb. 2) können jetzt folgende Angaben entnommen werden:

- Betriebsmittel: 1 Ausschalter auf Putz
  1 Schutzkontakt-Steckdose auf Putz
  1 Deckenleuchte
  1 Abzweigdose auf Putz
- Leitungen: NYM-J 1,5 mm² auf Putz verlegt
  zwischen Leuchte und Abzweigdose: 3-adrig
  zwischen Steckdose und Abzweigdose: 3-adrig
  zwischen Schalter und Abzweigdose: 2-adrig

Zwischen der Abzweigdose X1 und dem Schalter Q1 wird in der praktischen Installation eine 3-adrige Leitung verlegt (schwarz, blau, grüngelb), weil 2-adrige im allgemeinen teurer sind.

[E05] In Schaltplänen werden nur die Adern dargestellt, die für die Funktion benötigt werden (z. B. Abb. 2 und 5), und nicht solche, die praktisch verlegt werden.

Heute werden kaum noch Ausschalter hergestellt. Man verwendet deshalb Wechselschalter, bei denen dann nur ein Ausgang angeschlossen wird. In den Abb. 2 und 5 wurde aber das Symbol des Ausschalters gezeichnet, weil es auf die Funktion und nicht das tatsächlich installierte Betriebsmittel ankommt.

[E06] In Schaltplänen werden nur die Betriebsmittel dargestellt, die für die Funktion benötigt werden.

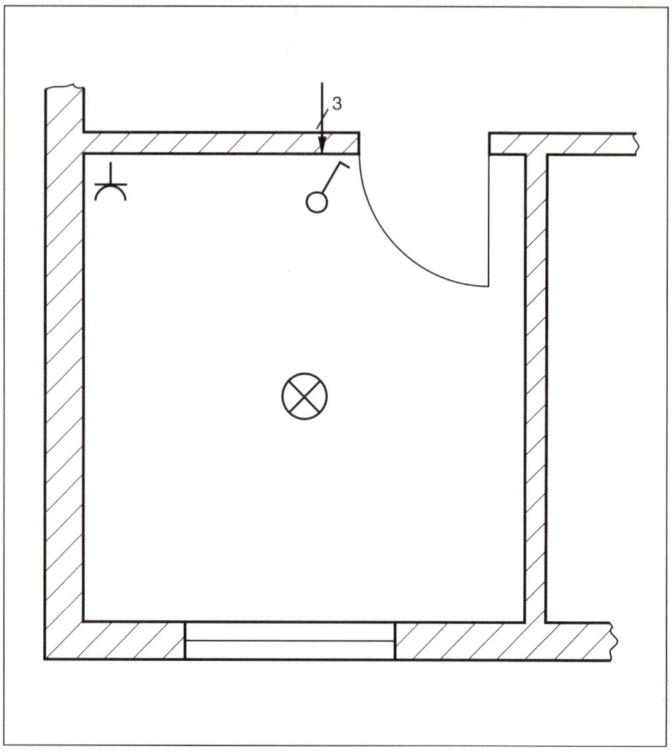

Abb. 1: Installation eines Kellerraums

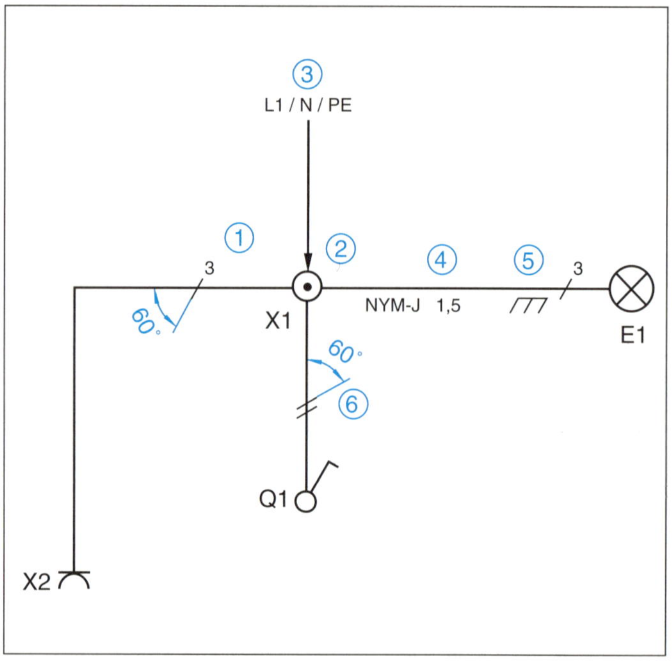

Abb. 2: Übersichtsschaltplan zu Abb. 1

NYM-J 1,5 (5)	NYIF 1,5 (3)	HO7V-U
unter Putz	im Putz	im Installationsrohr
Mantelleitung	Stegleitung	Kunststoffaderleitung
NYM-J 5-adrig 1,5 mm²	NYIF 3-adrig 1,5 mm²	H 07V-U 1-adrig 1,5 mm²

Abb. 3: Leitungsverlegearten (Beispiele)

Alle Betriebsmittel müssen zur eindeutigen Identifizierung gekennzeichnet sein. Dies geschieht durch eine Kombination von Vorzeichen, Buchstaben und Zahlen, z. B. –X1. Das **Vorzeichen „Bindestrich“** gibt an, daß die folgenden Buchstaben und Zahlen die **Betriebsmittel-Kennzeichnung** darstellen. Der Bindestrich wird aber meistens weggelassen, weil die Benennung auch ohne ihn eindeutig ist. Die **Buchstaben** geben die Art des Betriebsmittels an (vgl. auch Seite 91).

Beispiele:

X = Verbindungsstelle, Klemme, Steckdose, Stecker
Q = Leistungsschalter, Installationsschalter
E = „Verbraucher“, Heizgerät, Leuchte, Herd

Die Betriebsmittel einer Art werden mit Zählnummern versehen, z. B. X1, X2 bzw. Q1, Q2 usw.

[E07] Jedes Betriebsmittel muß mindestens durch einen Buchstaben (Art des Betriebsmittels) und durch eine Zählnummer gekennzeichnet sein.

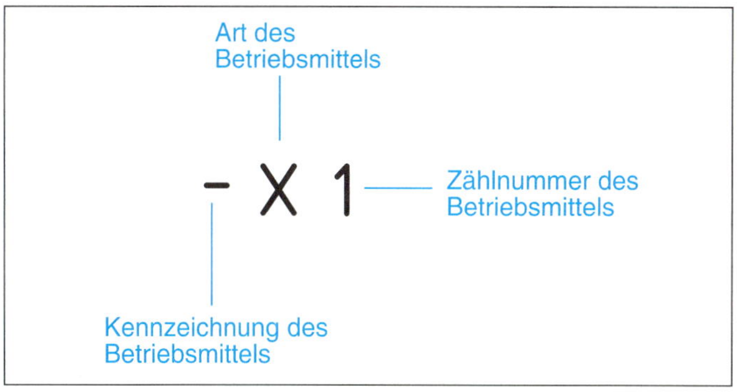

Abb. 4: Bestandteile der Betriebsmittel-Kennzeichnung

Funktion der Schaltung

Die Installationspläne und Übersichtsschaltpläne zeigen die Lage und Anordnung der Betriebsmittel. Sie sagen aber nichts über die Verschaltung der Stromkreise aus. Um die Wirkungsweise einer Schaltung zu erkennen, sind deshalb alle Verbindungen der Stromkreise erforderlich. Diese werden in Stromlaufplänen dargestellt.

[E08] Der **Stromlaufplan in zusammenhängender Darstellung** (Abb. 5) zeigt alle Einzelheiten einer Schaltung. Die Funktionsteile eines Betriebsmittels werden dabei jeweils als Einheit dargestellt (Abb. 6).

[E09] Die Anordnung der Betriebsmittel im Stromlaufplan in zusammenhängender Darstellung entspricht ungefähr der im Übersichtsschaltplan.

[E10] In Stromlaufplänen werden die Schaltzeichen für mehrpolige Darstellung verwendet.

Viele Schaltzeichen der mehrpoligen Darstellung lassen gut die Gerätefunktion erkennen. So zeigt das Schaltzeichen des **Ausschalters** (Abb. 6) die einzelnen Funktionsteile.

[E11] Schalter schalten grundsätzlich den Außenleiter (z. B. L1), damit im ausgeschalteten Zustand keine Spannung an den Klemmen der „Verbraucher“ anliegt.

[E12] Schaltgeräte werden in unbetätigtem und Stromkreise in stromlosem Zustand dargestellt.

Um die Funktion einer Schaltung zu verstehen, verfolgt man den Stromweg vom Außenleiter L1 (Abb. 5) ⑦ am Einspeisepunkt über die verschiedenen Betriebsmittel zurück zum Neutralleiter N ⑧. Damit der Stromweg gut beschrieben werden kann, sind die Anschlüsse der Betriebsmittel (z. B. Transformatoren, Motoren) mit Anschluß-Bezeichnungen versehen.

Die einfachen Betriebsmittel der Installationstechnik, wie Schalter, Steckdosen und Abzweigdosen bilden hier eine Ausnahme, d. h. sie tragen keine Klemmen-Bezeichnungen. Trotzdem sind in diesem Buch häufig Anschluß-Klemmen bezeichnet, um eindeutige Beschreibungen zu ermöglichen.

[E13] Die Anschluß-Klemmen der Betriebsmittel werden in den Plänen durch Klemmen-Bezeichnungen dargestellt ⑨ ⑩.

Soll die **Klemme eines Betriebsmittels** genannt werden, wird die Klemmen-Bezeichnung durch einen **Doppelpunkt** von der Betriebsmittel-Kennzeichnung getrennt, z. B. bedeutet Q1: 2 Klemme 2 des Schalters Q1.

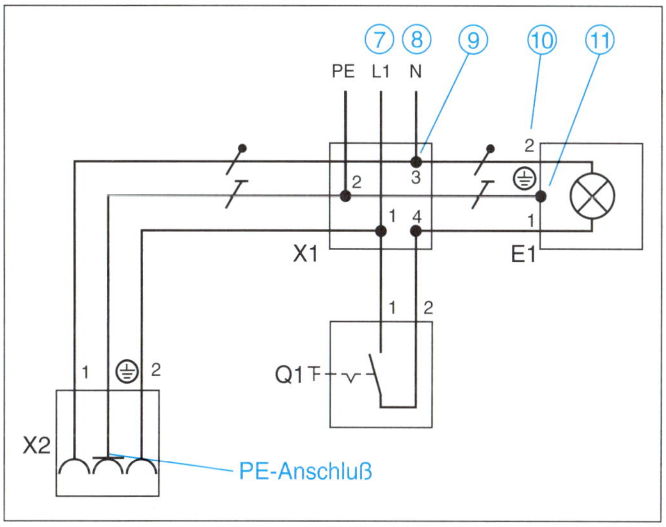

Abb. 5: Stromlaufplan in zusammenhängender Darstellung zu Abb. 1

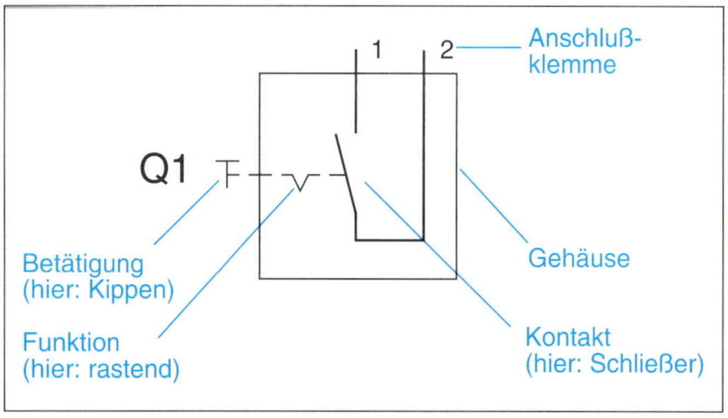

Abb. 6: Ausschalter (mehrpolige Darstellung)

Schaltzeichen	Bedeutung
– – – – –	mechanische Verbindung
– – ⊽ –	rastet bei Betätigung ein
⊢ –	Betätigung durch Hand
⊤ –	Betätigung durch Kippen
E –	Betätigung durch Drücken
]–	Betätigung durch Ziehen
F –	Betätigung durch Drehen

Abb. 7: Betätigungsteile von Schaltern

11 Schalten von einer Stelle

Stromwege der Leuchte (Seite 33, Abb. 5)
Wie bereits erwähnt, beginnt man mit dem Außenleiter L1. Er ist in der Abzweigdose X1 an der Klemme X1: 1 angeschlossen. Von dort führt eine Verbindung zum Schalter Q1 (Q1: 1). Ist dieser geschlossen, kann der Strom zur Klemme X1: 4 (Abzweigdose X1), von dort zur Leuchte E1 (E1: 2) und wieder zur Abzweigdose X1 zurückfließen. An der Klemme X1: 3 schließt sich der Stromkreis mit dem Neutralleiter N.

Schutzmaßnahme

Zum Schutz des Menschen gegen gefährliche Körperströme müssen Schutzmaßnahmen eingesetzt werden. Entweder sind die Geräte schutzisoliert (Symbol: ⧈) oder ihre metallischen Gehäuse sind mit einem Schutzleiter (Aderkennzeichnung: grün-gelb) zu versehen. Die PE[1])-Klemme der Leuchte ⑪ (Abb. 5, S. 33) ist daher mit dem PE in der Abzweigdose (X1: 2) verbunden.

Neutralleiter und Schutzleiter können in Stromlaufplänen auf zwei Arten gekennzeichnet werden. Sie werden entweder mit den entsprechenden Buchstaben (N = Neutralleiter bzw. PE = Schutzleiter) oder mit Symbolen nach Abb. 2 versehen.

Stromwege der Schutzkontakt-Steckdose

Die Steckdose X2 ist in der Abzweigdose X1 direkt mit den Leitern L1 (X1: 1), PE (X1: 2) und N (X1: 3) verbunden. Die Steckdose liegt also ungeschaltet ständig an Spannung.

Eine **Funktionsbeschreibung** in Sätzen ist aufwendig und bei umfangreicheren Schaltungen nicht sinnvoll. Wir verwenden daher die Schreibweise nach Abb. 1. Mit den Aussagen über die Bauteile und deren Verbindungen sowie mit der Beschreibung der Funktion haben wir eine Analyse der Anlage vorgenommen.

[E14] Bei der **Funktionsanalyse** wird festgestellt, wie und unter welchen Voraussetzungen die Anlage arbeitet.

Auftrag 2

In einer Diele wird eine Deckenleuchte und eine Spiegelbeleuchtung mit zwei Leuchten installiert. Sie sollen von einer Stelle aus unabhängig voneinander geschaltet werden können. Die Installation ist unter Putz auszuführen.

Aufbau der Schaltung

Für diese Schaltung wird der **Serienschalter** Q1 (Abb. 3 ①, Abb. 4 ③) verwendet. Er besteht aus zwei Auschaltern, die in einem Gehäuse untergebracht sind. Beim Installieren wird so der Platz für ein Gehäuse gespart.

[E15] Ein **Serienschalter** besteht aus zwei Ausschaltern mit gemeinsamen Außenleiter-Anschluß ②, der besonders gekennzeichnet ist.

Funktion der Serienschaltung (Abb. 4)

Leuchte E1

L1 → X1:5 → Q1:1 → Q1:2 → X1:4 → E1:1 → E1:2 → X1:1 → **N** ⇒ Q1:2 steuert E1

Leuchten E2 und E3

L1 → X1:5 → Q1:1 → Q1:3 → X1:3 → X2:3 → (E2:1 → E2:2 / E3:1 → E3:2) → X2:1

→ X1:1 → **N** ⇒ Q1:3 steuert E2 und E3

Schutzmaßnahme

Die Gehäuse sind an den Schutzleiter PE angeschlossen.

Leuchten-Stromwege
L1 → X1:1 → Q1:1 → Q1:2 → X1:4 → E1:1 → E1:2 → X1:3 → **N**
Schutzmaßnahme: PE → X1:2 → E1:PE

Steckdosen-Stromwege
L1 → X1:1 → X2:2
X2:1 → X1:3 → **N**
Schutzmaßnahme: PE → X1:2 → X2:PE

Abb. 1: Stromweg-Analyse zu Abb. 5 (Seite 33)

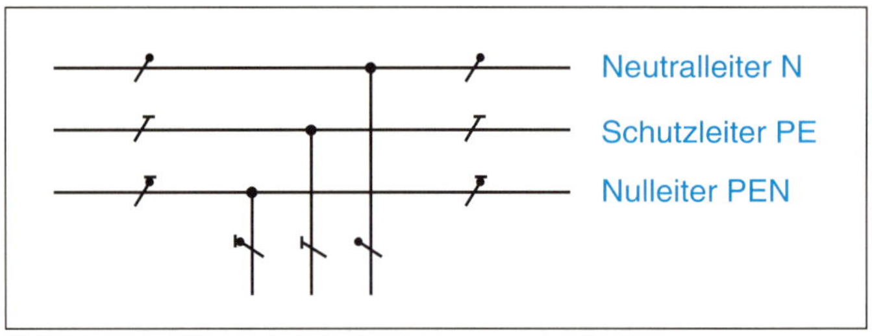

Abb. 2: Kennzeichnung besonderer Leiter

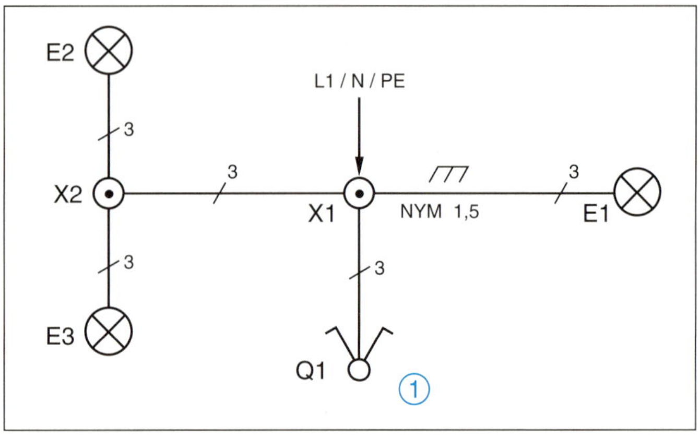

Abb. 3: Schaltung mit Serienschalter (Übersichtsschaltplan)

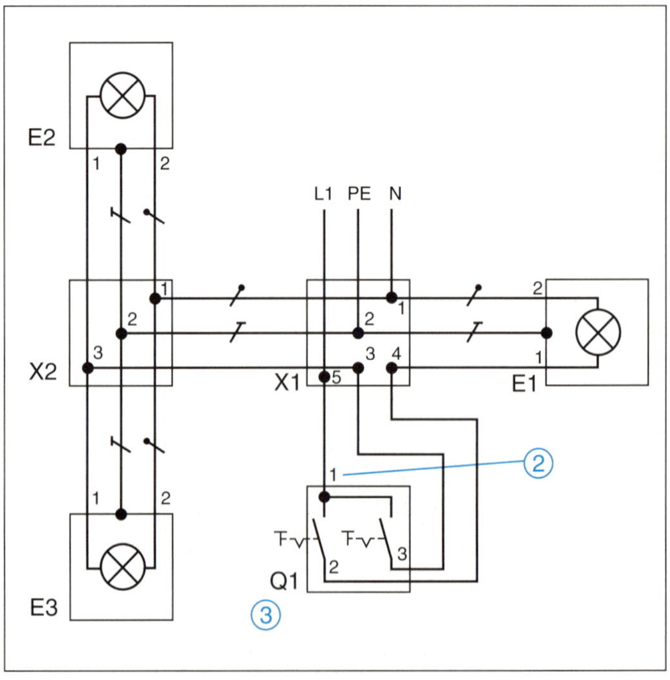

Abb. 4: Schaltung mit Serienschalter (Stromlaufplan in zusammenhängender Darstellung)

[1]) PE = protection earth (engl.) = Bezugserde

Auftrag 3

In einem Jugendzimmer soll eine Balkenleuchte mit drei Spots installiert werden. Die Helligkeit der Leuchte muß von einer Stelle aus gesteuert werden können. Die Installation wird in Stegleitung ausgeführt.

Aufbau der Schaltung

Die Helligkeit der Leuchte kann auf zwei Arten verändert werden. Einmal mit Hilfe eines Serienschalters, der unterschiedlich viele Spots einschaltet (Abb. 6), oder mit einem **Dimmer** (Abb. 5). Hierfür ist in der Norm (DIN 40900) kein Schaltzeichen für die mehrpolige Darstellung festgelegt, so daß das entsprechende Symbol (Abb. 7) ① aus genormten Elementen zusammengesetzt wurde. Die meisten Firmen benutzen hingegen ein nicht genormtes Schaltzeichen ②.

[E16] Ein Dimmer (Abb. 8) ist ein elektronischer Steuerschalter, mit dem die Spannung an Leuchten und damit deren Helligkeit stufenlos gesteuert werden kann.

Diese Steuergeräte können z.B. durch Drehen (Abb. 5a), oder durch Tippen (Abb. 5b) bedient werden. Dimmer sind normalerweise für die Steuerung von Glühlampen gebaut. Für Leuchtstofflampen gibt es besondere Steuergeräte.

Dimmer werden als Wechselschalter hergestellt. In dieser Schaltung wird Q1 aber nur als Ausschalter eingesetzt, deshalb wird das Symbol ③ (Abb. 8) benutzt.

Vorteile gegenüber Serienschaltern

- Stufenlose Helligkeitssteuerung
- Zwischen Abzweigdose X1 und Schalter Q1 sind nur zwei Adern notwendig.
- Zwischen Abzweigdose X1 und Leuchte E1 ist nur die übliche 3-adrige Leitung (z. B. NYIF 3 x 1,5) notwendig.

Nachteil gegenüber Serienschalter

Dimmer sind teurer als Serienschalter.

Funktion der Dimmerschaltung

Stromwege

L1 → X1:3 → Q1:4 → Q1:1 → X1:4 → E1:1
(drei Lampen parallel) → E1:2 → X1:1 → **N**

Dimmfunktion

Wenn der Kontakt ① in Q1 geschlossen ist, kann die Helligkeit gesteuert werden.

Schutzmaßnahme

Das Gehäuse der Leuchte ist an den Schutzleiter PE angeschlossen.

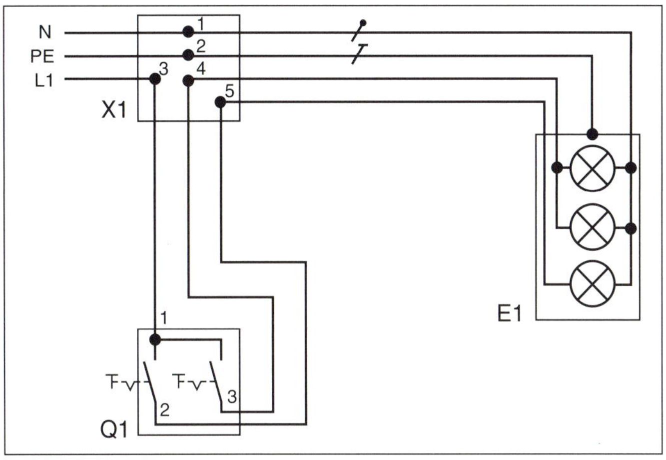

Abb. 6: Balkenleuchte mit Serienschalter

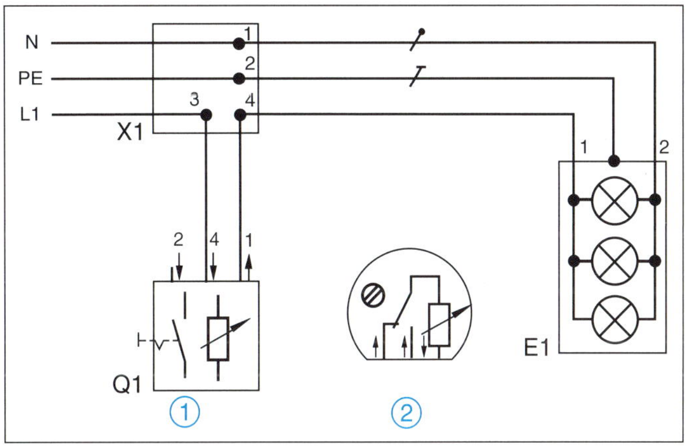

Abb. 7: Balkenleuchte mit Dimmer

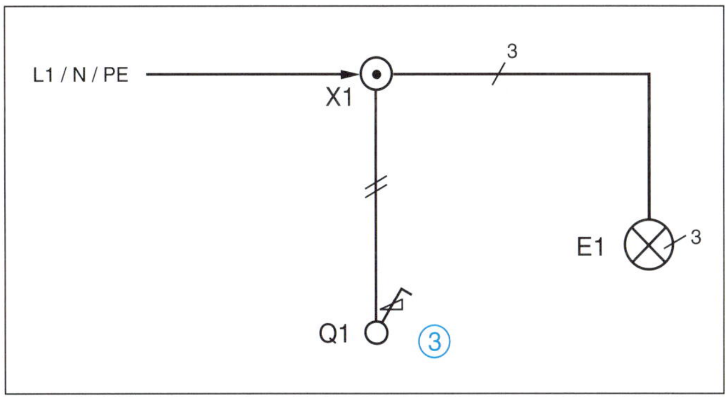

Abb. 8: Übersichtsschaltplan zu Abb. 7

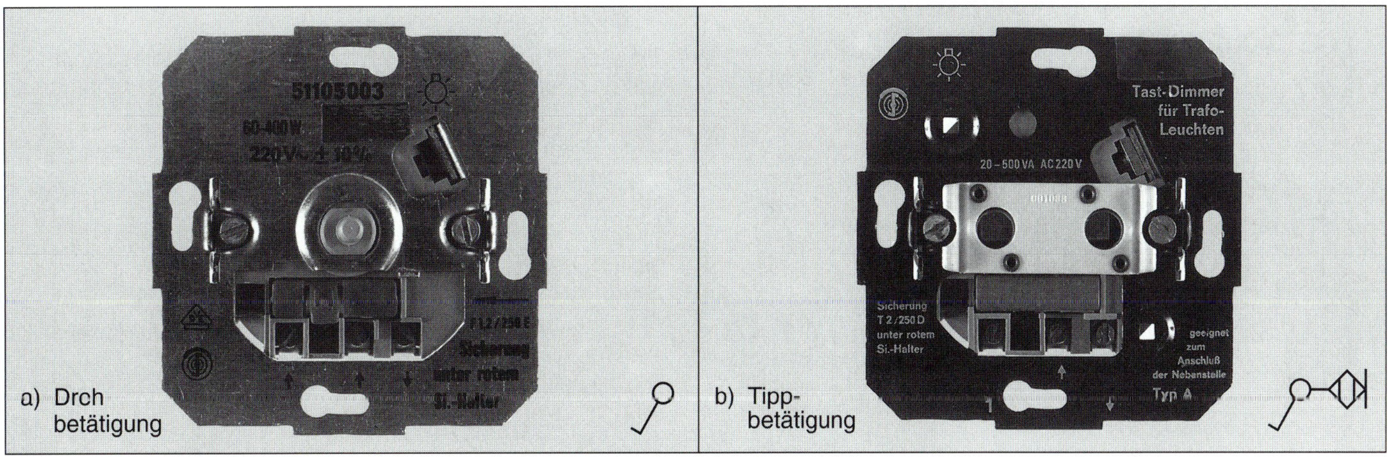

Abb. 5: Verschiedene Dimmer-Arten

11 Schalten von einer Stelle

Aufgaben

11.1 Fehlerhafte Schaltung

Die dargestellte Schaltung enthält einen Schaltfehler.

Analysieren Sie die Anlage, indem Sie folgende Fragen zur Funktion der Schaltung beantworten!

1. Welche Betriebsmittel wurden verwendet?
2. Welches Betriebsmittel wird durch den Schalter gesteuert?
3. Was muß geändert werden, damit der Fehler beseitigt wird?

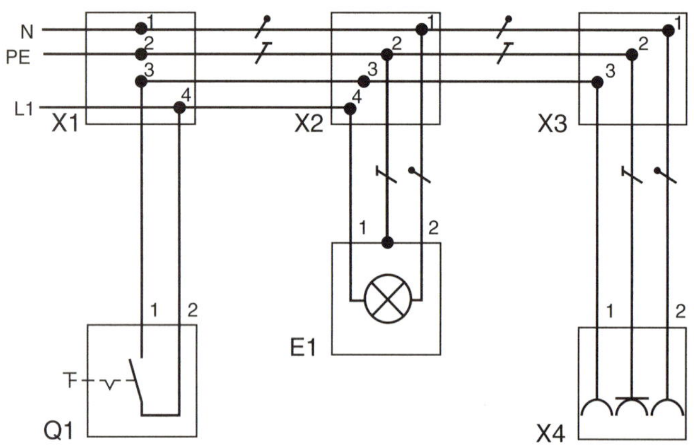

11.2 Kinderzimmer-Installation

a) Zeichnen Sie zum dargestellten Installationsplan den Übersichtsschaltplan!

b) Stellen Sie eine Stückliste für das benötigte Installationsmaterial auf!

Hinweise:

- Maße sollen der Zeichnung entnommen werden.
- Abzweigdosen werden 30 cm unterhalb der Decke gesetzt.
- Schalter und Kombinationen werden 1,05 m über den Fußboden gesetzt.
- Steckdosen werden 30 cm über den Fußboden gesetzt.
- Steckdosen werden durchgeschleift, d. h. ohne Abzweigdosen installiert.
- Leitungsverschnitt:
  10 % der zu verlegenden Leitungslänge.

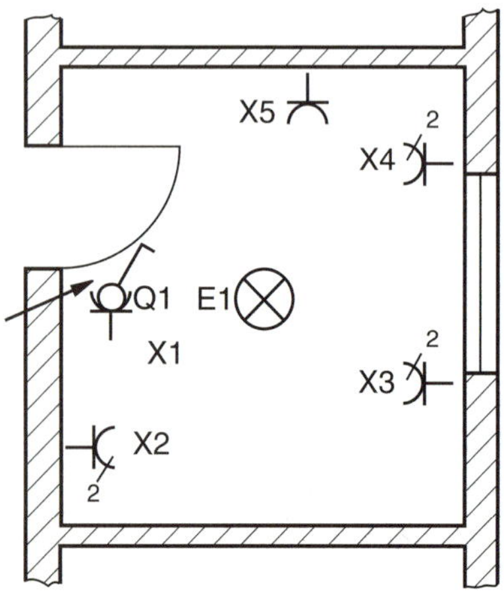

Raumhöhe : 2,50 m

M 1:100

Leitungen : NYIF 1,5

11.3 Arbeitszimmer-Installation

Ein Arbeitszimmer soll nach dem abgebildeten (unvollständigen) Übersichtsschaltplan installiert werden.

a) Zeichnen Sie den zugehörigen Stromlaufplan in zusammenhängender Darstellung!

b) Analysieren Sie die Anlage, indem Sie folgende Fragen zur Funktion der Schaltung beantworten!
Begründen Sie Ihre Antworten!
   1. Welche Betriebsmittel sollen verwendet werden?
   2. Welche Leitungsart ist vorgesehen?
   3. Welche Verlegungsart soll benutzt werden?
   4. Sind Q1 und X4 unter eine gemeinsame Abdeckplatte zu installieren?
   5. Wieviele Leiter (Adern) sind zwischen X1 und X2 nötig?
   6. Welche Bedeutung hat der Pfeil hinter X3?

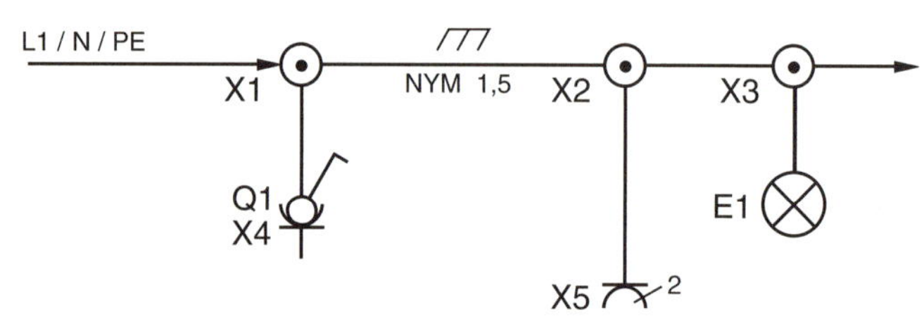

11.4 Beleuchteter Schalter

a) Analysieren Sie die Anlage, indem Sie folgende Fragen zur Funktion der Schaltung beantworten!
Begründen Sie Ihre Antworten!
   1. Wie sind bei offenem Schalter Q1 die Glimmlampe H1 und die Glühlampe E1 geschaltet?
   2. Wie groß sind die Widerstände von H1 (230 V/0,5 mA) und E1?
   3. Verändert sich durch Hinzuschalten der Glühlampe E1 die Stromstärke (0,5 mA) der Glimmlampe wesentlich?
   4. Wird die Glühlampe E1 bei offenem Schalter leuchten?
   5. Leuchtet die Glimmlampe H1 bei offenem Schalter?
   6. Leuchtet die Glimmlampe H1 bei geschlossenem Schalter?

b) Fassen Sie Ihre Erkenntnisse über Anschluß und Funktion der Glimmlampe in kurzen Sätzen zusammen, indem Sie auf
   - die Anzahl der Leiter zum Schalter,
   - den Anschluß der Glimmlampe und
   - das Leuchten der Glimmlampe bei offenem und geschlossenem Schalter eingehen!

c) Nennen Sie praktische Anwendungsfälle für diese Schaltung!

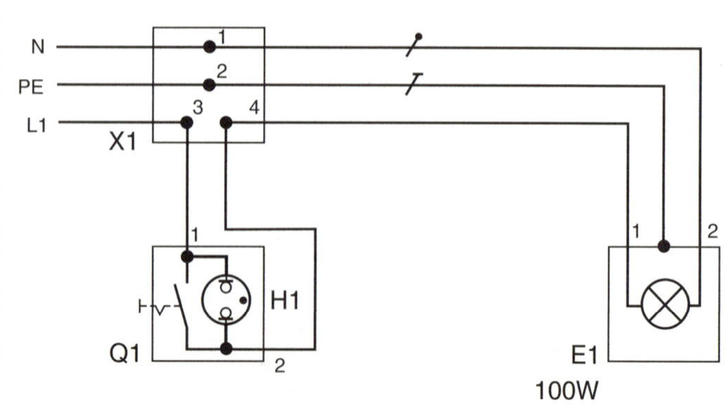

Aufgaben

11.5 Kontrolleuchte

a) Analysieren Sie die Anlage, indem Sie folgende Fragen zur Funktion der Schaltung beantworten!
Begründen Sie Ihre Antworten!

1. Wie sind Glimmlampe H1 und Glühlampe E1 zueinander geschaltet?
2. Leuchtet die Glimmlampe H1 im ausgeschalteten Zustand des Schalters Q1?
3. Welche Spannungen liegen im ausgeschalteten bzw. im eingeschalteten Zustand an der Glimmlampe H1?
4. Kann bei dieser Schaltung die gleiche Glimmlampe verwendet werden, wie bei Aufgabe 11.4?

b) Fassen Sie Ihre Erkenntnisse über Anschluß und Funktion der Glimmlampe in kurzen Sätzen zusammen, indem Sie auf

- die Anzahl der Leiter zum Schalter,
- den Anschluß der Glimmlampe und
- das Leuchten der Glimmlampe bei offenem und geschlossenem Schalter eingehen!

c) Nennen Sie praktische Anwendungsfälle für diese Schaltung!

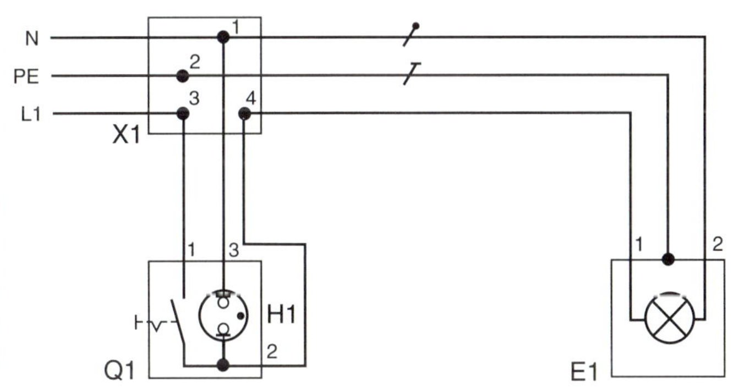

11.6 Serienschaltung ☐

a) Zeichnen Sie zum abgebildeten Übersichtsschaltplan den Stromlaufplan in zusammenhängender Darstellung!

b) Geben Sie die Aderzahlen der Leitungen zwischen den Abzweigdosen an!

c) Nehmen Sie an, der Schalter Q1 wird durch einen Dimmer ersetzt. Geben Sie für diesen Fall an,
- zwischen welchen Betriebsmitteln Leiter eingespart werden könnten und
- ob diese Ersparnis den höheren Anschaffungspreis des Dimmers ausgleichen würde!

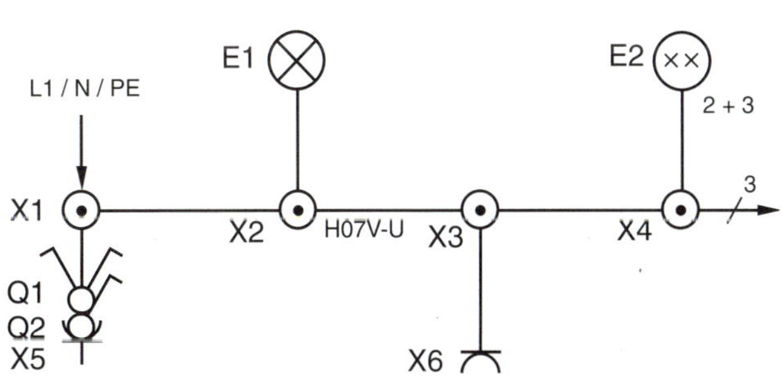

11.7 Schaltungs-Änderung ☐

a) Zeichnen Sie den Übersichtsschaltplan (Leitungen: H07V-U in Rohr)!

b) Die Schaltung soll so geändert werden, daß die Leuchten E1 und E4 bzw. E2 und E3 gemeinsam geschaltet werden.
Zeichnen Sie zur geänderten Schaltung den Stromlaufplan in zusammenhängender Darstellung!

c) Geben Sie an, zwischen welchen Betriebsmittel zusätzliche Leiter benötigt werden!

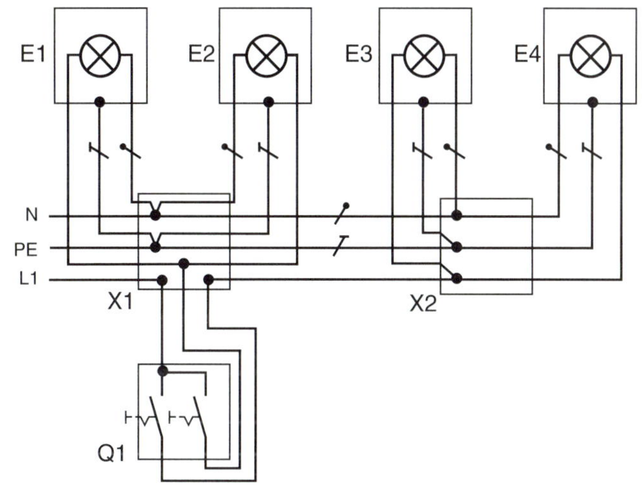

11.8 Hobbyraum ☐

a) Zeichnen Sie den Übersichtsschaltplan!
Hinweis: Schaltzeichen siehe Seite 99 und 100.

b) Stellen Sie eine Stückliste für das benötigte Installationsmaterial auf (Schellenabstand: etwa 30 cm)!
Hinweise:
- Die Steckdosen werden in der gleichen Höhe wie die Schalter angebracht (1,05 m über Fußboden)
- sonstige Hinweise siehe Aufgabe 11.2

c) Zeichnen Sie den Stromlaufplan in zusammenhängender Darstellung!

Leitungen: NYM 1,5 auf Abstandsschellen

Raumhöhe: 2,50 m

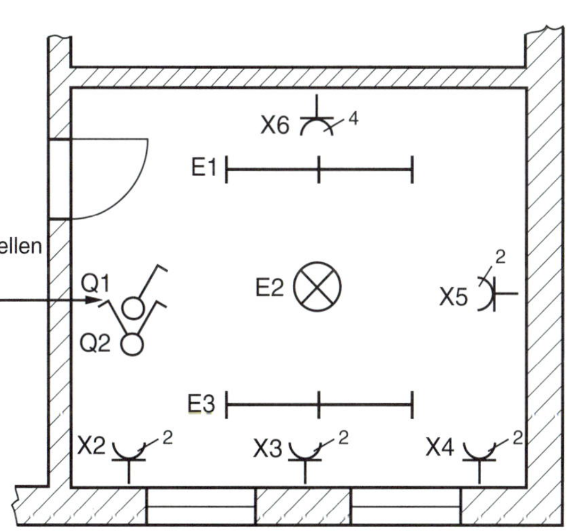

M 1 : 100

Aufgaben

11.9 Leuchten-Austausch

Die Deckenleuchte E1 soll durch einen Kronleuchter (fünf Kerzenlampen) ersetzt werden. Seine Helligkeit soll gesteuert werden.

a) Geben Sie an, welcher Schalter unter Beachtung der vorhandenen Leitungen installiert werden muß!
Begründen Sie Ihre Auswahl!

b) Zeichnen Sie für die geänderte Schaltung den Stromlaufplan in zusammenhängender Darstellung!

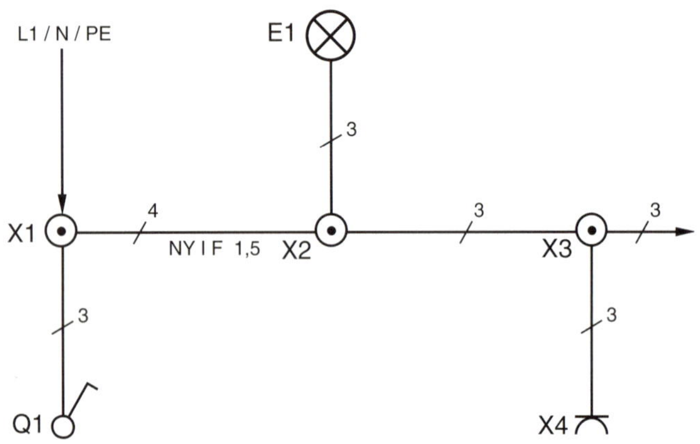

11.11 Wohnzimmer-Installation

Die Installation wird mit NYIF-Leitungen durchgeführt. Der Schalter Q2 schaltet die Steckdosen X4 und X5.

a) Zeichnen Sie den Stromlaufplan in zusammenhängender Darstellung!

b) Zeichnen Sie den Übersichtsschaltplan!

c) Stellen Sie die Abzweigdose X6 entsprechend der Aufgabe 11.10 dar, und geben Sie an den Adern die Klemmen der Betriebsmittel an!

d) Geben Sie mit Hilfe einer Tabelle (siehe Aufg. 11.10) an, welche Drähte in der Abzweigdose X6 miteinander verbunden werden müssen!

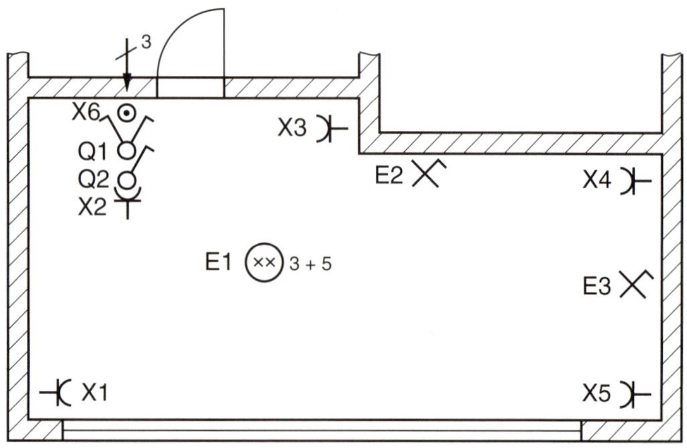

11.10 Küchen-Installation

Die Installation soll mit Mantelleitung unter Putz erfolgen, wobei die Betriebsmittel auf zwei Stromkreise aufgeteilt werden.

Stromkreis 1: Leuchten und Steckdose X3
Stromkreis 2: Steckdosen (ohne X3)

a) Zeichnen Sie für den Stromkreis 1 den Übersichtsschaltplan!

b) Stellen Sie Stücklisten (ohne Leitungen) für beide Stromkreise getrennt auf!

Hinweis:
Stromkreis 2 soll ohne Abzweigdosen installiert werden.

c) Geben Sie für die eingezeichneten Adern der Abzweigdose X7 (Abb. 2) an, zu welchen Klemmen der genannten Betriebsmittel sie führen!

d) Geben Sie an, welche Drähte miteinander verschaltet werden müssen! Benutzen Sie dazu die folgende Tabelle!

Klemme	Einspeisung	E1	E2	E3	E4	Q1/Q2/X3
X7: 1	L1					
X7: 2	N					
X7: 3	PE					
X7: 4						
X7: 5						
X7: 6						

e) Die Leitungsinstallation zwischen der Abzweigdose X7 und der Schalter-/Steckdosen-Kombination Q1/Q2/X3 kann unterschiedlich durchgeführt werden.
Geben Sie für zwei Möglichkeiten Anzahl und Farben der Adern an!

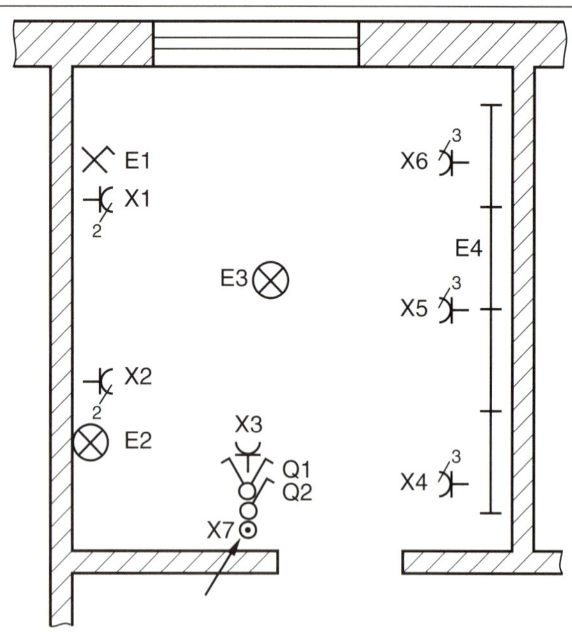

Abb. 1

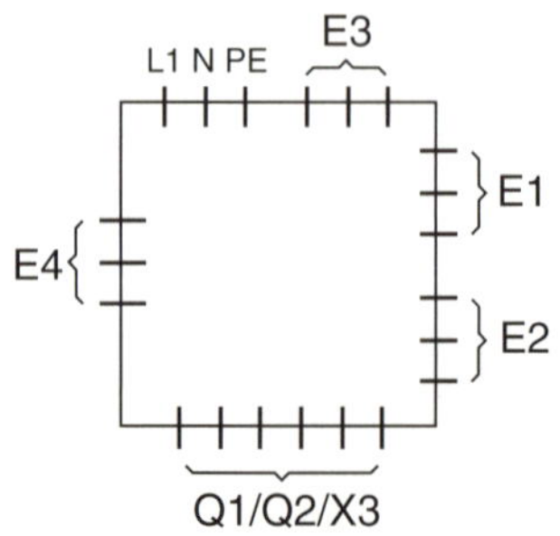

Abb. 2

Auftrag 1

In einem Durchgangszimmer wird eine Deckenleuchte installiert (Abb. 1). Da der Raum zwei Türen hat, soll die Leuchte von zwei Stellen aus unabhängig voneinander geschaltet werden können. Für die Schalter werden Kippschalter verwendet.

Aufbau der Schaltung

Die Anforderungen an die Schaltung lassen sich mit Ausschaltern nicht erfüllen. Es werden dafür **Wechselschalter** benötigt.

[E17] Zum Schalten von Lampen von zwei Stellen aus werden Wechselschalter eingesetzt.
Wechselschalter haben drei Anschlüsse: einen (besonders markierten) Eingang ⑥ (Abb. 2) und zwei Ausgänge ④ ⑤
Wechselschalter werden mit drei-adrigen Leitungen ohne grün-gelb gekennzeichnete Adern angeschlossen.

Schalter-Anschlüsse

- Der Eingang von Q1 ⑦ ist an den Außenleiter L1 angeschlossen.
- Die Ausgänge des Schalters Q1 sind mit denen des Schalters Q2 verbunden:
  Q1:3 → X1:4 → X2:4 → Q2:2
  Q1:2 → X1:5 → X2:5 → Q2:3
  Diese beiden Leiter heißen **Korrespondierende**[1].
- Der Eingang von Q2 ② ist an die Leuchte (E1:2) geführt (Fachwort: **Lampendraht**)

Schutzmaßnahme

Das Gehäuse der Leuchte ist an den Schutzleiter PE angeschlossen.

Funktion der Wechselschaltung

Am Eingang des Schalters Q1 ⑦ liegt Spannung, die über Q1:3 und den Korrespondierenden ② an den Schalter Q2 (Q2:2) geführt wird: (L1 → X1:1 → Q1:1 → Q1:3 → X1:4 → X2:4 → Q2:2)

Da an beiden Schaltern Spannung vorhanden ist, und zwar unabhängig von der Schalterstellung, kann durch jeden der Schalter der Stromkreis für die Leuchte E1 geschlossen werden.

1. Q1 betätigt, Q2 nicht betätigt (Abb. 2)

Bei Betätigung von Q1 wird die Spannung über den Korrespondierenden ② und den Lampendraht ③ an die Leuchte E1 gelegt. Damit ist der Stromkreis geschlossen.

L1 → X1:1 → Q1:1 → Q1:2 → X1:5 → X2:5 → Q2:3 → Q2:1 → X2:3 → E1:2 → E1:1 → X2:2 → X1:3 → **N**

2. Q2 betätigt, Q1 nicht betätigt (Abb. 2)

Die Spannung des Außenleiters L1 liegt (wie oben geschildert) an der Klemme 2 des Schalters Q2. Bei Betätigung des Schalters wird die Spannung über das Schaltstück an den Lampendraht ① gelegt. Damit ist der Stromkreis ebenso geschlossen.

L1 → X1:1 → Q1:1 → Q1:3 → X1:4 → X2:4 → Q2:2 → Q2:1 → X2:3 → E1:2 → E1:1 → X2:2 → X1:3 → **N**

[1]) korrespondieren (lat.) = übereinstimmen

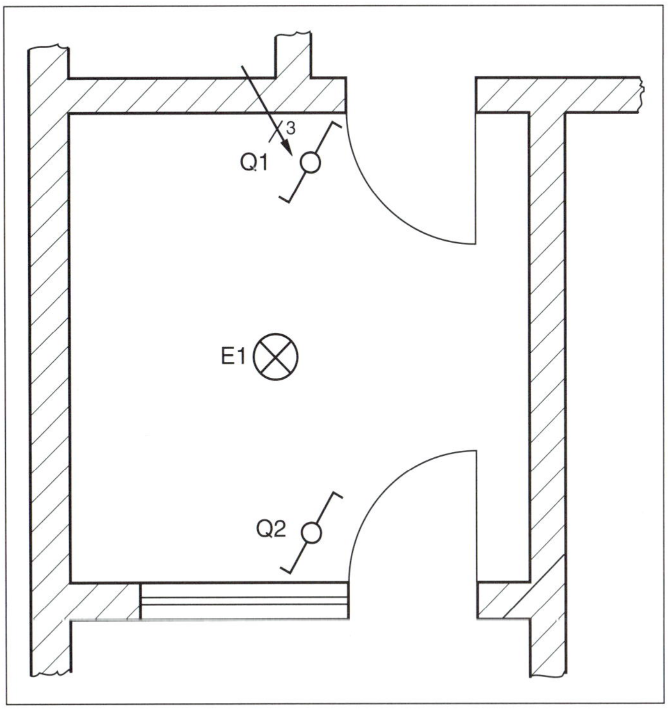

Abb. 1: Installationsplan einer Wechselschaltung

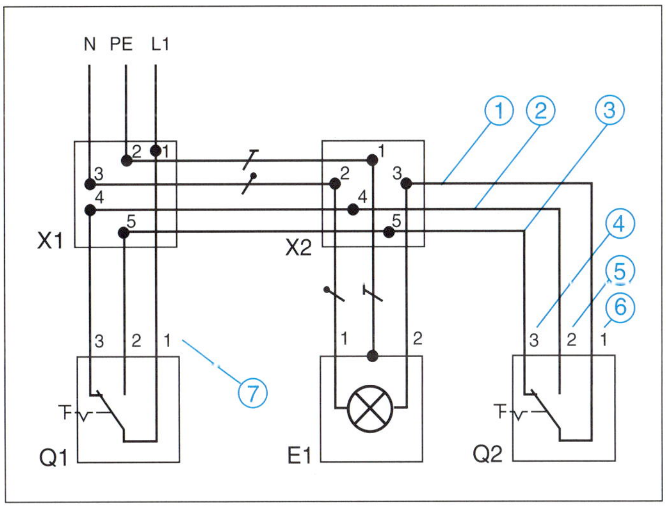

Abb. 2: Stromlaufplan in zusammenhängender Darstellung zu Abb. 1

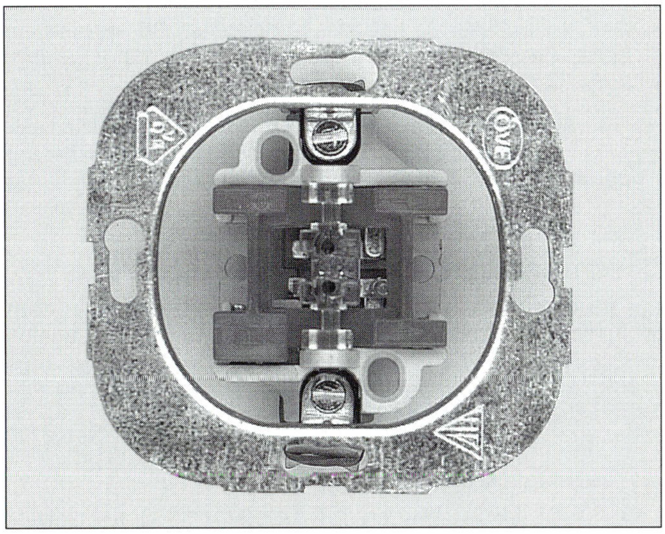
Abb. 3: Wechselschalter

Auftrag 2

In Kombination mit beiden Wechselschaltern der Schaltung auf Seite 39 sollen Schutzkontakt-Steckdosen installiert werden (Abb. 1).

Aufbau der Schaltung

Geht man von der Wechselschaltung (Abb. 2, Seite 39) aus, ist die Installation einer Steckdose unter dem Schalter Q1 recht einfach. Es werden nur zwei zusätzliche Adern für N und PE benötigt, da der Außenleiter bereits im Schalter (Q1:1) vorhanden ist. Somit kann die übliche fünfadrige Leitung benutzt werden.

Beim Schalter Q2 ist das anders, da hier noch der Außenleiter hinzukommt. Aus diesem Grund wird häufig eine andere Schaltung verwendet, die **Sparwechselschaltung**. Hierbei sind zwischen Abzweigdose X2 und der Kombination Q2/X4 auch nur fünf Adern erforderlich.

[E18] Sollen in Kombination mit Wechselschaltern Steckdosen installiert werden, wird oft die Sparwechselschaltung eingesetzt:

Schalter-Anschlüsse

- Wie bei der einfachen Wechselschaltung sind auch hier die Ausgänge der Schalter miteinander verbunden (Abb. 2):
  Q1:2 → X1:5 → X2:5 → Q2:2 und
  Q1:4 → X1:4 → X2:4 → Q2:4
- Die Eingänge der Schalter sind ebenfalls miteinander verbunden: Q1:1 → X1:3 → X2:3 → Q2:1
- Bei der Sparwechselschaltung sind demnach drei Korrespondierende vorhanden:

  zwei Verbindungsleiter der Ausgänge und
  ein Verbindungsleiter der Eingänge.
- Der Außenleiter wird mit einem Ausgangs-Korrespondierenden verbunden. ①
- Der Lampendraht wird mit dem anderen Ausgangs-Korrespondierenden verbunden. ②

Schutzmaßnahme

Das Gehäuse der Leuchte ist an den Schutzleiter angeschlossen.

Steckdosen-Anschlüsse

- Der Neutralleiter N und der Schutzleiter PE werden an beide Steckdosen durch besondere Leiter herangeführt, z. B. **PE** → X1:2 → X2:2 → X4:PE.
- Die Außenleiter-Klemmen der Steckdosen (X3:1 bzw. X4:1) sind an die Ausgänge der Wechselschalter herangeführt, die mit dem Außenleiter verbunden sind. ③ ④

Funktion der Sparwechselschaltung

Die Kontaktstücke der beiden Wechselschalter befinden sich in der dargestellten Lage, weil so die Leuchte spannungslos ist. Die Schalter sind völlig identisch angeschlossen, so ist es zur Funktionserläuterung unwesentlich, von welchem Wechselschalter ausgegangen wird.

Q1 betätigt, Q2 unbetätigt (Abb. 2)

L1 → X1:4 → Q1:4 → Q1:1 → X1:3 → X2:3 → Q2:1 → Q2:2 → X2:5 → E1:1 → E1:2 → X2:1 → X1:1 → **N**

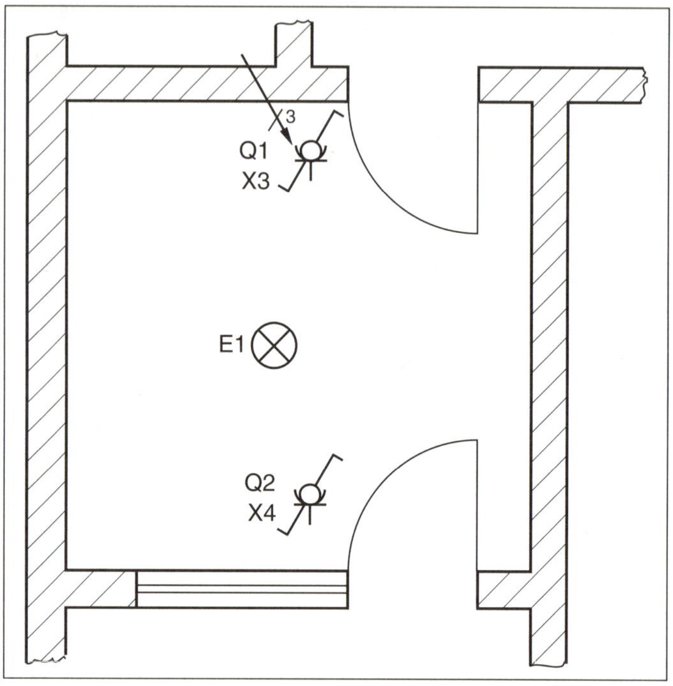

Abb. 1: Installationsplan einer Wechselschaltung mit Steckdosen

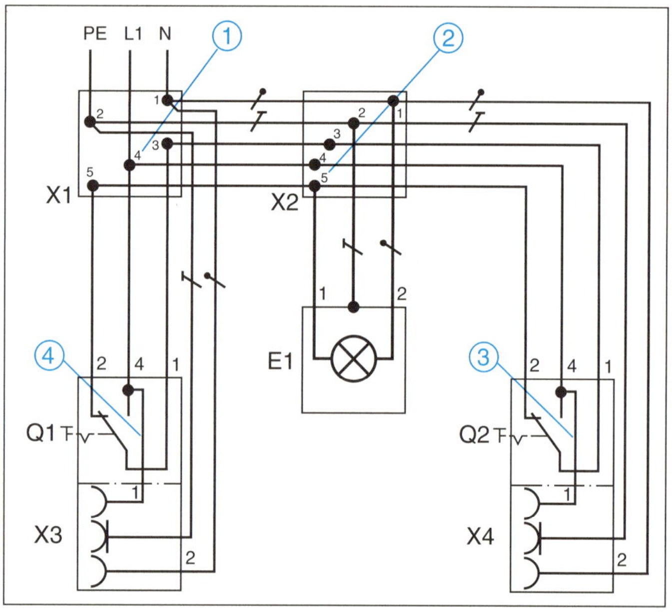

Abb. 2: Sparwechselschaltung (Stromlaufplan in zusammenhängender Darstellung)

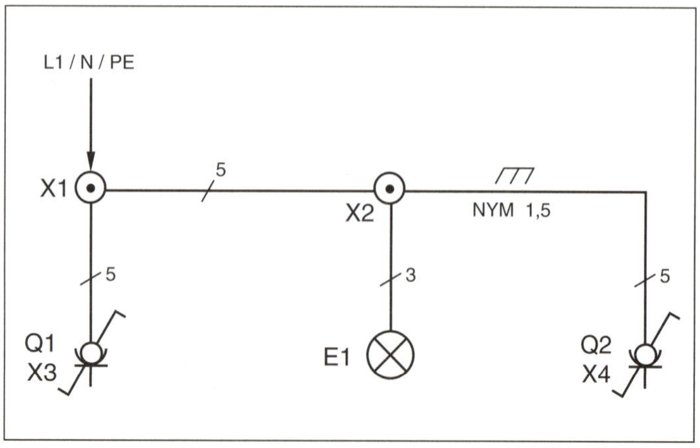

Abb. 3: Übersichtsschaltplan zu Abb. 2

Auftrag 3

Die Deckenleuchte eines Schlafzimmers (Abb. 4) soll von der Tür sowie von beiden Betten aus geschaltet werden können. Die Installation wird in Stegleitung ausgeführt.

Aufbau der Schaltung (Abb. 5)

Die besprochenen Wechselschalter reichen für das Steuern von Leuchten von drei Stellen nicht aus. Hierzu wird ein weiterer Schalter benötigt, nämlich der **Kreuzschalter**. Er besteht im Prinzip aus zwei Wechselschaltern, deren Ausgänge gegensinnig zusammengeschaltet sind, d. h. der offene Ausgang ① des einen ist mit dem geschlossenen Ausgang ④ des anderen verbunden und umgekehrt (② mit ③). Von diesen Verbindungen wird jeweils nur ein Anschluß herausgeführt, so daß der Kreuzschalter vier Klemmen hat, nämlich zwei Eingänge (:1, :2) und zwei Ausgänge (:3, :4).

Der Kreuzschalter Q2 wird in die Korrespondierenden zwischen die beiden Wechselschalter Q1 und Q3 geschaltet. Die Korrespondierenden des einen werden auf die Eingänge des Kreuzschalters (Q2: 1 und Q2: 2) gelegt, während die Korrespondierenden des anderen auf den Ausgängen des Kreuzschalters (Q2: 3 und Q2: 4) liegen.

Außenleiter und Lampendraht werden wie bei der einfachen Wechselschaltung an die Eingänge der Wechselschalter (Q2: 1 und Q3: 1) angeschlossen.

Funktion der Kreuzschaltung

1. Q1 betätigt, Q2 und Q3 unbetätigt (Abb. 5)

L1 → X1:3 → Q1:1 → Q1:4 → X1:5 → X2:5 → Q2:4 → Q2:2 → X2:6 → X3:5 → Q3:2 → Q3:1 → X3:3 → E1:1 → E1:2 → X3:1 → X2:1 → X1:1 → **N**

2. Q1 unbetätigt, Q2 betätigt, Q3 unbetätigt

L1 → X1:3 → Q1:1 → Q1:2 → X1:4 → X2:3 → Q2:3 → Q2:2 → X2:6 → X3:5 → Q3:2 → Q3:1 → X3:3 → E1:1 → E1:2 → X3:1 → X2:1 → X1:1 → **N**

[E19] Zum Schalten einer Leuchte von drei Stellen wird die Kreuzschaltung verwendet. Sie besteht aus zwei Wechselschaltern und einem zwischen die Korrespondierenden geschalteten Kreuzschalter.

Soll eine Leuchte von mehr als drei Stellen aus gesteuert werden, können weitere Kreuzschalter zwischen die Korrespondierenden geschaltet werden. Eine andere Möglichkeit wird in Kapitel 13 besprochen.

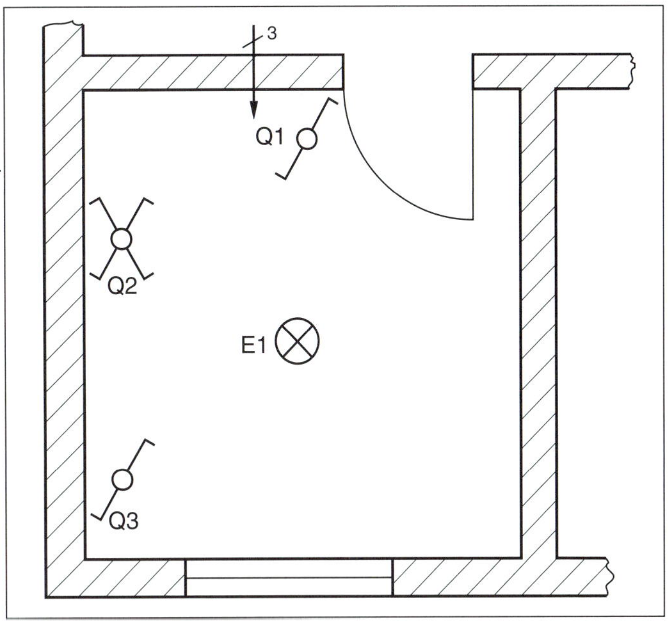

Abb. 4: Installationsplan einer Kreuzschaltung

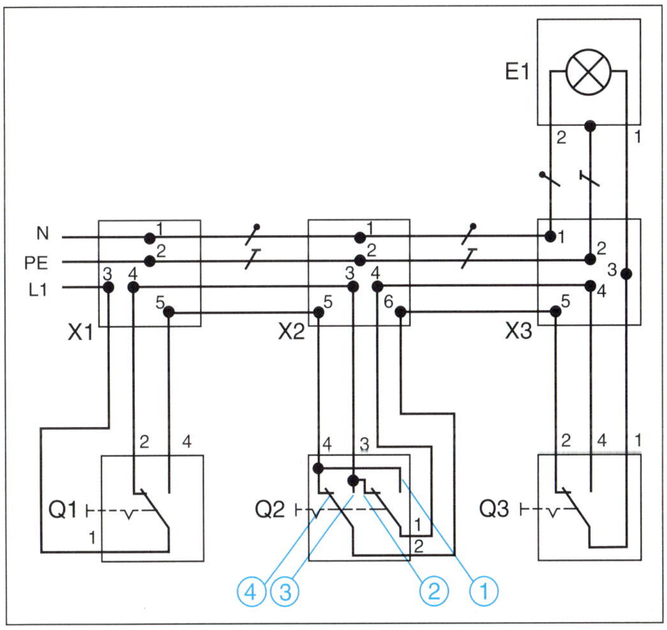

Abb. 5: Stromlaufplan in zusammenhängender Darstellung zu Abb. 4

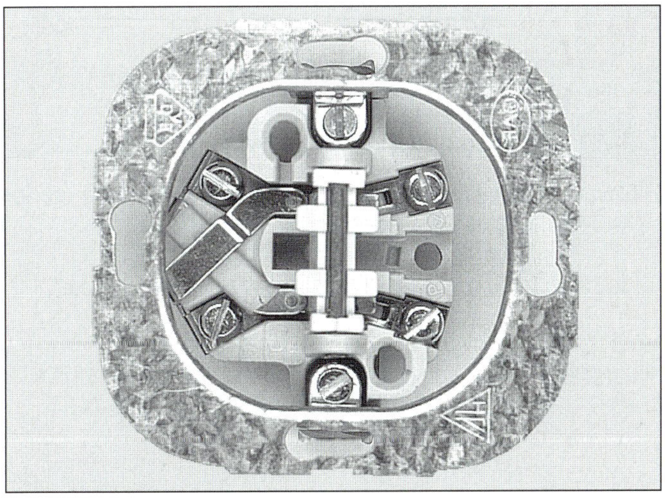

Abb. 6: Kreuzschalter

12 Schalten von mehreren Stellen

Aufgaben

12.1 Eßecke ❑

Zeichnen Sie den Stromlaufplan in zusammenhängender Darstellung!

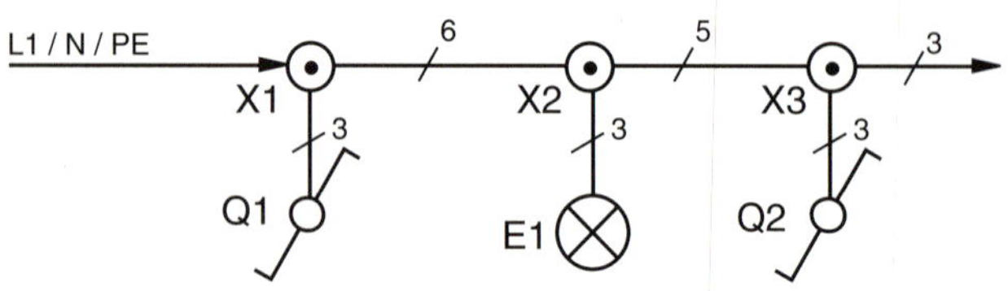

12.2 Wandlampe ❑

a) Analysieren Sie die Schaltung, indem Sie folgende Fragen beantworten!
Begründen Sie Ihre Antworten!
1. Sind die beiden Steckdosen X3 und X4 mit den Schaltern Q1 bzw. Q2 als Kombination eingebaut?
2. Welche Wechselschaltung ist für diese Anlage sinnvoll?

b) Zeichnen Sie den Stromlaufplan in zusammenhängender Darstellung!

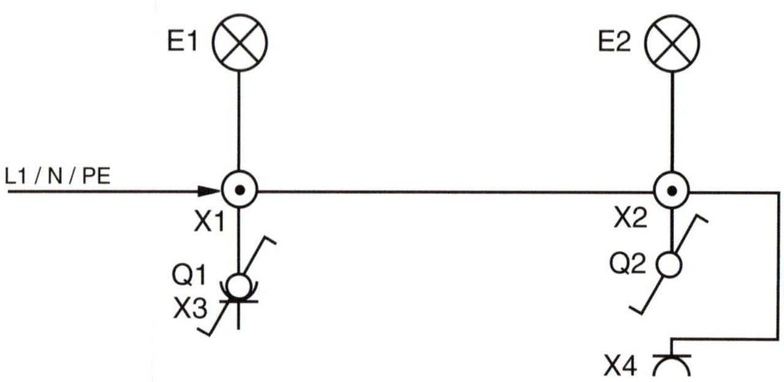

12.3 Wechselschaltung mit Dimmer

Zeichnen Sie den Stromlaufplan in zusammenhängender Darstellung!

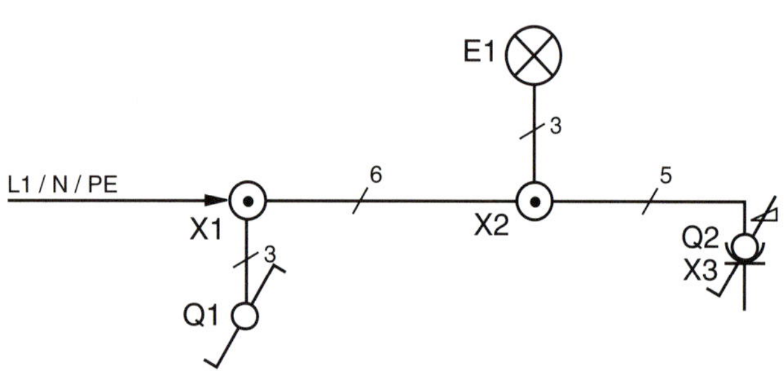

12.4 Wechsel- und Serienschaltung ❑

Zeichnen Sie den Stromlaufplan in zusammenhängender Darstellung!

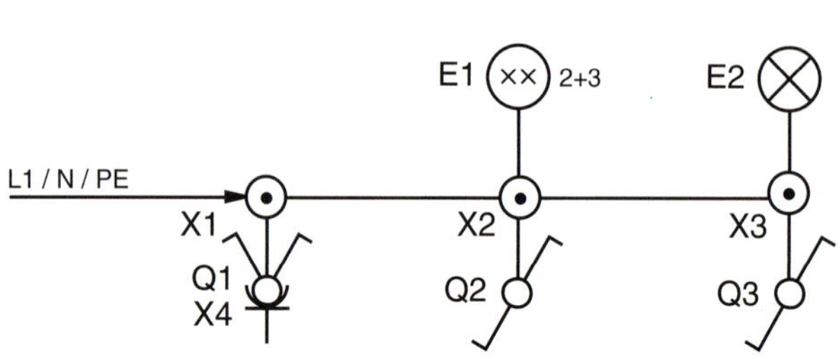

12.5 Fehlerhafte Wechselschaltung

Der Stromlaufplan enthält Schalt- und Zeichenfehler!

a) Analysieren Sie die Schaltung, indem Sie folgende Fragen beantworten!
Begründen Sie Ihre Antworten!
1. Welcher Zeichenfehler wurde bei der Darstellung des Schalters Q2 gemacht?
2. Welche Schaltfehler wurden in den Abzweigdosen beim Anschluß der Schalter gemacht?
3. Welche Schaltfehler wurden beim Anschluß der Leuchte gemacht?
4. Wird die Steckdose geschaltet?

b) Zeichnen Sie den berichtigten Stromlaufplan in zusammenhängender Darstellung!

c) Zeichnen Sie den Übersichtsschaltplan für eine Installation in NYIF-Leitungen!

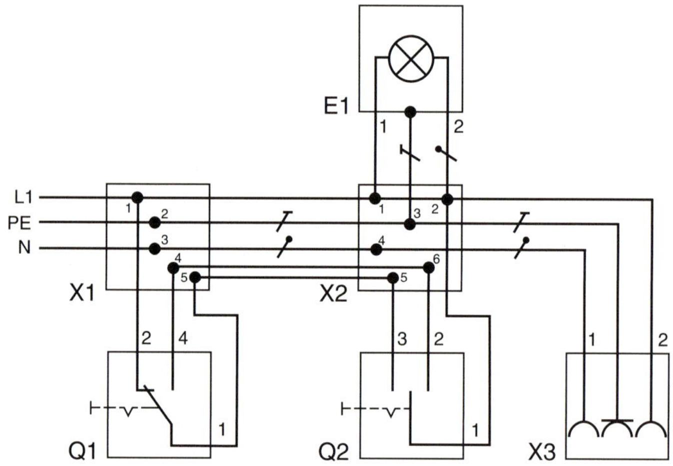

12.6 Wohnzimmer ❑

a) Zeichnen Sie den Übersichtsschaltplan!

Hinweise:
- Q2 schaltet E1 und E2
- Die Steckdosen werden nicht durchgeschleift, sondern mit Abzweigdosen verbunden
- Unter-Putz-Verlegung mit NYM

b) Zeichnen Sie den Stromlaufplan in zusammenhängender Darstellung!

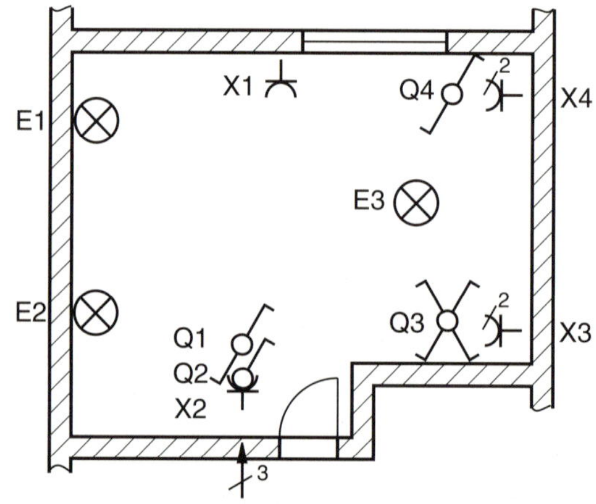

Aufgaben

12.7 Abzweigdosen-Verschaltung

Die Installation einer Diele wurde mit NYM unter Putz nach dem Übersichtsschaltplan durchgeführt.

Bei Reparaturarbeiten soll die Abzweigdose X2 neu verklemmt werden. In den anderen Abzweigdosen wurde nichts verändert. Der Schalter Q1 ist offen. Es liegt selbstverständlich **keine Spannung** an.

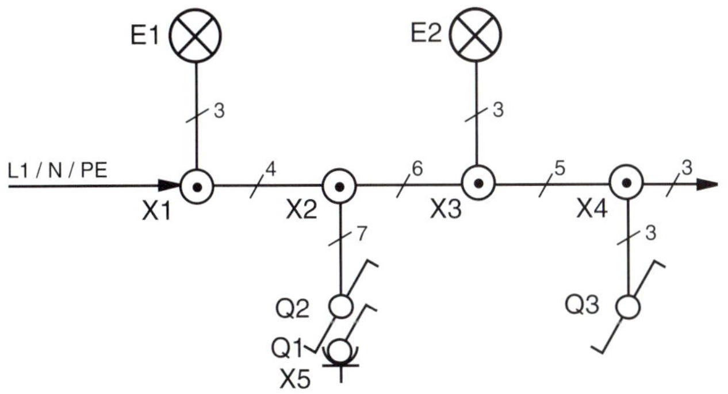

- An der Abzweigdose kommen folgende Drähte an:
  links: 1x schwarz, 1x braun, 1x blau, 1x grün-gelb
  rechts: 1x schwarz, 3x braun, 1x blau, 1x grün-gelb
  unten: 3x schwarz, 2x braun, 1x blau, 1x grün-gelb
- Mit einem Durchgangsprüfer, durch Schalten von Schaltern und durch Einstecken von Verbrauchern stellt ein Monteur folgendes fest:

●┄● ≙ Durchgang angezeigt

Lfd. Nr.	Richtung	Draht	Durchgang ohne Schalter-betätigung	Durchgang mit betätigtem Q2	Q3	Verbraucher an X5
1	links	schwarz	● (mit 3)			
2		braun				
3		blau	● (mit 1)			
4		grün-gelb				
5	rechts	schwarz	● (mit 8)			
6		braun 1	● (mit 9)			
7		braun 2			● (mit 8)	
8		braun 3	● (mit 5)		● (mit 7)	
9		blau	● (mit 6)			
10		grün-gelb				
11	unten	braun 1	● (mit 13)	● (mit 14)		
12		braun 2				
13		schwarz 1	● (mit 11)			
14		schwarz 2		● (mit 11)		
15		schwarz 3				● (mit 16)
16		blau				● (mit 15)
17		grün-gelb				

a) Ermitteln Sie anhand der obigen Tabelle, zu welchen Betriebsmitteln und Klemmen die einzelnen Drähte führen!

b) Geben Sie an, welche Adern in der Abzweigdose verbunden werden müssen!

c) Geben Sie an, welche Wechselschaltung verwendet wurde!

d) Zeichnen Sie den Stromlaufplan in zusammenhängender Darstellung!

12.8 Schalter mit Glimmlampe

Analysieren Sie die Schaltung, indem Sie folgende Fragen beantworten!

1. Welcher Schalter wurde verwendet?
2. Um welche Schaltung handelt es sich?
3. Leuchtet H1 im unbetätigten Zustand von Q1?
4. Leuchtet H1 im betätigten Zustand von Q1?

Nehmen Sie an, die Glimmlampe würde zwischen Q1:1 und Q1:3 geschaltet.

5. Leuchtet dann H1 im unbetätigten Zustand von Q1?
6. Leuchtet dann H1 im betätigten Zustand von Q1?

Nehmen Sie an, die Glimmlampe würde zwischen Q1:2 und Q1:4 geschaltet!

7. Leuchtet dann H1 im unbetätigten Zustand von Q1?
8. Leuchtet dann H1 im betätigten Zustand von Q1?

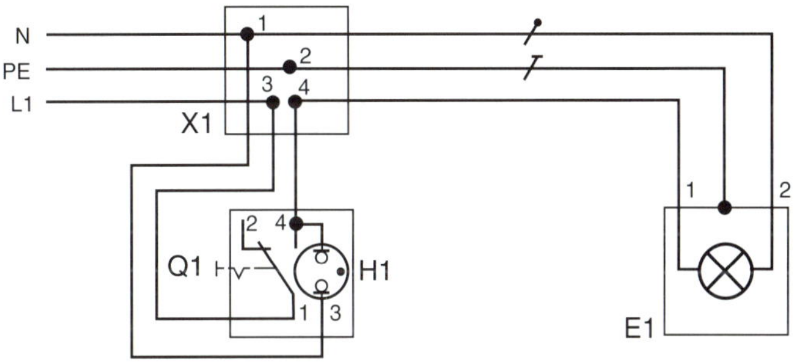

12.9 Hausflur

a) Zeichnen Sie den Übersichtsschaltplan!

Hinweise:

- Die Leuchten werden an der Decke durchgeschleift und von der Abzweigdose X5 versorgt
- Die Steckdosen sind mit den Schaltern jeweils unter gemeinsamer Abdeckplatte

b) Zeichnen Sie den Stromlaufplan in zusammenhängender Darstellung!

c) Erstellen Sie eine Stückliste für das benötigte Installationsmaterial!

Hinweise: siehe Seite 36, Aufg. 11.2

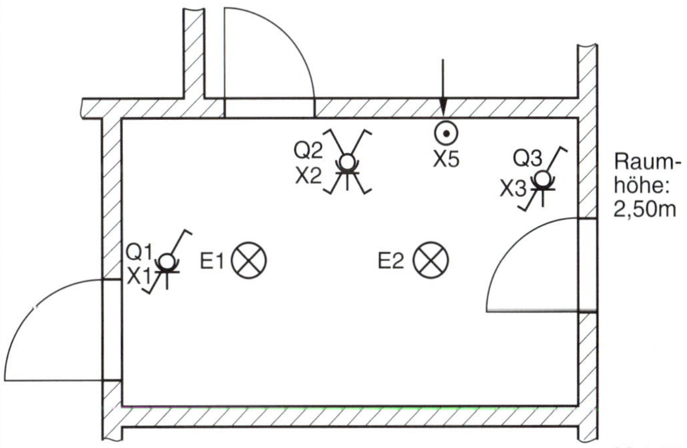

M 1:100

Aufgaben

12.10 Fehlerhafte Kreuzschaltung

Der Stromlaufplan enthält zwei Fehler.
Geben Sie an, welche Verbindungen geändert werden müssen, damit die Schaltung einwandfrei funktioniert!

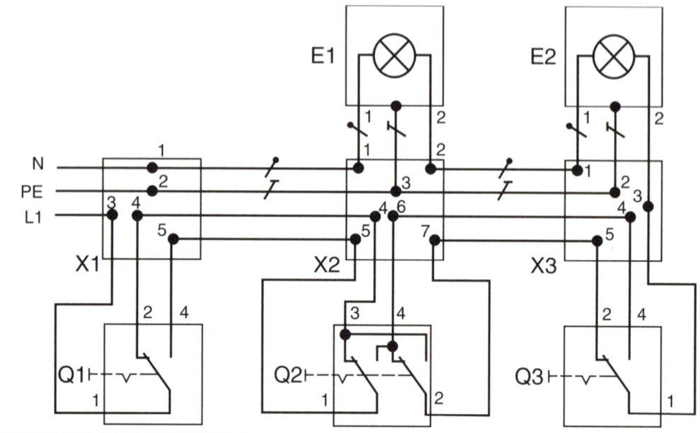

12.11 Treppenhaus

Zeichnen Sie den Stromlaufplan in zusammenhängender Darstellung!

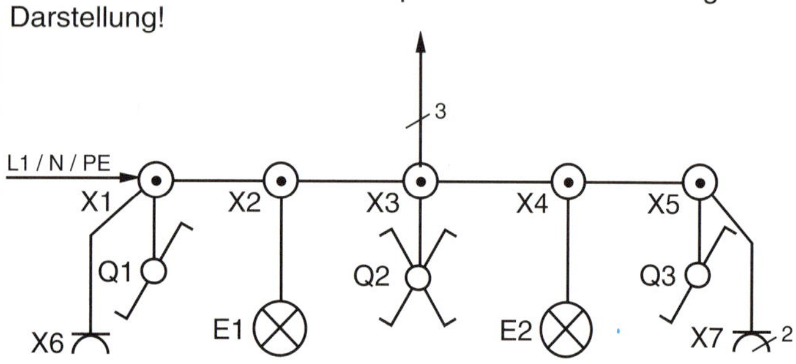

12.12 Panikbeleuchtung

Analysieren Sie die Schaltung, indem Sie folgende Aufträge ausführen bzw. Fragen beantworten!

1. Um welche Schalterart handelt es sich bei Q1?
2. Wieviel Stromkreise hat die Leuchte E1?
3. Welche Bedeutung hat das Symbol in der Leuchte (Klemme E1:3)?
4. Beschreiben Sie die Stromwege für beide Schaltstellungen von Q1!
5. Welche Folgen hätte es, wenn statt des gezeichneten Schalters ein Wechselschalter installiert wäre?
6. Welche Folgen hätte es, wenn statt des gezeichneten Schalters ein Serienschalter installiert wäre?

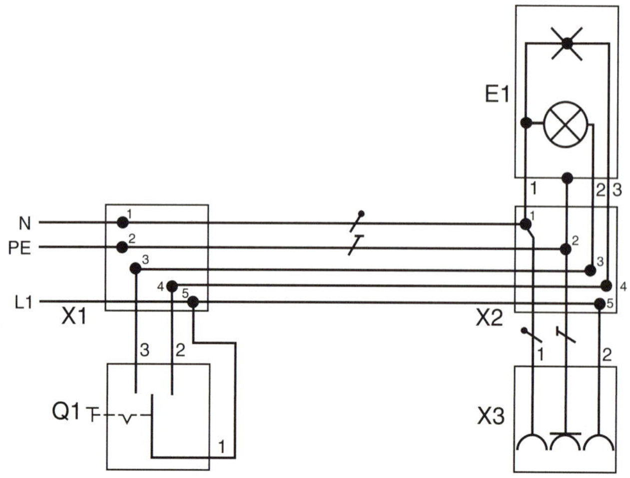

12.13 Wohnzimmer-Installation

Ein Kunde möchte sein Wohnzimmer (unter Putz) installiert haben. An den gekennzeichneten Stellen sind die untenstehenden Betriebsmittel vorgesehen!

a) Zeichnen Sie den Installationsplan!

b) Zeichnen Sie den Übersichtsschaltplan!

Hinweise:
- Steckdosen bei ⑥, ⑧, ⑨, ⑪, ⑬ durchschleifen
- Deckenleuchten bei ⑦ und ⑫ über Decke verdrahten

c) Zeichnen Sie den Stromlaufplan in zusammenhängender Darstellung!

d) Erstellen Sie eine Stückliste!
Hinweise: siehe Seite 32, Aufg. 11.2

M 1:100
Raumhöhe:
2,50 m

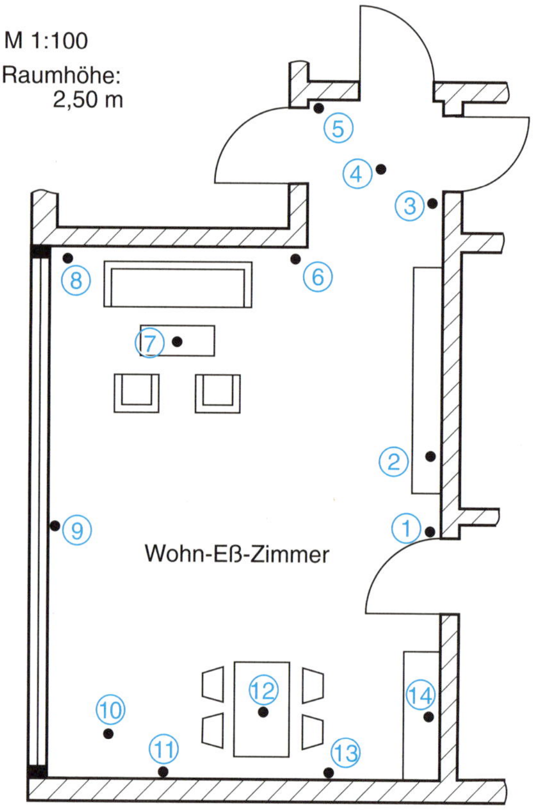

Vorgesehene Betriebsmittel:

① Schalter für ②, ④, ⑦, ⑨, ⑩, ⑪, ⑫, ⑬
Steckdose in Kombination
② Indirekte Schrankbeleuchtung
③ Schalter für ④
Steckdose in Kombination
④ Deckenleuchte
⑤ Schalter für ④
⑥ Doppelsteckdose
⑦ Deckenleuchte mit veränderbarer Helligkeit
⑧ Doppelsteckdose
⑨ indirekte Beleuchtung (Leuchtstofflampen)
Doppelsteckdose
⑩ Strahler
⑪ Doppelsteckdose
⑫ Deckenleuchte
⑬ Doppelsteckdose
⑭ Beleuchtung eines Barfaches

Auftrag 1

In einem großen Flur soll eine Leuchte von fünf Stellen aus geschaltet werden können. Die Installation wird unter Putz ausgeführt, und zwar mit NYM-Leitungen.

Aufbau der Schaltung

Als Lösung dieses Auftrages ist eine Kreuzschaltung mit drei Kreuzschaltern und zwei Wechselschaltern möglich. Da diese Schalter relativ teuer sind, wird eine Schaltung mit einem **Stromstoßschalter** (Abb. 2) vorgesehen. Dieser besteht aus einer Spule ①, die einen Rastschalter (Abb. 3 ②) betätigt. Bei jedem Stromimpuls (Stromstoß) wird der Kontakt betätigt, und zwar abwechselnd geschlossen oder geöffnet.

[E20] Stromstoßschalter (Abb. 1 ④) sind elektromagnetische Rastschalter, die mit Tastschaltern (⑤) gesteuert werden.

[E21] Die Kontakte von **Tastschaltern** sind nur solange betätigt, wie mechanische Kraft auf sie wirkt. Wenn diese äußere Betätigungskraft aufhört, gehen die Kontakte wieder in ihre Ruhestellung zurück.

Die Schaltzeichen der Tastschalter haben deshalb kein Symbol für das Einrasten (⑥) wie die Rastschalter (z. B. Seite 41, Abb. 5).

Die Taster steuern die Leuchte nur indirekt, nämlich über den Stromstoßschalter. Man bezeichnet deshalb die Taster nicht mit „Q", sondern mit „S" (Steuerschalter).

Bei der Kostenbetrachtung muß auch berücksichtigt werden, daß zum Anschluß der Taster lediglich zweiadrige Leitungen benötigt werden, während bei der Kreuzschaltung drei- und vieradrige Leitungen zu den Schaltern geführt werden müssen.

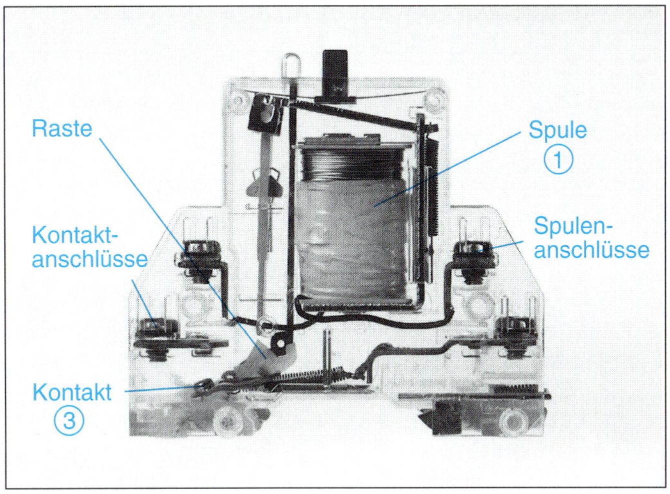

Abb. 2: Stromstoßschalter (Gehäuse entfernt)

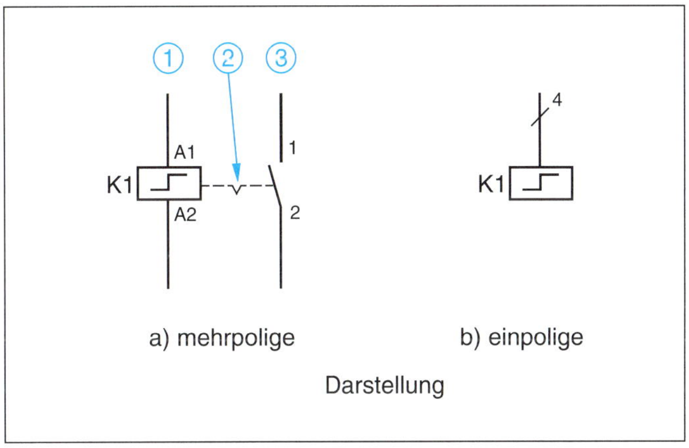

Abb 3: Schaltzeichen für Stromstoßschalter

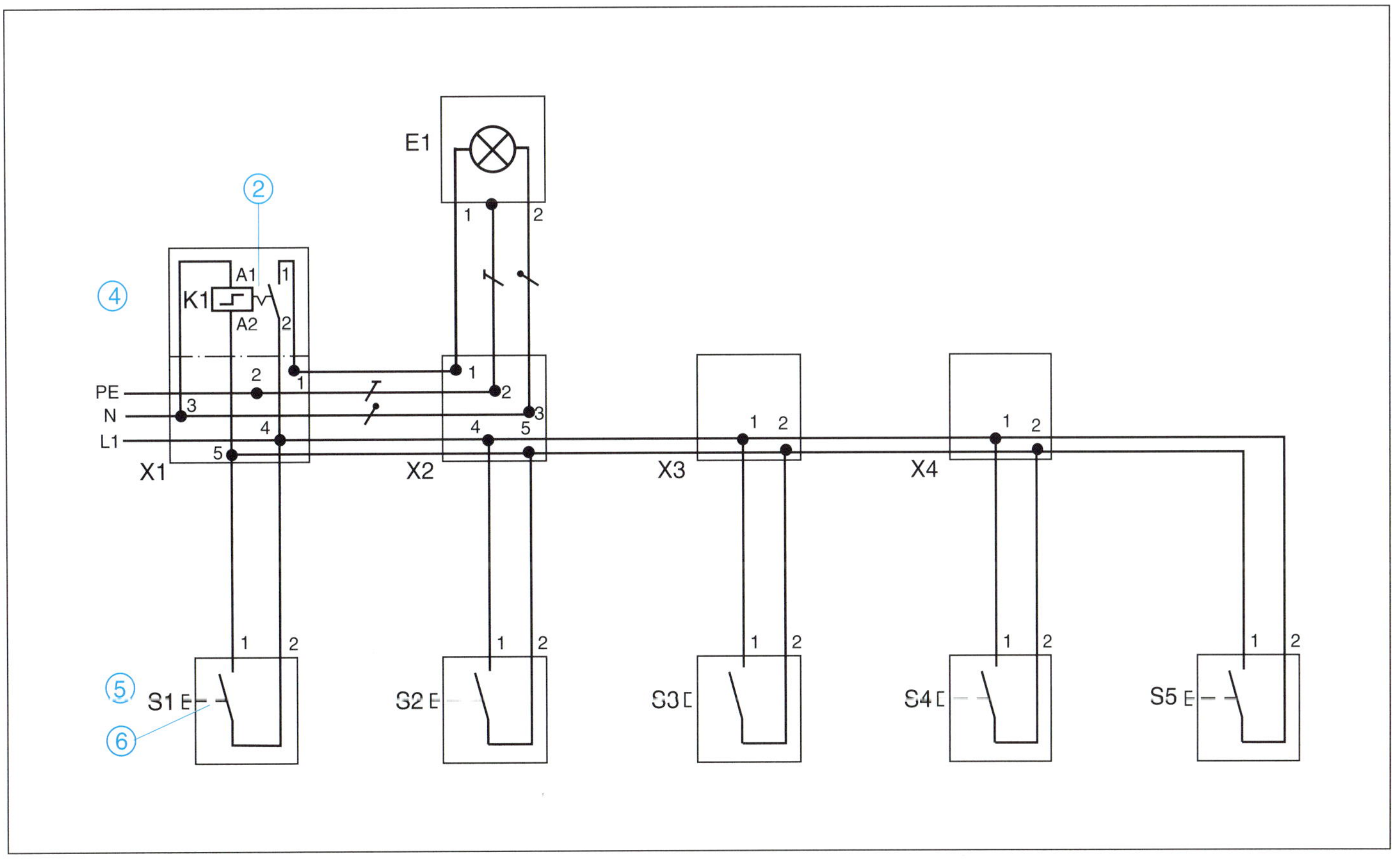

Abb. 1: Stromlaufplan in zusammenhängender Darstellung zu Abb. 2, S. 46

Funktion der Stromstoßschaltung

Bei der Erläuterung von Schaltungen mit mehreren Stromkreisen (Fachwort: **Strompfad**) verwendet man statt des Stromlaufplanes in zusammenhängender Darstellung den **Stromlaufplan in aufgelöster Darstellung**. Hierbei werden die einzelnen Strompfade gradlinig nebeneinander dargestellt (Abb. 1), dadurch ist ein wesentlich besserer Überblick über den Stromverlauf möglich als bei der zusammenhängenden Darstellung.

[E22] Bei Stromlaufplänen in aufgelöster Darstellung wird die Schaltung in Strompfade aufgelöst. Diese werden senkrecht nebeneinander gezeichnet und fortlaufend numeriert ②. Dabei unterscheidet man zwischen Hilfsstromkreisen (Strompfade 1...5) und Hauptstromkreisen (Strompfad 6).

[E23] Die Verbindungen der Strompfade werden waagerecht dargestellt. Kreuzungen sollen vermieden werden.

Die Forderungen der oben genannten Regeln können nur erfüllt werden, wenn die einzelnen Betriebsmittel nicht als Einheit gezeichnet sind, sondern in getrennten Funktionsteilen ① ③.

[E24] Bei der aufgelösten Darstellung werden die Bauelemente der Betriebsmittel den Strompfaden zugeordnet. Alle Teile der Betriebsmittel erhalten dieselbe Kennzeichnung ① ③. Auf diese Weise wird ihr mechanischer Zusammenhang hergestellt.

[E25] Gehäuse und Schutzmaßnahmen werden in Stromlaufpläne in aufgelöster Darstellung nicht eingezeichnet.

[E26] Die Bauelemente müssen in der aufgelösten Darstellung in der gleichen Reihenfolge vom Strom durchflossen werden wie in der zusammenhängenden Darstellung.

Für den Strompfad 1 soll die Regel [E24] untersucht werden.

Zusammenhängende Darstellung (Seite 45, Abb. 1):

L1 → X1:4 → S1:2 → S1:1 → X1:5 → K1:A2 → K1:A1 → X1:3 → **N** ⇒ S1 steuert K1

Aufgelöste Darstellung (Abb. 1):

L1 → X1:4 → S1:2 → S1:1 → X1:5 → K1:A2 → K1:A1 → X1:3 → **N**

Aus dieser Gegenüberstellung kann man deutlich erkennen, daß der Weg des Stromes in beiden Darstellungen identisch ist. Das ist aber nur dann der Fall, wenn in beiden Plänen die Klemmenverbindungen übereinstimmen. In unserem Beispiel kann das besonders an der aufgelösten Darstellung der Taster S1 und S5 im Vergleich zu den übrigen Tastern verdeutlicht werden.

Erster Stromstoß

Wird bei ausgeschaltetem Hauptstromkreis ein Taster betätigt, wird für kurze Zeit der Spulenstromkreis des Stromstoßschalters K1 geschlossen. Dadurch schließt sich der Kontakt K1 im Strompfad 6. Wegen seiner mechanischen Verriegelung bleibt dieser Kontakt auch geschlossen, wenn der Taster wieder geöffnet und die Spule stromlos wird. Die Lampe bleibt also eingeschaltet.

Zweiter Stromstoß

Wird nach dem Einschalten der Lampe abermals ein Taster betätigt, wiederholt sich der Vorgang, nur daß jetzt der Kontakt K1 im Strompfad 6 öffnet und die Lampe somit abgeschaltet wird.

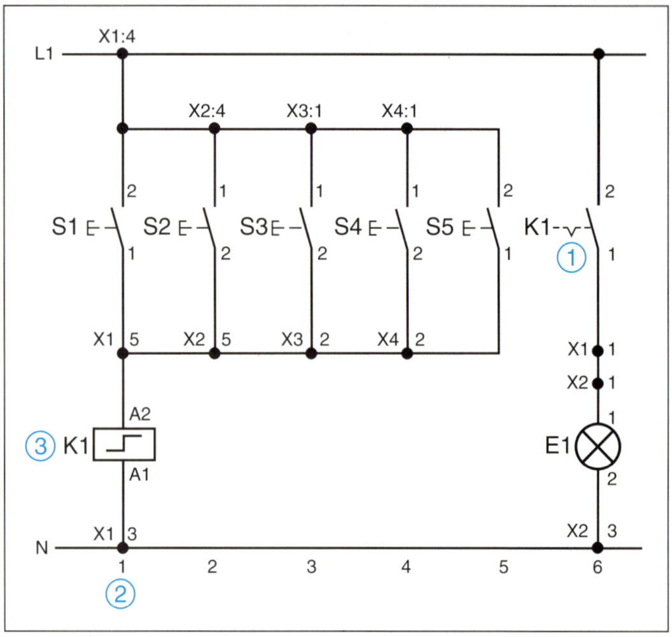

Abb. 1: Stromlaufplan in aufgelöster Darstellung zu Abb. 1 S.45

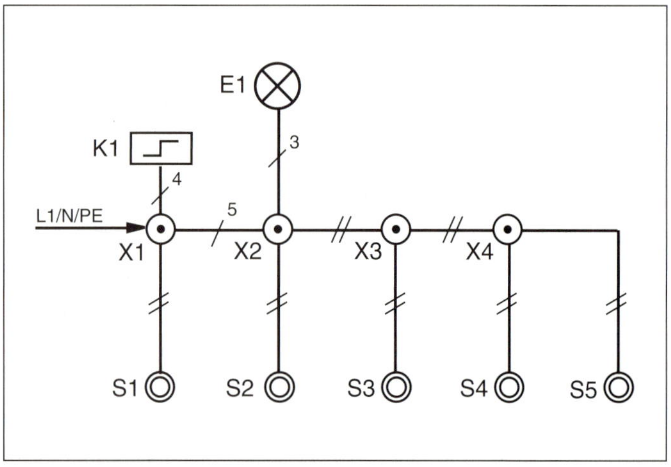

Abb. 2: Übersichtsschaltplan

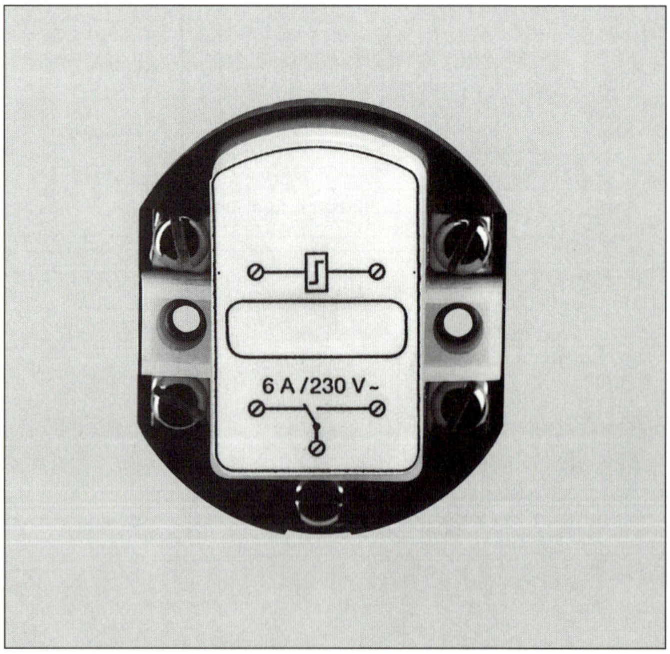

Abb. 3: Stromstoßschalter für Einbau in Abzweigdosen

Auftrag 2

Die Treppe eines dreistöckigen Hauses soll so beleuchtet werden, daß die Beleuchtung einige Minuten nach dem Einschalten wieder ausgeschaltet wird.

Aufbau der Schaltung

Nach Abb. 5 ist für jedes Stockwerk eine Lampe und ein Taster vorgesehen. Zur Zeitsteuerung dient der **Treppenhausautomat** ①. Er besteht aus einem Zeitrelais (Abb. 6 ③) und einem Wechselschalter ②, mit dem entweder „Dauerlicht“ oder „Zeitschaltung“ gewählt werden kann.

Funktion der Treppenhausschaltung

Zur Erläuterung wird der Stromlaufplan in aufgelöster Darstellung (Abb. 6) benutzt. Es wurden nur die Klemmen bezeichnet, die für die Erläuterung der Schaltung notwendig sind.

Q1 unbetätigt (Zeitschaltung), S1 betätigt

L1 → Q1:1 → Q1:2 → K1T:A1 → K1T:A2 → S1 → **N**
⇒ Kontakt K1T (Strompfad 4) schließt ⇒

Hinweis: Der Neutralleiter darf nur bei der Treppenhausschaltung geschaltet werden.

L1 → Q1:1 → Q1:2 → K1T:1 → K1T:2 → E1/E2/E3 → **N**
⇒ Lampen leuchten

Q1 unbetätigt, S1 wieder unbetätigt

K1T ist wieder stromlos. Durch eine mechanische, pneumatische oder andere Verriegelung bleibt der Kontakt des Zeitrelais noch eine gewisse Zeit geschlossen und die Lampen leuchten weiter, bis die eingestellte Zeit abgelaufen ist. (Fachwort: **Ausschaltverzögerung**)

[E27] Ausschaltverzögerte Relais ③ schalten beim Erregen der Spule ihre Kontakte sofort, beim Entregen der Spule erst nach Ablauf der eingestellten Zeit.

Q1 betätigt (Dauerlicht)

L1 → Q1:1 → Q1:3 → E1/E2/E3 → **N**
⇒ Lampen leuchten

Ein Betätigen eines Tasters hat keinen Einfluß, da das Zeitrelais durch den Wechselschalter Q1 abgeschaltet ist.

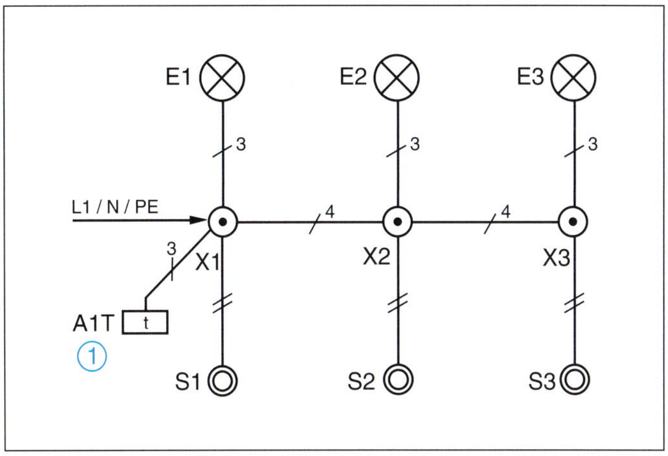

Abb. 5: Übersichtsschaltplan einer Treppenhausschaltung

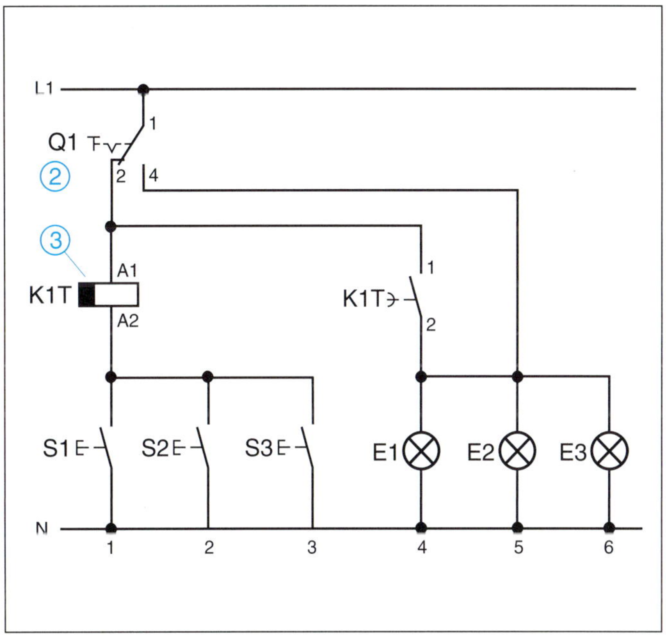

Abb. 6: Stromlaufplan in aufgelöster Darstellung zu Abb. 5

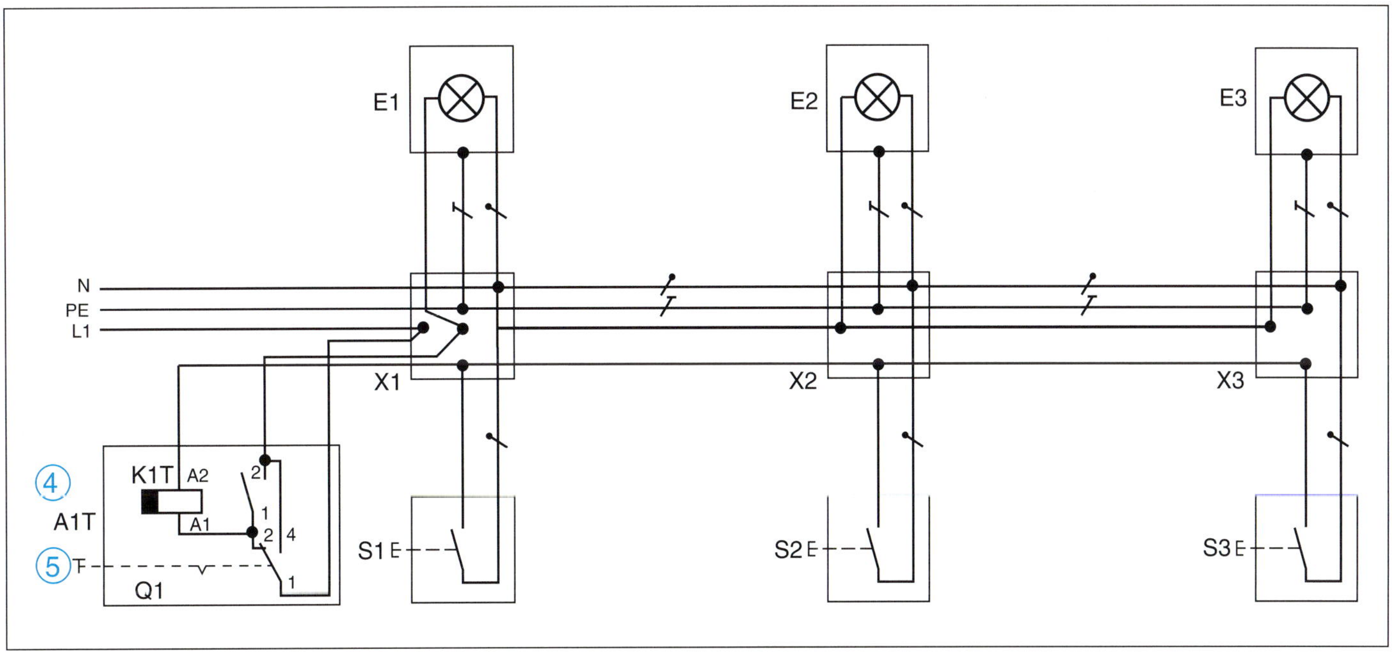

Abb. 4: Stromlaufplan in zusammenhängender Darstellung zu Abb. 5

13 Schalten mit Relais

Auftrag 3

In einer Werkstatt soll eine einfache Raumschutzanlage installiert werden. Wenn die Tür oder das Fenster unbefugterweise geöffnet wird, sollen zwei außen angebrachte Scheinwerfer leuchten.

Aufbau der Schaltung

Die Schaltung wird mit einem Schütz (Abb. 1) und einem Schaltrelais (Abb. 2) realisiert. Beide Betriebsmittel bestehen aus einer Spule und den Kontakten (Fachwort: **Schaltglieder**). Fließt Strom durch die Spule, betätigt ein Anker die Schaltglieder. Diese rasten nicht ein, sondern gehen im stromlosen Zustand wieder in ihre Ruhelage zurück. Die beiden Betriebsmittel unterscheiden sich durch ihren Einsatz und damit auch in ihrer Konstruktion. **Schaltrelais** werden nur zum Steuern verwendet, während **Schütze** zum Schalten in Haupt- und Steuerstromkreisen eingesetzt werden.

Man kann an den **Klemmenbezeichnungen** erkennen, ob die Schaltglieder Hilfs- oder Hauptstromkreise schalten. Hauptschaltglieder haben eine Ziffer und Steuerschaltglieder (Fachwort: **Hilfsschaltglieder**) zwei Ziffern.

[E28] Die Klemmen von Hauptschaltgliedern werden mit einziffrigen Zahlen bezeichnet ①.

[E29] Die Klemmen von Hilfsschaltgliedern werden mit zwei Ziffern bezeichnet. ②

Die 1. Ziffer (Zehnerstelle) ist die Ordnungsziffer und die 2. Ziffer (Einerstelle) ist die Funktionsziffer.

[E30] Die **Ordnungsziffer** gibt die örtliche Reihenfolge des Kontaktes an, z. B. 3... = 3. Kontakt.

[E31] Die **Funktionsziffer** gibt die Art des Kontaktes an.
Öffner: ...1 und ...2 ②
Schließer: ...3 und ...4 ③
Wechsler: ...1 und ...2 und ...4 ④

Funktion der Schützschaltung

Betriebsbereit

L1 → Q1:1/2 → S0:21/22 → K1:21/22 → K2:A1/A2 → **N**
⇒ K2 zieht an ⇒ K2 (Strompfad 4) schließt ⇒
L1 → Q1 →K2:1/2 → E1/E2 → **N**
⇒ Scheinwerfer leuchten

Betätigen von S1 (Alarmbereit)

L1 → Q1 → S0 → S1:13/14 → S2:21/22 → S3:21/22 → K1:A1/A2 → **N**
⇒ K1 zieht an ⇒ K1:21/22 (Strompfad 3) öffnet
⇒ K2 stromlos ⇒ K2:1/2 (Strompfad 4) öffnet
⇒ Scheinwerfer stromlos und
⇒ K1:13/14 (Strompfad 2) schließt

Da das Schaltglied K1:13/14 den Taster S1 überbrückt, kann dieser geöffnet werden, ohne daß K1 stromlos wird. Solch eine Schaltung heißt **Selbsthaltung**. Zum Ausschalten ist ein in Reihe geschalteter Öffner notwendig. In unserem Beispiel ist es der Taster S0.

Betätigen von S2 oder S3 (Alarm)

⇒ K1 stromlos → K1:13/14 (Strompfad 2) öffnet und → K1:21/22 (Strompfad 3) schließt ⇒
L1 → Q1 → S0 → K1:21/22 → K2:A1/A2 → **N**
⇒ K2 zieht an ⇒ K2:1/2 (Strompfad 4) schließt ⇒
L1 → Q1 → K2:1/2 → E1/E2 → **N**
⇒ Scheinwerfer leuchten

Wird der Taster (S2 bzw. S3) wieder geschlossen, bleibt der Alarm bestehen. K1 ist stromlos, weil de Selbsthaltung über K1:13/14 nicht mehr besteht. K1:21/22 ist daher noch geschlossen und damit bleibt K2 angezogen.

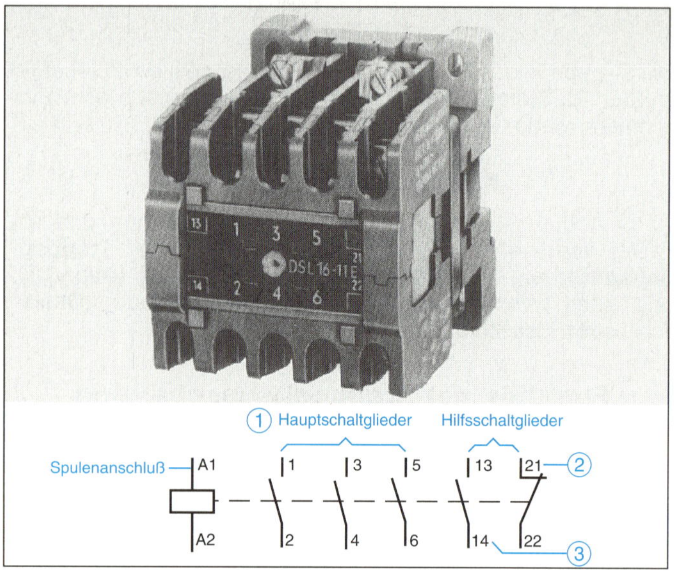

Abb. 1: Hauptschütz mit 3 Hauptschaltgliedern und 2 Hilfsschaltgliedern (1 Schließer, 1 Öffner). Kennzahl 11

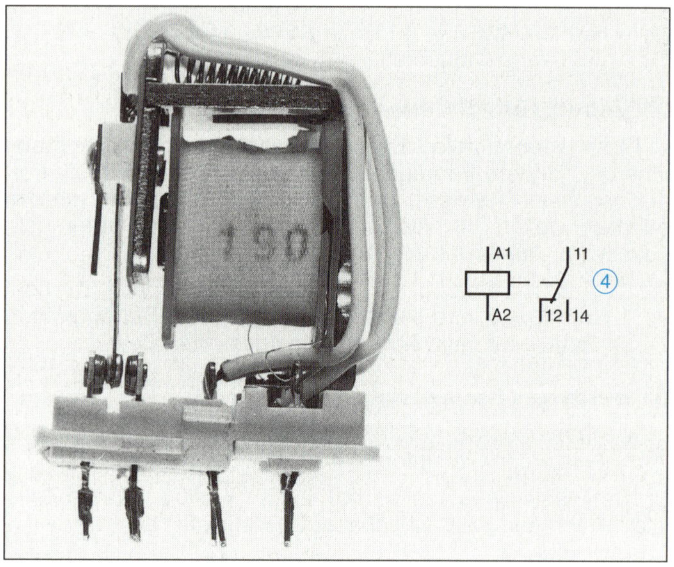

Abb. 2: Schaltrelais mit Wechsler

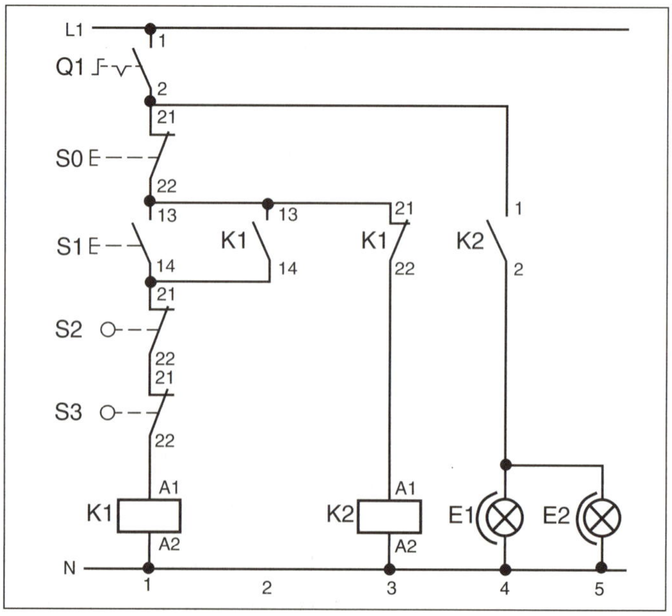

Abb. 3: Alarmschaltung

Aufgaben

13.1 Flur

a) Zeichnen Sie den Übersichtsschaltplan!
Hinweise:
- Die Steckdosen sind mit den Tastern kombiniert
- Der Stromstoßschalter befindet sich in der Abzweigdose über S1

b) Zeichnen Sie den Stromlaufplan in zusammenhängender Darstellung!

c) Erstellen Sie eine Stückliste für das benötigte Installationsmaterial!

Hinweise: siehe S. 36, Aufg. 11.2

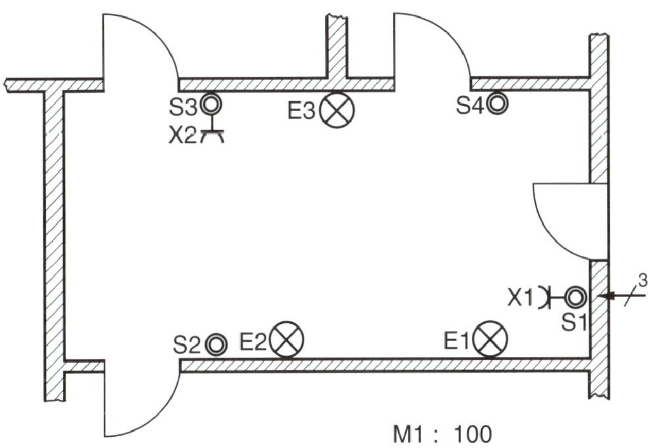

M1 : 100
Deckenhöhe: 2,75 m
Leitungen: NYM u. P.

13.2 Fehlerhafte Stromstoßschaltung

Der Stromlaufplan enthält mehrere Fehler.

a) Analysieren Sie die fehlerhafte Schaltung, indem Sie folgende Fragen beantworten!
1. Was geschieht, wenn S1 betätigt wird?
2. Was geschieht, wenn S3 betätigt wird?
3. Welcher Schaltfehler wurde in X2 gemacht?
4. Welcher Schaltfehler wurde in X1 gemacht?

b) Zeichnen Sie den Übersichtsschaltplan bei u.P.-Installation mit H07V-U in Rohr!

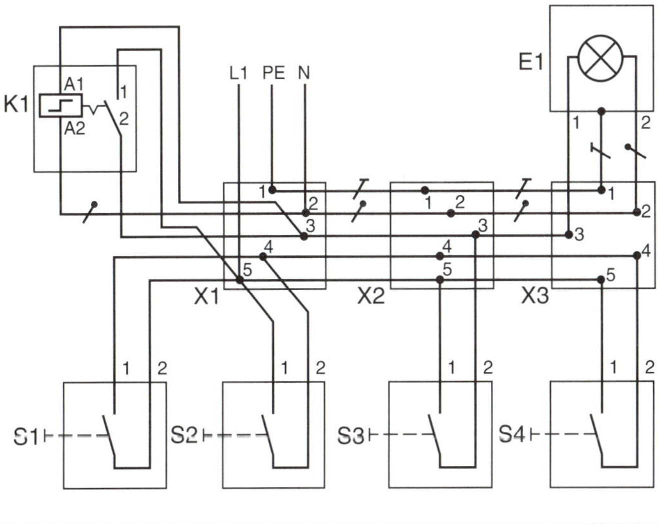

13.3 Saalbeleuchtung

Die Deckenbeleuchtung eines Saales soll von acht Stellen aus geschaltet werden können. Der Elektroinstallateur sieht dafür eine Stromstoßschaltung mit beleuchteten Tastern vor. Der Stromstoßschalter wird in die Unterverteilung X0 eingebaut.

a) Es treten hierbei einige Probleme auf, die Sie überdenken sollen!
1. Informieren Sie sich durch Firmenunterlagen, wie groß die Ströme über die Schaltglieder des Stromstoßschalters sein dürfen!
2. Berechnen Sie den Gesamtwiderstand der Glimmlampen (Werte: Seite 36, Aufg. 11.4)!
Berechnen Sie den Widerstand der Spule des Stromstoßschalters (230 V/3 W)!
Berechnen Sie die Stromstärke durch die Spule bei unbetätigten Tastern!
Welche Schlußfolgerungen ziehen Sie daraus für das Ansprechen der Spule des Stromstoßschalters?
Informieren Sie sich durch Firmenunterlagen, welche Grenzwerte dort angegeben werden!
3. Diese Schaltung hätte auch mit Kreuz- und Wechselschaltern realisiert werden können. Erstellen Sie deshalb eine Übersicht über die Kosten für die Betriebsmittel (ohne Leitungen und Befestigungsmaterial) für beide Möglichkeiten!

b) Zeichnen Sie den Stromlaufplan in zusammenhängender Darstellung für die Abzeigdose X1 mit den Tastern S1, S2 sowie der Leuchte E1!

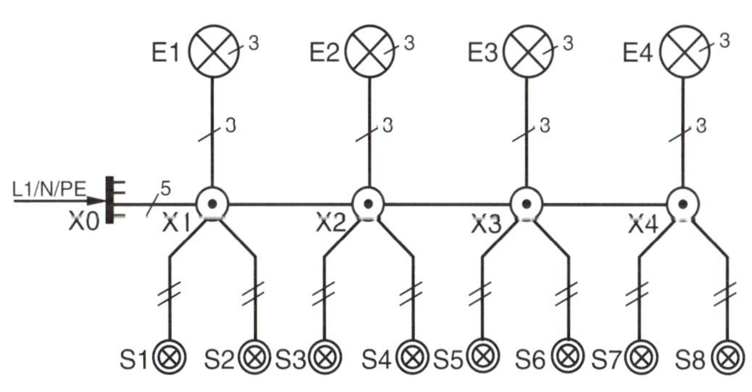

13.4 Treppenhaus

Zeichnen Sie den Stromlaufplan in zusammenhängender Darstellung!

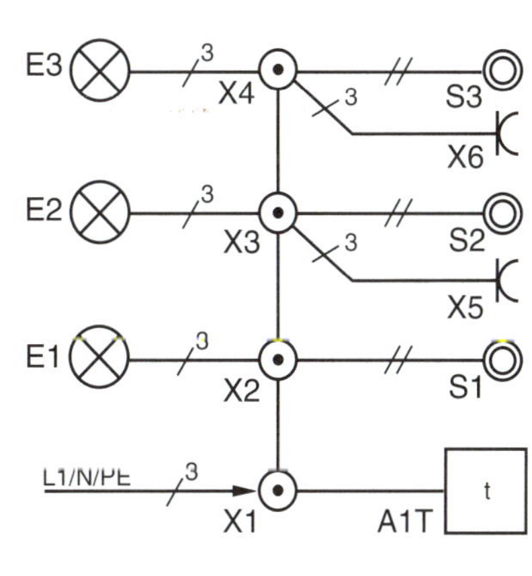

Aufgaben

13.5 Fehlerhafte Zeitschaltung

a) Analysieren Sie die fehlerhafte Schaltung, indem Sie folgende Fragen beantworten und die Antworten begründen!
   1. Welche Verzögerungsart ist bei K1T dargestellt?
   2. Leuchten die Lampen ohne Tasterbetätigung?
   3. Leuchten die Lampen nach Tasterbetätigung?
   4. Welchen Einfluß hat das Umschalten von Q1 in Schaltstellung 4 (ohne Tasterbetätigung?
   5. Was geschieht, wenn Q1 in Schaltstellung 4 ist und ein Taster betätigt wird?
   6. An welchen Klemmen von X4 wurden Schaltfehler gemacht?

b) Zeichnen Sie die Abzweigdose X4 mit der richtigen Verschaltung!

c) Zeichnen Sie den Übersichtsschaltplan!

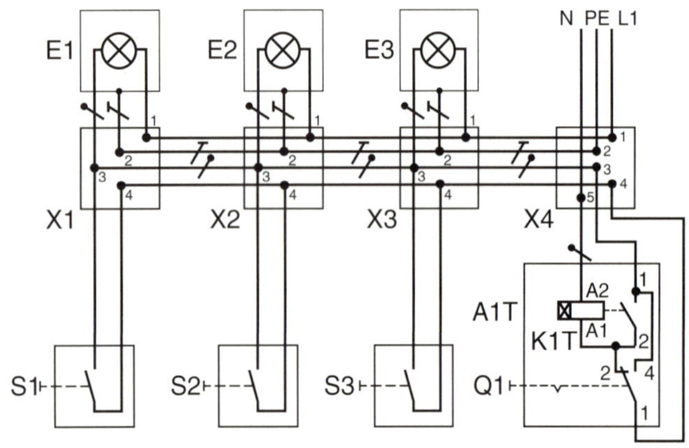

13.6 Schaltungsanalyse

a) Schildern Sie den Stromweg für eine Glimmlampe!

b) Analysieren Sie die Schaltung, indem Sie folgende Fragen beantworten!
   1. Um welche Schalterart handelt es sich bei Q1?
   2. Wie ändert sich der Betriebszustand der Schaltung, wenn irgendein Taster betätigt wird? Beschreiben Sie die jeweiligen Stromwege!
   3. Was bedeutet es für die Verzögerungszeit von K1T, wenn diese noch nicht abgelaufen ist und ein Taster betätigt wird?

c) Vergleichen Sie diese Schaltung mit der Schaltung auf Seite 47 (Abb.1) hinsichtlich folgender Merkmale:
   - Aufbau des Zeitschalters,
   - Anschluß des Zeitschalters,
   - Aderzahlen zwischen den Abzweigdosen und
   - Anschluß einer Steckdose an X3 und Betätigung von Q1!

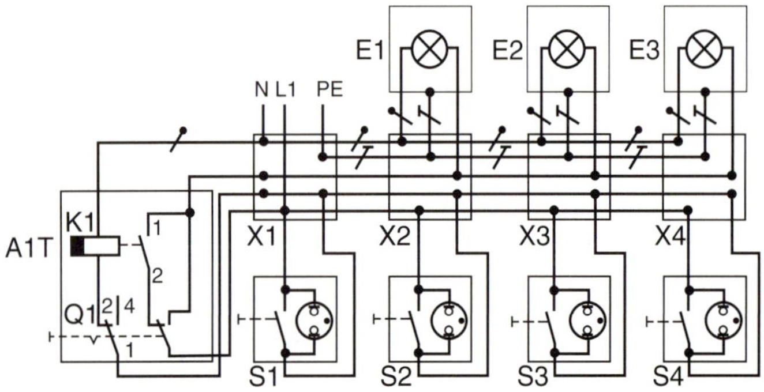

13.7 Signalanlage ❑

Eine Signallampe soll von vier Tastern eingeschaltet werden. Zum Ausschalten des Signals soll der Schlüsseltaster S5 verwendet werden. Die Schaltung soll mit Relais realisiert werden.

U_N = 230 V / ~ 50 Hz

Zeichnen Sie den Stromlaufplan in aufgelöster Darstellung!

13.8 Zimmer-Rufanlage ❑

a) Beschreiben Sie den Aufbau der Anlage!

b) Erläutern Sie die Funktion der Anlage!

c) Zeichnen Sie den Stromlaufplan in zusammenhängender Darstellung!

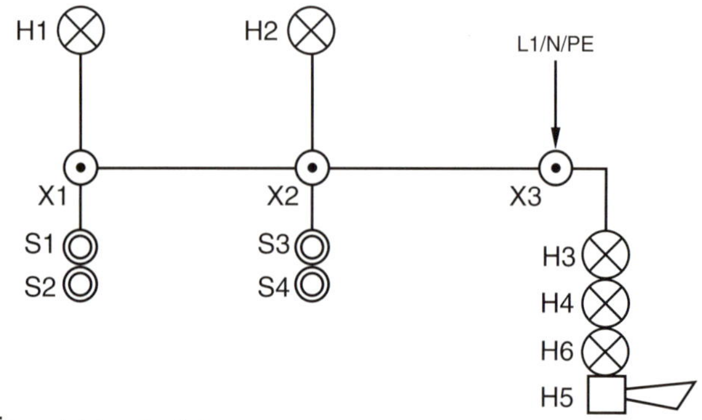

Übersichtsschaltplan

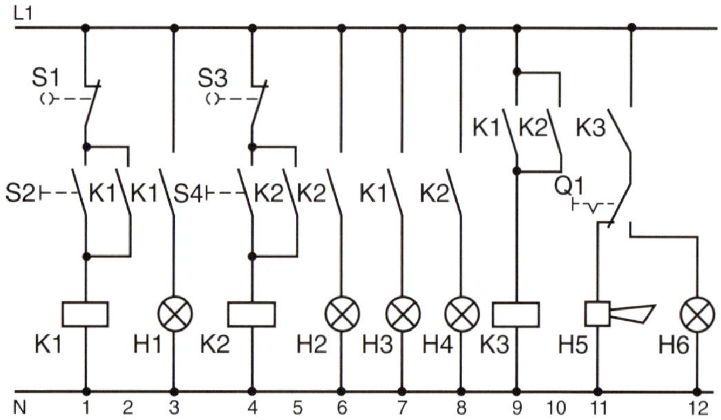

Stromlaufplan in aufgelöster Darstellung

13.9 Störmeldung

a) Lösen Sie den Auftrag 2 der Seite 85 mit Hilfe von Tastern und Schaltrelais einschließlich der Rückstellungen der Meldungen von den einzelnen Plätzen!

b) Ergänzen Sie die Schaltung nach a) wie folgt!
   - Parallel zu H3 wird das Relais K4 geschaltet.
   - Der Schließer-Kontakt von K4 wird im Stromweg von H3 parallel zum Kontakt von K1 geschaltet.
   - In Reihe zu dieser Kombination wird ein Schlüsselschalter S7 mit den Klemmen 21 und 22 gelegt.

c) Erläutern Sie die Funktion der nach b) hinzugekommenen Betriebsmittel!

Auftrag

Die elektrische Anlage einer Wohnung soll mit Einrichtungen versehen werden, die im Fehlerfall die Stromkreise zum Schutz des Menschen und der Betriebsmittel spannungsfrei schalten.

Aufbau der Schaltung

Der **Verteilungsplan** (Abb. 2) ist eine besondere Art des Übersichtsschaltplan (vgl. S. 32). Seine Beschreibung erfolgt in Energieflußrichtung.

- Die Spannungseinspeisung ① erfolgt von der Hauptverteilung X0.3 über eine 5-adrige NYM-J-Leitung (L1, L2, L3, N, PE).
- Die drei Vorsicherungen F0.1, F0.2, F0.3 ② sichern die gesamte Anlage gegen Überlastung (Laststrom >63 A) und bei Kurzschluß ab.
- Der vierpolige (L1 ... L3, N) Fehlerstromschutzschalter (**FI-Schutzschalter**) F0.4 ④ ist vor den Stromkreisen 1 und 2 eingebaut. Er kann mit 40 A belastet (40 A Nennstrom) werden und löst bei einem Fehlerstrom von 30 mA aus.
- Der FI-Schalter F0.5 (L1...L3, N) hat ebenfalls einen Nennstrom von 40 A und löst auch bei 30 mA Fehlerstrom aus.
- Der zweipolige (L3, N) FI-Schalter F0.6 ⑧ schützt nur den Stromkreis 7 (Bad). Er löst bereits bei 30 mA Fehlerstrom aus und kann mit 25 A belastet werden. (Achtung! Das Schaltvermögen liegt weit höher.).
- Die Stromkreise 1 bis 7 sind jeweils mit Leitungsschutzschalter (F1 bis F9) ⑨ der Charakteristik B abgesichert (vgl. S. 53).

Ein Verteilungsplan hat einige Besonderheiten in der Darstellung, die hier erläutert werden.

- Die Verteilerschienen für N und PE sind mit den Leitungen durch einen kurzen Schrägstrich verbunden ⑦. Von dieser Stelle an wird der entsprechende Leiter mitgeführt. (Vgl S. 52, Abb. 1 ①.)
- Die Darstellung ⑨ in Abb. 2 bedeutet, daß dort ein Leiter abzweigt (hier: PE) und nicht mehr in der Leitung mitgeführt wird.
- Durch die Leiterbezeichnung an der Verteilung ④ wird angegeben, an welchen Außenleiter der betreffende Stromkreis angeschlossen ist. Ist keine Bezeichnung vorhanden ⑤, sind alle drei Außenleiter angelegt.

Funktion der Schaltung

Schutz gegen zu hohe Körperströme

[E32] Bei allen Anlagen müssen Menschen im Fehlerfall vor zu hohen Körperströmen geschützt werden.

In dieser Anlage werden **Fehlerstromschutzschalter** eingesetzt (Abb. 3). Tritt ein Körperschluß an Geräten auf, fließt der Fehlerstrom

- über das betreffende Gehäuse,
- den Schutzleiter PE zur PE-Schiene,
- von dort zur Hauptverteilung,
- ab hier über den PEN-Leiter zum Sternpunkt des Transformators.

Der Fehlerstrom fließt also nicht über den FI-Schutzschalter zurück, sondern an ihm vorbei über den Schutzleiter. Das registriert das Schutzgerät und schaltet innerhalb von 0.2 s allpolig (L1, L2, L3 und N) ab.

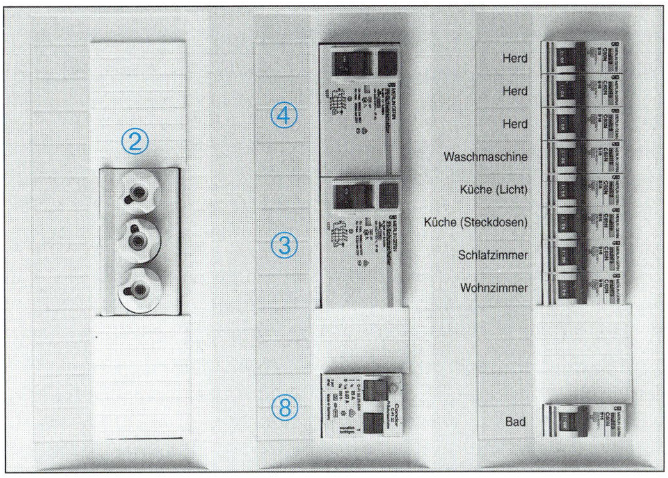

Abb. 1: Unterverteilung einer Wohnung

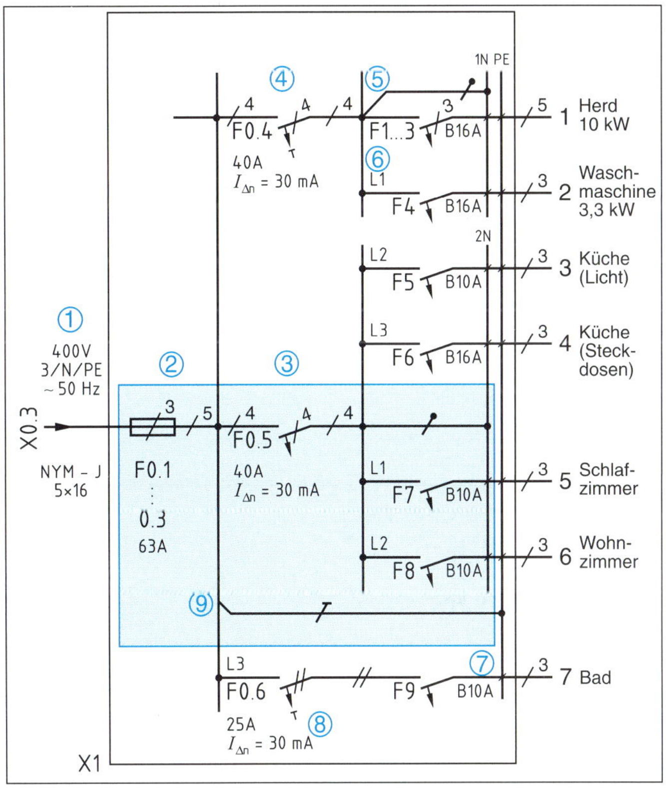

Abb. 2: Verteilungsplan zu Abb. 1

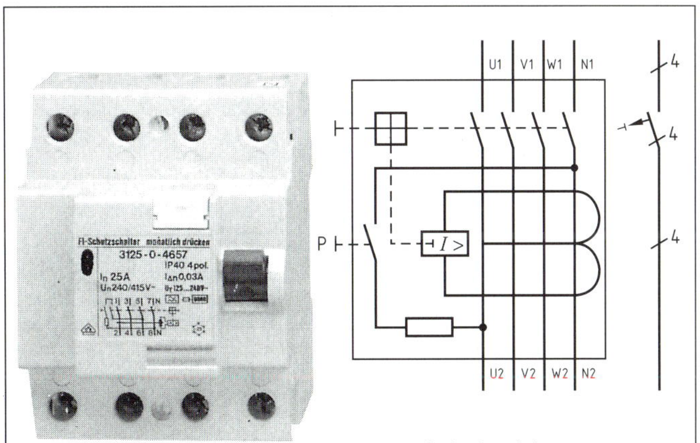

Schaltzeichen

a) Foto b) allpolig c) einpolig

Abb. 3: Fehlerstromschutzschalter, vierpolig

14 Schalten mit Schutzeinrichtungen

Für die sichere Funktion der Fehlerstrom-Schutzschaltung müssen mindestens folgende Bedingungen erfüllt sein:

[E33] Die leitfähigen Gehäuse der Geräte müssen einwandfrei über den Schutzleiter verbunden sein.

[E34] Der Schutzleiter darf nicht als Nulleiter (PEN) über den FI-Schalter geführt werden.

Die Regel E33 ist erfüllt, wenn der PE-Leiter

- in seiner gesamten Länge grüngelb gekennzeichnet ist, so daß keine Verwechslungen möglich sind,
- in dem vorgeschriebenen Querschnitt verlegt wird und
- besonders sorgfältig verlegt und verklemmt wird.

Der Verteilungsplan dieser Anlage zeigt, daß die Regel E34 erfüllt ist, denn der PE wird hier an den beiden FI-Schaltern vorbeigeführt. Zur Verdeutlichung dieser Maßnahme (Abb. 1, ①) wurde der unterlegte Ausschnitt des Verteilungsplanes (Seite 51) hier mehrpolig dargestellt.

Wie bereits erwähnt, ist der FI-Schutzschalter F0.6 nur vor den Stromkreis 7 geschaltet. Nach DIN VDE 0100 ist für Badezimmer eine zusätzliche Schutzmaßnahme vorgeschrieben, weil Menschen dort wegen der Feuchtigkeit des Raumes besonders gefährdet sind. In der Praxis wird hierfür fast ausschließlich ein empfindlicher FI-Schalter (max. 30 mA) benutzt.

Schutz der Leitung gegen zu hohe Erwärmung

[E35] Die **Schmelzsicherungen** und **Leitungsschutz-Schalter**, sollen die Leitungen vor **Überlast** und bei **Kurzschluß** schützen. Sie müssen auslösen, bevor die Leitungen unzulässig warm werden.

Bei hohen Temperaturen (z. B. bei PVC ab 70 °C) versagen die Isolierungen. Es kommt dadurch zu Kurzschlüssen und u. U. zu Bränden.

Die Erwärmung hängt ab
- von der Stromstärke,
- vom Adernquerschnitt,
- von der Wärmeabfuhr und
- der einwirkenden Zeit.

Die drei ersten Größen wurden von VDE in einer Tabelle zusammengefaßt (Tab. 14.1).

Fließt durch eine Leitung mit großem Querschnitt der gleiche Strom wie durch eine Leitung mit kleinem Querschnitt, dann erwärmt sich die erstere weniger. Leitungen mit größeren **Querschnitt** können daher unbeschadet von größeren **Strömen** durchflossen werden.

In dieser Tabelle ist die **Wärmeabfuhr** durch die Einteilung in Verlegungsarten A bis E berücksichtigt. Eine frei in Luft verlegte Leitung (Verlegungsart E) wird wegen der besseren Wärmekonvektion nicht so schnell warm wie eine Leitung in einer wärmedämmenden Wand (Verlegungsart A).

Da sich die Leiter auch gegenseitig erwärmen, muß zwischen **zwei belasteten Adern** (Wechselstromkreise) und **drei belasteten Adern** (Drehstromkreise) unterschieden werden (Tab. 14.1 ②).

Die **Einwirkungszeit** ist in dieser Tabelle nicht berücksichtigt. Sie ist in die Vorschriften für die Herstellung der Schmelzsicherungen und Leitungsschutzschalter eingearbeitet worden. Diese Schutzeinrichtungen müssen innerhalb vorgeschriebener Zeiten abschalten (vgl. S. 53, Abb. 2 ⑤, ⑥).

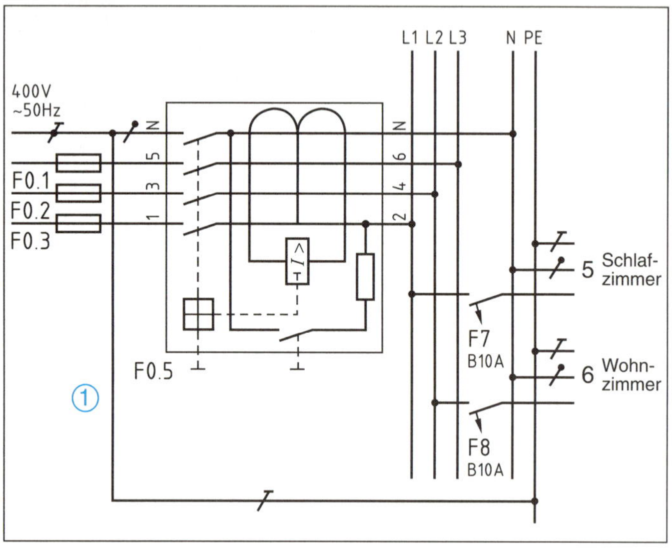

Abb. 1: Mehrpolige Darstellung des markierten Ausschnittes von Seite 51, Abb. 2

Tab. 14.1: Zuordnung von Überstrom-Schutzeinrichtungen für Dauerbetrieb bei einer Umgebungstemperatur von 25 °C (nach DIN VDE 0100 T430/11.91)

Kennbuchstabe	A		B1		B2		C		E	
Verlegung	in wärmedämmenden Wänden		in Elektroinstallationsrohr oder -kanal				direkt		frei in Luft	
Erläuterungen	• Ader- oder mehradrige Leitungen in Elektroinstallationsrohr • mehradrige Leitungen direkt an Wand		• Aderleitungen auf Wand • Ader- oder mehradrige Leitungen in Wand oder Decke		• mehradrige Leitungen auf Wand oder Fußboden		• Mantelleitungen auf Wand oder Fußboden • mehradrige Leitungen oder Stegleitungen in Wand oder unter Putz ohne Abstand (d, ≤ 0,3d)		• mehradrige Leitungen auf Wand mit Abstand (d, ≥ 0,3d)	
Leitungsbeispiele	NYM		NYM H07V-U		NYM		NYM, NYIF		NYM, NYMZ	
Zahl der belasteten Adern	2	3	2	3	2	3	2	3	2	3
Nennquerschnitt q_n in mm² für Kupferleiter	② Nennstromstärke I_n der Schutzeinrichtung in A									
1,5	16	13	16	16	16	13	20	16	20	16
2,5	20	16	25	20	20	20	25	25	25	25
4	25	25	32	25	25	25	35	35	35	35
6	35	32	40	35	35	35	40	40	50	40
10	40	40	50	50	50	50	63	63	63	63
16	63	50	80	63	63	63	80	80	80	80
25	80	63	100	80	80	80	100	100	125	100
35	100	80	125	100	100	100	125	125	125	125

Hinweis zu Schutzorganen mit den Nennströmen 13 A, 32 A, 35 A und 40 A:

Wenn es die entsprechenden Schutzorgane nicht gibt, müssen solche mit den nächstniedrigen Nennströmen verwendet werden.

Beispiel:
Es gibt z. Z. keine Schmelzsicherungen für 13 A, also müssen solche für 10 A benutzt werden.

Nach Tabelle 14.1 muß der **Stromkreis 1** (drei belastete Adern) mit 16 A abgesichert werden, während für alle anderen 20 A-Überstromschutzorgane zugelassen sind. Warum sie trotzdem nur mit 10 A bzw. mit 16 A abgesichert sind, hat unterschiedliche Gründe.

Im **Stromkreis 2** (Waschmaschine) ist nur ein Gerät angeschlossen, das einen Strom von 14,3 A aufweist. Der LS-Schalter mit 16 A schützt in gewissem Umfang daher auch gleichzeitig die Waschmaschine gegen Überströme > 16 A. Das wäre bei einem 20 A-LS-Schalter nicht der Fall.

Die **Stromkreise 3, 5...7** enthalten Installationsschalter, die bauartbedingt nur für 10 A zugelassen sind.

Im **Stromkreis 4** sind Steckdosen vorhanden, die nur für 16 A gebaut sind.

Alle eingesetzten LS-Schalter haben die **Charakteristik B** (Abb. 2 ③), d. h., sie lösen beim (maximal) 5-fachen Nennstrom innerhalb von 0,1 s aus ⑥. Für Motoren ist diese Charakteristik nicht geeignet, weil diese Geräte hohe Anlaufströme haben. Man verwendet dann LS-Schalter mit Charakteristik C ④, die kurzfristig bis zum 10-fachen Nennstrom ⑤ belastet werden können.

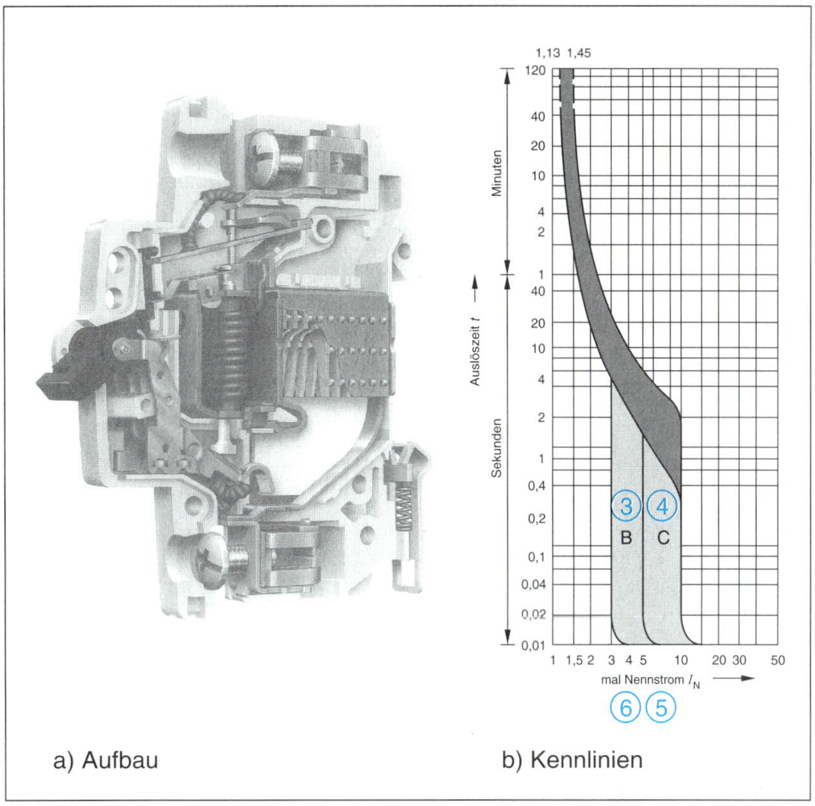

Abb. 2: Leitungsschutzschalter (DIN VDE 0641)

Aufgaben

14.1 Schaltungsanalyse

Der Verteilungsplan zeigt die elektrische Anlage einer Wohnung eines Mehrfamilien-Hauses.

a) Schildern Sie Aufbau und Funktion der Anlage, indem Sie folgende Fragen beantworten!

1. Wie erfolgt die Einspeisung?
2. Welche Daten haben die FI-Schutzschalter?
3. Welche Stromkreise werden durch die FI-Schutzschalter geschützt?
4. An welche Außenleiter sind die einzelnen Stromkreise angeschlossen?
5. Warum ist F11 ein LS-Schalter mit C-Charakteristik?
6. Sind die Nennströme der LS-Schalter richtig gewählt?
7. Warum besteht die Betriebsmittel-Kennzeichnung des LS-Schalters des Stromkreises 1 nur aus einer Zahl? (Vergleichen Sie hierzu die Darstellung auf Seite 51!)
8. Warum gibt es drei N-Schienen?

b) Als Vorsicherungen werden üblicherweise Schmelzsicherungen verwendet. Der Bauherr wünscht aber einen dreipoligen LS-Schalter, der die gesamte Anlage absichert. Zeichnen Sie in einen passenden Ausschnitt des Verteilungsplanes den LS-Schalter ein!

c) Zeichnen Sie den Ausschnitt (blau hinterlegt) als Stromlaufplan in zusammenhängender Darstellung (einschließlich der Ergänzung zu b)!

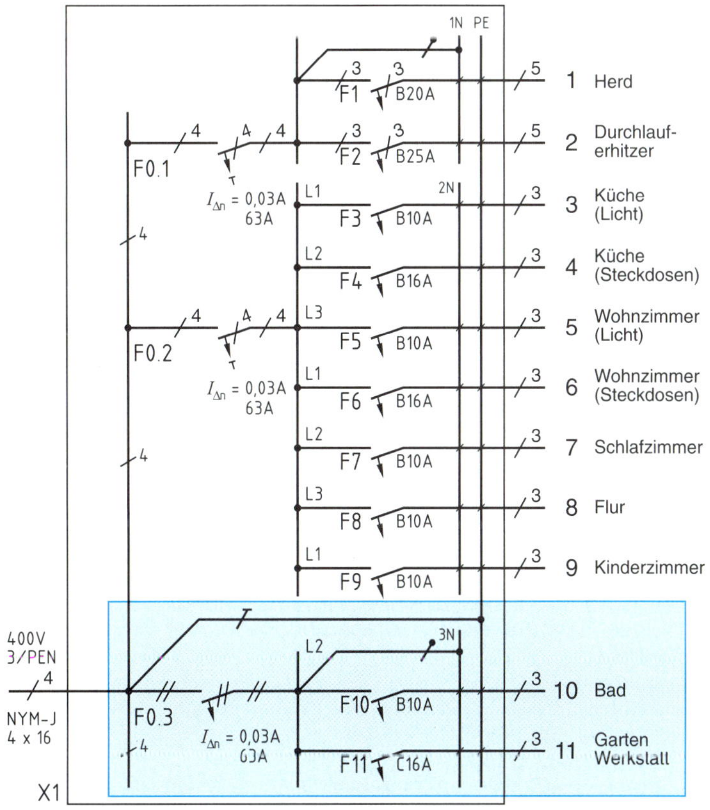

Aufgaben

14.2 Wohnungsverteilung

Der untenstehende Verteilungsplan wurde für eine ältere Wohnungsinstallation erstellt. Diese Unterverteilung soll an die neuesten Normen angepaßt werden.

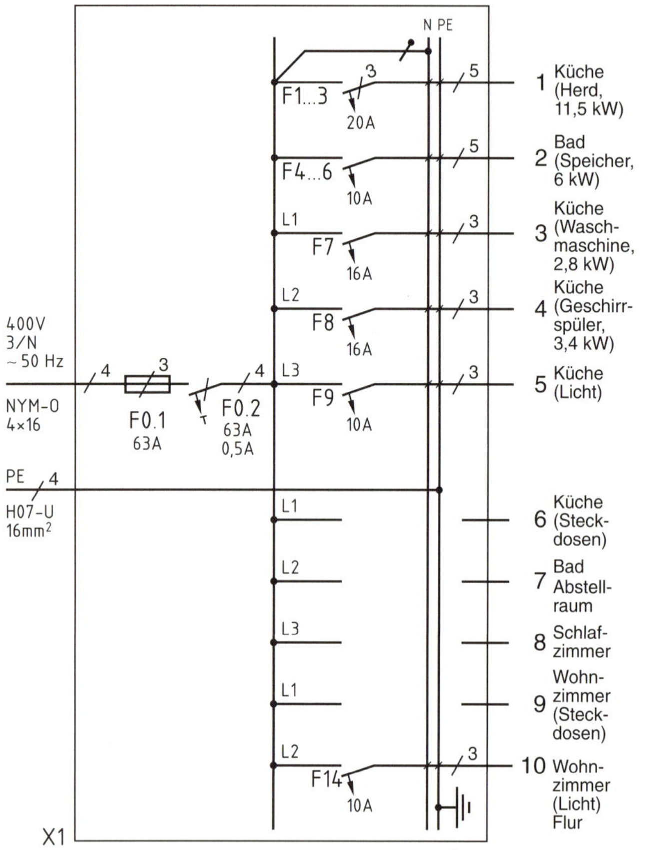

Alle nicht gekennzeichneten Leitungen: 1,5 mm² NYM

a) Schildern Sie den derzeitigen Aufbau der elektrischen Anlage der Wohnung!

b) Geben Sie die Aufgabe folgender Betriebsmittel an! F0.1; F0.2; F12

c) Vergleichen Sie diese Einspeisung mit der Einspeisung der Abb. 2 auf Seite 51!
Nennen Sie den Unterschied!
Beschreiben Sie die sich daraus ergebenden Vor- bzw. Nachteile!

d) Bei den Schutzorganen sind keine Charakteristiken angegeben.
Wählen Sie die richtigen aus!
Begründen Sie Ihre Entscheidungen!

e) Kontrollieren Sie die Nennstromstärken der Schutzorgane!
Schlagen Sie notwendige Änderungen vor!
Begründen Sie Ihre Entscheidungen!

Hinweise:
- I_{Herd} = 16,6 A
- $I_{Speicher}$ = 8,7 A

f) Nach den heutigen Vorschriften ist für das Bad eine zusätzliche Schutzmaßnahme gegen zu hohen Körperstrom erforderlich.
Geben Sie an, welche Maßnahme angewendet wird!

g) Zeichnen Sie den Verteilungplan neu, indem Sie
- alle Berichtigungen aus d) ... f) verarbeiten und
- den FI-Schalter F0.2 durch zwei FI-Schalter ($I_{\Delta n}$ = 30 mA) ersetzen.

14.3 Unterverteilung

Eine Büroetage hat sieben Büros, einen Aufenthaltsraum mit Kochgelegenheit und zwei WCs. Die Installation erfolgt mit NYM in Kanal.

Für je zwei Büros soll ein Steckdosen- (2,5 kW) und ein Beleuchtungsstromkreis (1 kW) vorgesehen werden. Das 7. Büro hat einen eigenen Stromkreis für Licht und einen für Steckdosen. Für den Aufenthaltsraum und die WCs sind zwei Stromkreise gedacht.

Die gemeinsam versorgten sechs Büros sollen über einen dreipoligen Leitungsschutzschalter geschaltet werden.

Als Schutzmaßnahme bei indirektem Berühren wird ein FI-Schutzschalter verwendet.

Zeichnen Sie dafür den Verteilungsplan!

14.4 Verteilungsplan

Zeichnen Sie für das Haus mit dem dargestellten Grundriß einen Verteilungsplan mit 15 Stromkreisen!

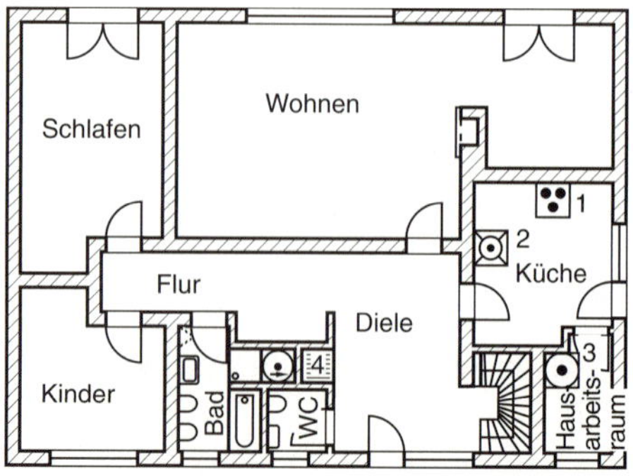

Hinweise:
- Schutz bei indirektem Berühren: FI-Schutzschalter
- Eigener Stromkreis für Keller mit Werkstattraum
- Eigener Stromkreis für Garage und Garten mit FI-Schutzschalter

Stromkreise:
- 1 Herd: 10 kW; 3x400 V, 14,5 A
- 2 Durchlauferhitzer: 18 kW, 3x400 V, 26,1 A
- 3 Waschmaschine: 3 kW, 230 V
- 4 Geschirrspüler: 3,3 kW, 230 V
- 12 Reserve

Auftrag 1

Bei einem Einfamilienhaus mit Garten soll eine Türöffneranlage installiert werden. Die Haustürklingel H1 (Abb. 2) ② (Fachwort: **Wecker**) soll vom Gartentor und von der Haustür (außen) aus betätigt werden können. Das Gartentor hat einen elektrischen **Türöffner** ③.

Aufbau der Schaltung

Aus Sicherheitsgründen werden Wecker- und Türöffner-Anlagen mit Kleinspannung betrieben, deshalb ist der Transformator T1 (① bzw. ④ Abb. 3) erforderlich. Er spannt die Netzspannung in 8 V (Kleinspannung) um. Da der Ausgang (Sekundärseite) des Transformators nicht mit dem Netz verbunden ist, gibt es auch keinen Neutralleiter. Es ist deshalb gleichgültig, ob die Taster an 2L1 oder 2L2 liegen.

Die Taster S2 und S3 gehören zum Melderstromkreis, während S1 den Türöffner Y1 schaltet. Der **Türöffner** besteht aus einer Spule, die bei Stromfluß eine Sperre im Torschloß entriegelt, so daß die Gartentür geöffnet werden kann.

Funktion der Melderschaltung

Betätigen von S3

2L1 → X1:4 → X2:4 → S3:1 → S3:2 → X2:2 → X1:2 →
H1:1 → H1:2 → X1:1 → **2L2**
⇒ S3 betätigt H1

Betätigen von S2

Da S2 an den Klemmen X1:4 und X1:2 parallel zu S3 liegt, schaltet auch S2 den Melder H1.

Funktion der Türöffnerschaltung

Betätigen von S1

2L1 → X1:4 → S1:1 → S1:2 → X1:3 → X2:3 → Y1:1 →
Y1:2 → X2:1 → X1:1 → **2L2**
⇒ S1 betätigt Y1

Auftrag 2

Die oben genannte Anlage soll durch eine Sprechanlage ergänzt werden.

Aufbau der Schaltung (Abb. 4)

Der Betrieb von Sprechanlagen erfolgt nur mit Gleichstrom, deshalb wird das Netzgerät G1 ⑦ verwendet, das die Spannung nicht nur herunter transformiert, sondern auch gleichrichtet. Die verwendeten Wecker (akustische Melder) arbeiten auch mit Gleichspannung. Diese Betriebsmittel ⑨ sind üblicherweise im Gehäuse der Haussprechstelle A1 ⑥ untergebracht.

Um dieselben Adern zum Melden (Fachwort: **Rufen**) und Sprechen benutzen zu können, wird ein Umschalter (Fachwort: **Gabelumschalter**) ⑧ eingebaut. Er wird durch Aufnehmen des Handapparates B1 ⑤ betätigt.

Funktion der Sprechschaltung

Q1 unbetätigt, Q2 betätigt

L+ → A1:1 → A2:1 → Q2:1 → Q2:2 → A2:2 → A1:2 → H1:2
→ H1:1 → Q1:2 → Q1:1 → **L-**
⇒ Q2 betätigt H1 ⇒ **Rufen**

Q1 betätigt (Handapparat ausgehängt), Q2 unbetätigt

L+ → A1:1 → A2:1 → B2:1 → B2:2 → A2:2 → A1:2 → A1:3
→ B1:1 → B1:2 → A1:4 → Q1:3 → Q1:1 → **L-**
⇒ Q1 schaltet Sprechstromkreis ⇒ **Sprechen**

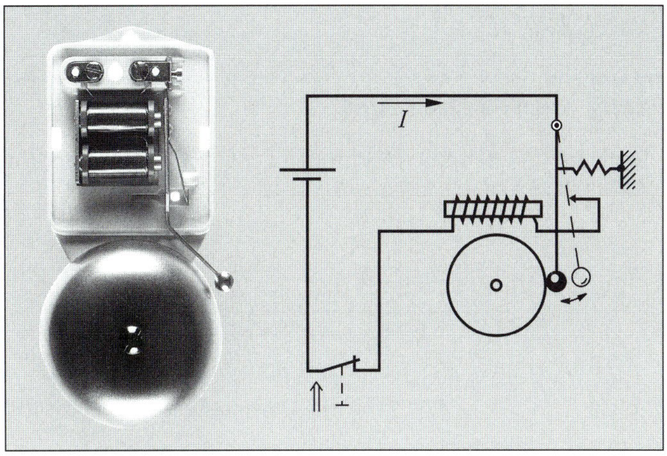

Abb. 1: Rasselwecker

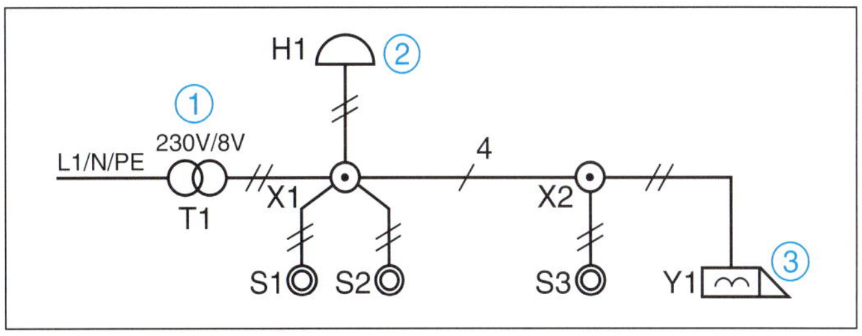

Abb. 2: Übersichtsschaltplan einer Türöffner-Anlage

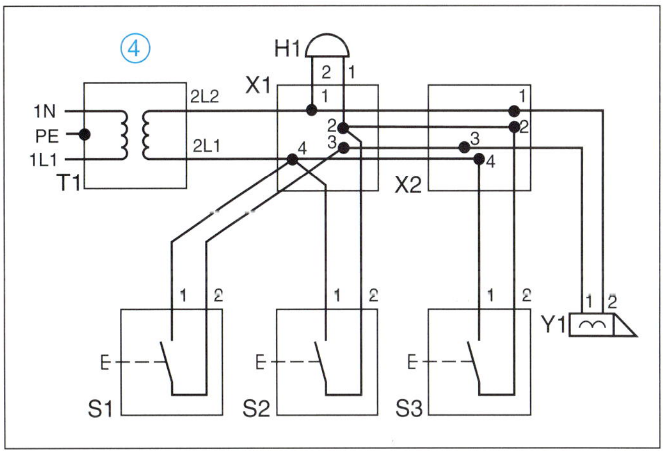

Abb. 3: Stromlaufplan in zusammenhängender Darstellung zu Abb. 2

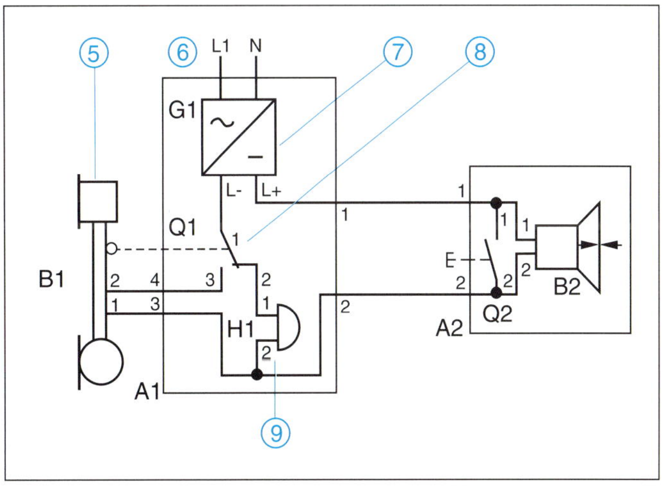

Abb. 4: Sprechschaltung
(Stromlaufplan in zusammenhängender Darstellung)

Aufgaben

15.1 Zwei-Familien-Haus ❑

Zeichnen Sie den Stromlaufplan in zusammenhängender Darstellung!

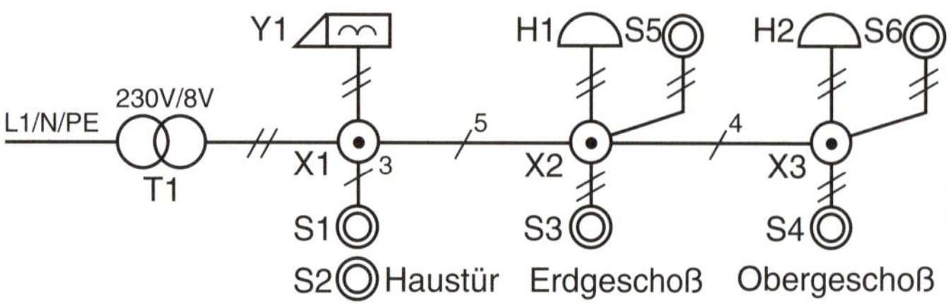

15.2 Gegensprechanlage ❑

In einem Büro und dessen Vorzimmer soll eine Gegensprechanlage installiert werden. Beide Sprechstellen bestehen aus einem Tischgerät mit Summer, Ruftaste und Handapparat. Bei der Bürosprechstelle ist das Netzgerät eingebaut.

Zeichnen Sie den Stromlaufplan in zusammenhängender Darstellung!

15.3 Schaltungsergänzung

In der Sprechschaltung von Seite 55 (Abb.4) wird der Schalter Q2 gegen einen Gruppenschalter ausgetauscht, der folgende Funktionen hat: AUS, RUFEN, SPRECHEN

Außerdem wird eine Glühlampe (12 V, 40 mA) eingebaut, die diesen Gruppenschalter im unbetätigten Zustand beleuchtet.

Zeichnen Sie den Stromlaufplan in aufgelöster Darstellung!

15.4 Türsprechanlage

a) Analysieren Sie die Schaltung, indem Sie folgende Fragen beantworten und Ihre Antworten begründen!
   1. Für welches Betriebsmittel wird Wechselstrom verwendet?
   2. Ist die Wechselspannung erforderlich?
   3. Ist B2 ein Handapparat?
   4. Welche Aufgabe hat S2?
   5. Wodurch wird S1 betätigt?
   6. Welchen Vorteil hat diese Schaltung gegenüber der Schaltung von Seite 55 (Abb.4) im unbetätigten Zustand?

b) Ändern Sie die Schaltung so, daß ein Leiter zwischen den Sprechstellen eingespart werden kann!
   Zeichnen Sie dazu den Stromlaufplan in zusammenhängender Darstellung!

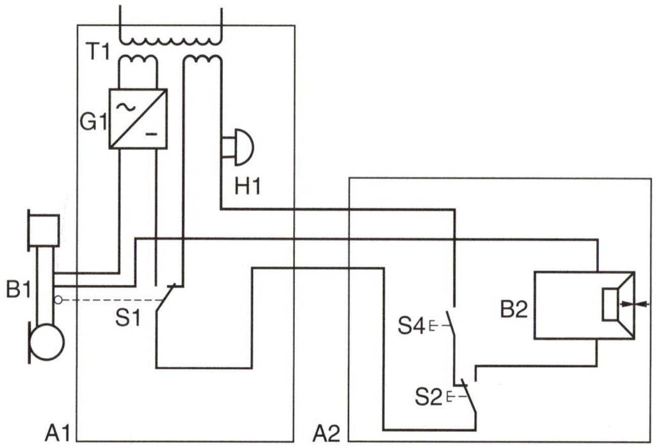

15.5 Funktionsanalyse

Der untenstehende Stromlaufplan stammt aus den Serviceunterlagen eines Herstellers von Sprechanlagen. Er zeigt unterschiedliche Möglichkeiten des Einsatzes der Geräte dieses Herstellers.

a) Analysieren Sie die Funktion und das Zusammenwirken der Betriebsmittel, indem Sie folgende Fragen beantworten bzw. die Aufträge erfüllen!
   1. Welche Aufgabe hat der Taster S0?
   2. Wie ändert sich der Zustand der Schaltung beim Betätigen des Tasters S3?
   3. Wodurch werden die Taster S11, S12 und S13 betätigt?
   4. Wie wird der Ruf abgeschaltet?
   5. Geben Sie die Stromwege für den Sprechverkehr zwischen Türstation und Sprechstelle ① an!
   6. Wie unterscheiden sich die Sprechstellen ①, ② und ③ hinsichtlich Aufbau und Funktion?
      Geben Sie je ein Beispiel für deren Einsatz an!
   7. Was muß in der Anlage geändert werden, wenn nur Gleichstrom verwendet werden soll?

b) Die Anlage soll sich in folgendem Zustand befinden:
   Zwischen Türstation und Sprechstelle ① besteht Sprechverbindung und zusätzlich wird an Sprechstelle ② der Handapparat abgenommen.
   Zeichnen Sie dazu den Stromlaufplan in aufgelöster Darstellung!

c) Ändern Sie die Schaltung folgendermaßen!
   - Die Tür soll mit einer Leuchte für 230V/50Hz beleuchtet werden, die mit Hilfe eines Zeitschalters gesteuert wird.
   - Der Taster S0 soll beleuchtet sein.

   Zeichnen Sie dazu den Stromlaufplan in zusammenhängender Darstellung für die Türstation, deren Beleuchtung und das Netzgerät!

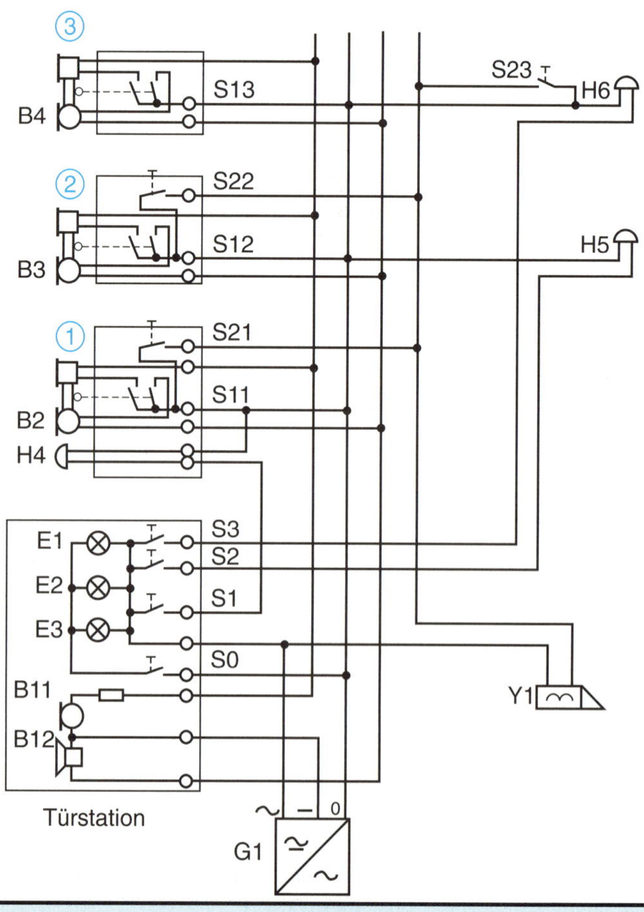

16 Schaltungen mit logischen Bausteinen

In der Digitaltechnik werden die **Binärzeichen 1** und **0** verwendet. Sie kennzeichnen zwei Informationen, z. B.:

- Ja und nein,
- richtig und falsch,
- ein und aus.

Die Binärzeichen sagen nichts über die tatsächliche Spannung oder Stromstärke in der Schaltung aus. Zur Kennzeichnung der Spannungen verwendet man die **Pegelbezeichnungen H** (von high, engl.: hoch) und **L** (von low, engl.: tief).

Es handelt sich dabei nicht um bestimmte Werte, sondern um Wertebereiche. In Abb. 1 geht z. B. der H-Pegel von + 2,4 V bis + 5 V und der L-Pegel von 0 V bis + 0,4 V.

In der Digitaltechnik werden Bausteine mit binärem Verhalten verwendet. Man kann sie als **Logikbausteine** (-glieder), Binärbausteine (-glieder), Logikgatter (Gatter) oder als Verknüpfungsbausteine (-glieder) bezeichnen.

Zur Kennzeichnung des Verhaltens der Bausteine bzw. zur Darstellung der Zusammenhänge verwendet man **Wertetabellen** (auch Wahrheitstabellen oder Funktionstabellen genannt). Sie geben den jeweils herrschenden logischen Zustand mit den Symbolen 1 und 0 wieder.

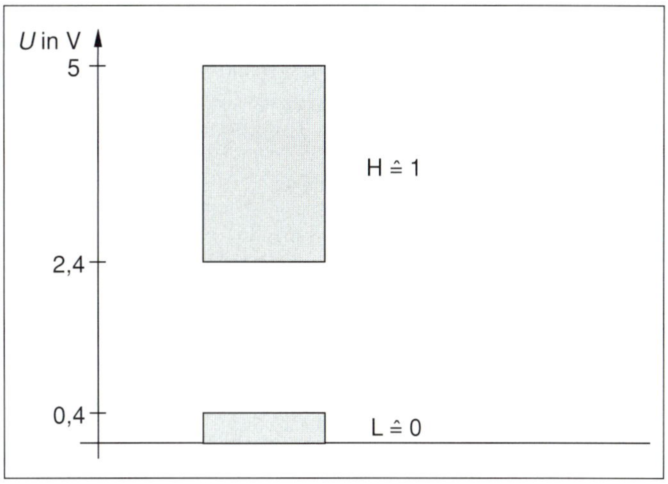

Abb. 1: Beispiel für einen Pegel (TTL-Gatter)

Auftrag 1

Die in Abb. 2 dargestellte Steuerung für eine Lampe soll durch eine Schaltung mit einem Logikbaustein ersetzt werden.

Schaltungsanalyse

Die in Abb. 2b befindliche Wertetabelle drückt das logische Verhalten der Schaltung aus. Ein offener Schalter bedeutet im logischen Sinne 0 und ein geschlossener 1. Sie können als **Eingangsvariable** ① (Veränderliche) aufgefaßt werden. Da jeder Schalter die Schaltstellen 0 und 1 einnehmen kann, ergeben sich für die Schaltung insgesamt vier unterschiedliche Fälle ② (vgl. Wertetabelle, Nr. 1 bis 4).

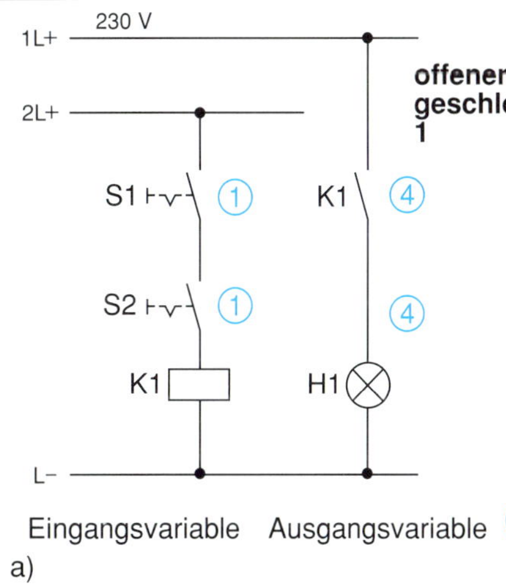

a)

offener Schalter ≙ 0
geschlossener Schalter ≙ 1

Wertetabelle

S1	S2	K1	H1	Nr.
0	0	0	0	1
0	1	0	0	2
1	0	0	0	3
③ 1	1	1	1	4

b) ②

Abb 2: Lampensteuerung mit einer UND-Verknüpfung

Aus der Wertetabelle kann man weiter entnehmen, daß die Lampe nur dann leuchtet, wenn S1 **und** S2 betätigt sind ③. Es handelt sich also im logischen Sinne um eine **UND-Verknüpfung**. Das Relais bzw. Schütz K1 und die Lampe H1 können hier als **Ausgangsvariable** ④ bezeichnet werden, die in Abhängigkeit von den Eingangsvariablen die Zustände 0 oder 1 annehmen.

[E36] Wertetabellen verdeutlichen, in welcher Weise Ausgangsvariable von den Eingangsvariablen abhängig sind.

Die mit der Lampenschaltung verdeutlichte UND-Verknüpfung läßt sich auch mit elektronischen Bauelementen aufbauen. Das Schaltzeichen sowie die Wertetabelle eines integrierten Bausteins sind in Abb. 3 zu sehen. Zusätzlich ist ein möglicher Signal-Zeit-Verlauf (Spannungs-Zeit-Diagramm) dargestellt worden (Abb. 3c). Er macht auf eine andere Weise deutlich, daß die Ausgangsvariable nur dann 1 wird, wenn an den Eingängen a und b gleichzeitig 1-Signale anliegen ⑤.

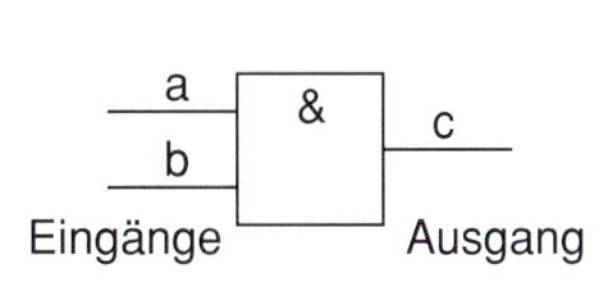

a) Schaltzeichen

a	b	c
0	0	0
0	1	0
1	0	0
1	1	1

b) Wertetabelle

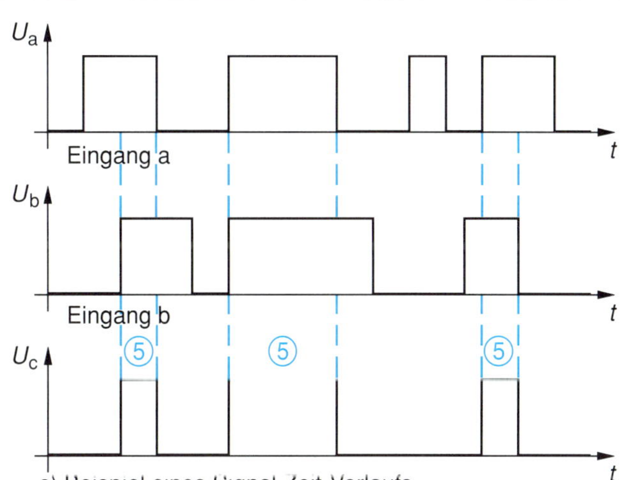

c) Beispiel eines Signal-Zeit-Verlaufs

Abb. 3: UND-Verknüpfung

[E37] Das Verhalten von Logikbausteinen kann durch das Schaltzeichen, die Wertetabelle oder durch einen Signal-Zeit-Verlauf beschrieben werden.

[E38] Bei einer UND-Verknüpfung ist die Ausgangsvariable nur dann 1, wenn alle Eingangsvariablen sich im 1-Zustand befinden.

Logikbausteine benötigen an ihren Eingängen eindeutige Signale. Offene Schalter sind aus logischer Sicht nicht eindeutig. Deshalb werden im Eingangsbereich Umschalter verwendet, die den Eingang auf L+ (≙ 1) oder L− (≙ 0) legen (Abb. 2).

Wendet man diese schaltungstechnische Maßnahme an, ergibt sich der Stromlaufplan von Abb. 3. Da die Ausgangsleistung des UND-Gliedes nicht ausreicht, das Schütz anzusteuern, ist ein Verstärker ① zwischengeschaltet worden.

Da Logikbausteine und Verstärker immer eine Spannungsversorgung benötigen, wird in Plänen auf eine wiederholte Darstellung verzichtet.

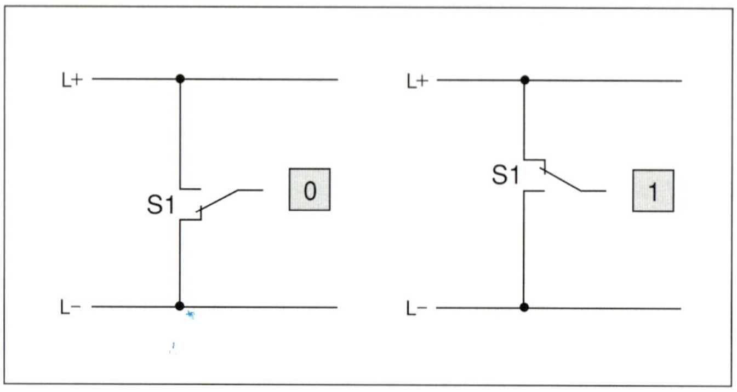

Abb. 2: Binäre Zustände, durch Schalter realisiert

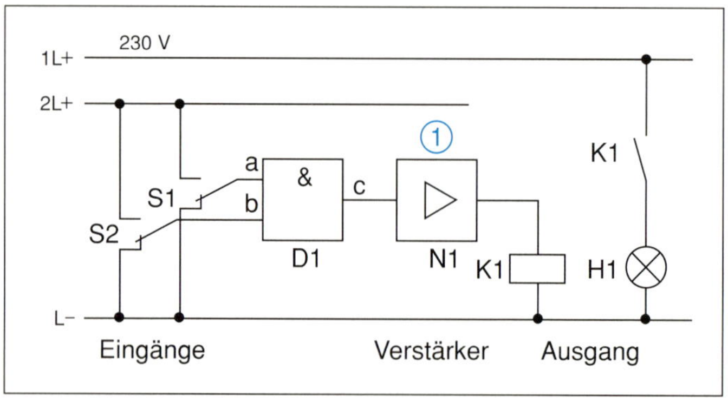

Abb. 3: Lampensteuerung mit einer UND-Verknüpfung

Auftrag 2

Die in Abb. 4 dargestellte Steuerung einer Lampe soll durch eine Schaltung mit einem Logikbaustein ersetzt werden.

Schaltungsanalyse

Die Wertetabelle drückt das Verhalten der Lampenschaltung aus. Die Lampe leuchtet dann, wenn S1 **oder** S2 **oder** beide gleichzeitig betätigt sind ②. Dieses entspricht dem Verhalten einer typischen **ODER-Verknüpfung**.

Ein Logikbaustein mit ODER-Verhalten ist in Abb. 5a zu sehen. Die Wertetabelle (Abb. 5b) und das Beispiel für einen Signal-Zeit-Verlauf ③ (Abb. 5c) erklären auf andere Weise das Verhalten.

[E39] Bei einer ODER-Verknüpfung ist die Ausgangsvariable 1, wenn sich mindestens ein Eingang im 1-Zustand befindet.

Verwendet man diesen Logikbaustein für die Lampenschaltung, dann ergibt sich der Stromlaufplan von Abb. 1.

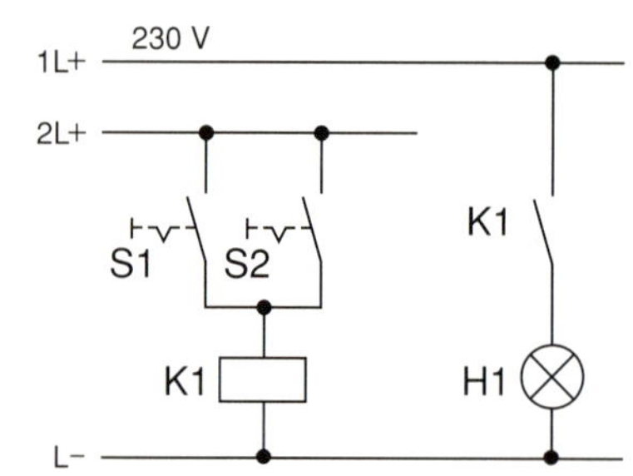

Wertetabelle

S1	S2	K1	H1
0	0	0	0
0	1	1	1
0	0	1	1
0	1	1	1

②

Abb. 4: Lampensteuerung mit einer ODER-Verknüpfung

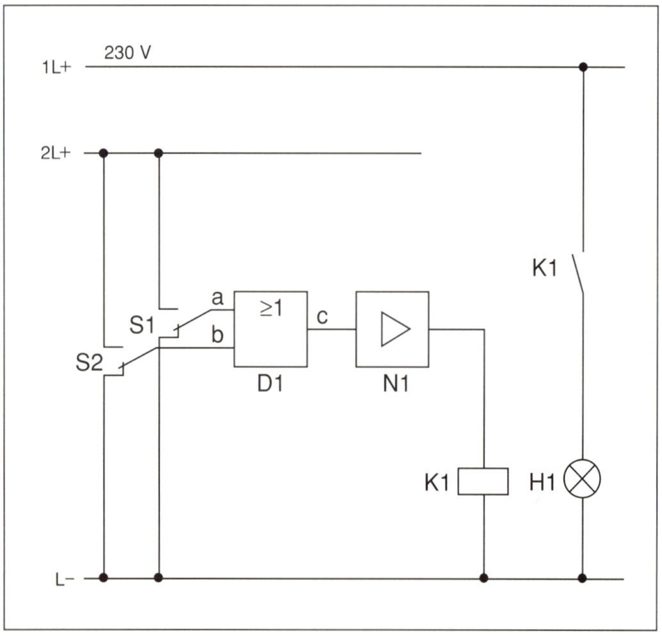

Abb. 1: Lampensteuerung mit einer ODER-Verknüpfung

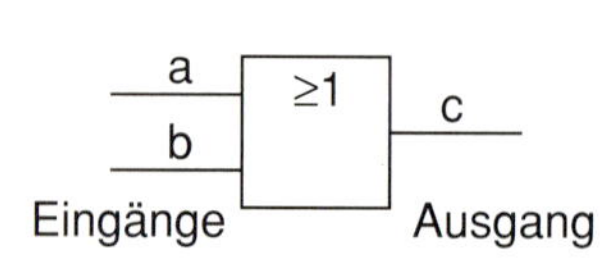

a) Schaltzeichen

a	b	c
0	0	0
0	1	1
1	0	1
1	1	1

b) Wertetabelle

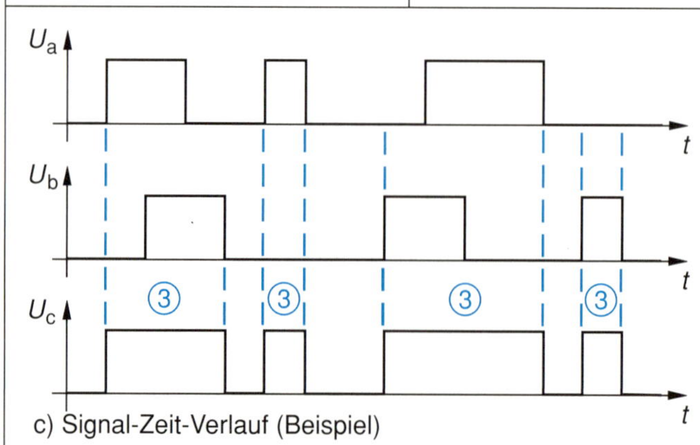

c) Signal-Zeit-Verlauf (Beispiel)

Abb. 5: ODER-Verknüpfung

Auftrag 3

Die Lampenschaltung von Abb. 6 soll durch eine Schaltung mit einem Logikbaustein ersetzt werden.

Schaltungsanalyse

Die Wertetabelle in Abb. 6 macht deutlich, daß die Ausgangsvariable zur Eingangsvariablen ein umgekehrtes Verhalten ④ zeigt (negiertes Verhalten). Es handelt sich also um eine **NICHT-Verknüpfung**. Der entsprechende Logikbaustein ist in Abb. 7a zu sehen. Der kleine Kreis am Ausgang weist auf die Negation hin ⑤. Bausteine dieser Art werden auch als Umkehrstufen (Fachwort: **Inverter**) bezeichnet.

[E40] Bei der NICHT-Verknüpfung ist die Ausgangsvariable stets gleich der negierten Eingangsvariablen.

Die Abb. 8 zeigt die entsprechende Lampenschaltung einer NICHT-Verknüpfung.

UND- und ODER- werden häufig mit NICHT-Gliedern in einem Baustein verbunden. Es ergeben sich dann die in Abb. 9 und 10 dargestellten **NAND-** und **NOR-Glieder**.

[E41] Bei einer NAND-Verknüpfung ist die Ausgangsvariable nur dann 0, wenn sich alle Eingänge im 1-Zustand befinden.

[E42] Bei der NOR-Verknüpfung ist die Ausgangsvariable dann 0, wenn sich mindestens ein Eingang im 1-Zustand befindet.

Auftrag 4

Das logische Verhalten einer Fahrstuhltür aus der Sicht eines Benutzers läßt sich wie folgt beschreiben:

Die Etagentür darf sich nur dann öffnen, wenn
- die Ruftaste betätigt wurde (Signal wird gespeichert),
- sich die Kabine in der gewählten Etage befindet und
- die anderen Etagentüren nicht geöffnet sind.

Dieses Verhalten soll mit einem Logikbaustein realisiert werden.

Schaltungsentwicklung

- Zunächst müssen Ausgangs- und Eingangsvariable benannt und Abkürzungen festgelegt werden.

Eingangsvariable	Abkürzung	Ausgangsvariable	Abkürzung
Ruftaste	a	Etagentür	d
Kabine	b		
andere Etagentür	c		

- Verkürzt läßt sich das Verhalten nun wie folgt beschreiben:

			d läßt sich öffnen	ja	
a betätigt	ja				
b vorhanden	ja				
c offen		nein			

- Führt man jetzt die binären Variablen 1 und 0 für ja und nein ein, ergibt sich die folgende Wertetabelle:

a	b	c	d
1	1	0	1

- Die Ausgangsvariable befindet sich nur dann im 1-Zustand (Etagentür läßt sich öffnen), wenn sich die Eingangsvariablen a **und** b **und nicht** c im 1-Zustand befinden. Zur Realisierung dieses logischen Verhaltens läßt sich also ein UND-Glied verwenden, bei dem allerdings die Eingangsvariable c negiert werden muß (Abb. 11) ⑥.

[E43] **Vorgehensweise bei Aufträgen, die in Textform vorliegen.**
1. Ein- und Ausgangsvariable bestimmen.
2. Logikzustände der Variablen festlegen.
3. Logikbaustein bzw. Verknüpfungsschaltung zeichnen.

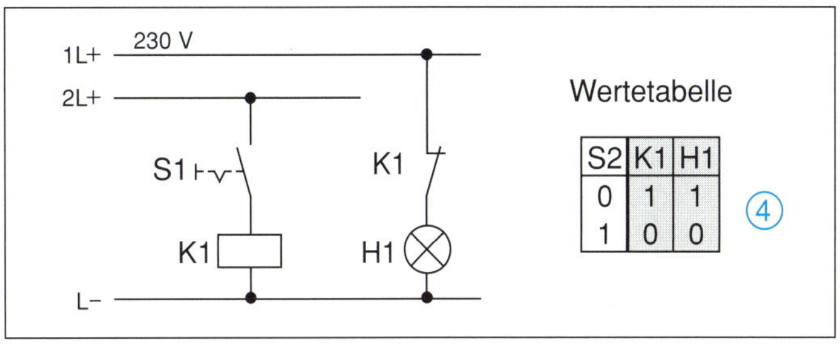

S2	K1	H1
0	1	1
1	0	0

Abb. 6: Lampensteuerung mit einer Nicht-Verknüpfung

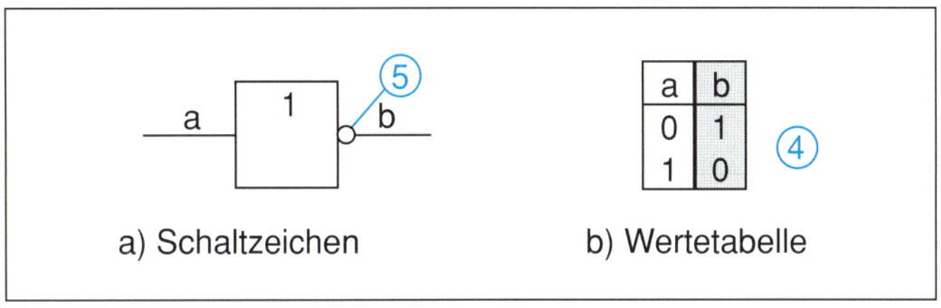

a	b
0	1
1	0

Abb. 7: NICHT-Verknüpfung, Negation, Inverter

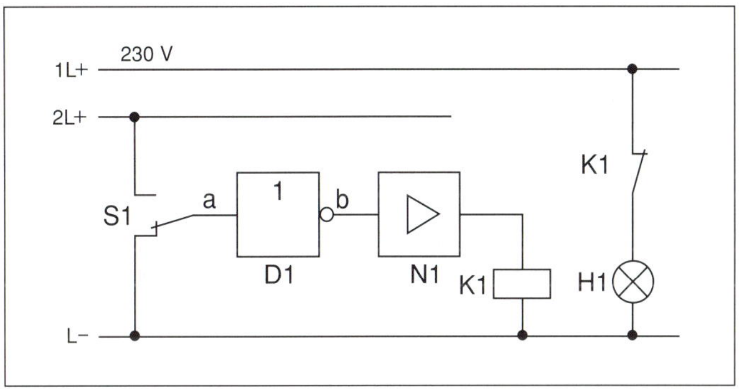

Abb. 8: Lampenschaltung mit einer NICHT-Verknüpfung

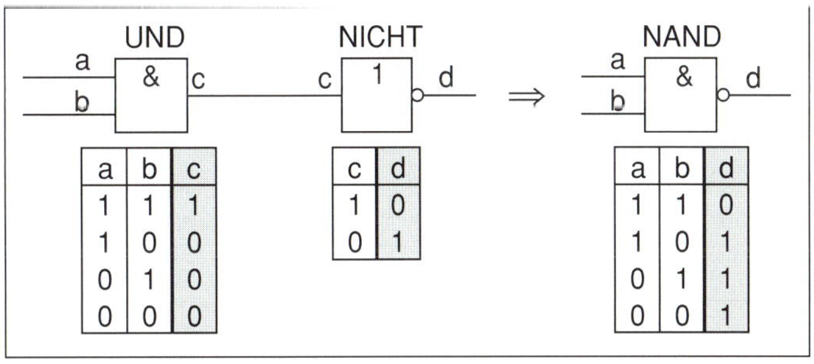

a	b	c
1	1	1
1	0	0
0	1	0
0	0	0

c	d
1	0
0	1

a	b	d
1	1	0
1	0	1
0	1	1
0	0	1

Abb. 9: NAND-Verknüpfung

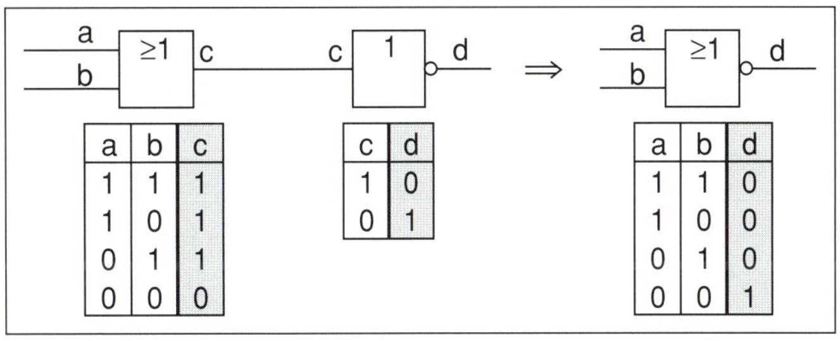

a	b	c
1	1	1
1	0	1
0	1	1
0	0	0

c	d
1	0
0	1

a	b	d
1	1	0
1	0	0
0	1	0
0	0	1

Abb. 10: NOR-Verknüpfung

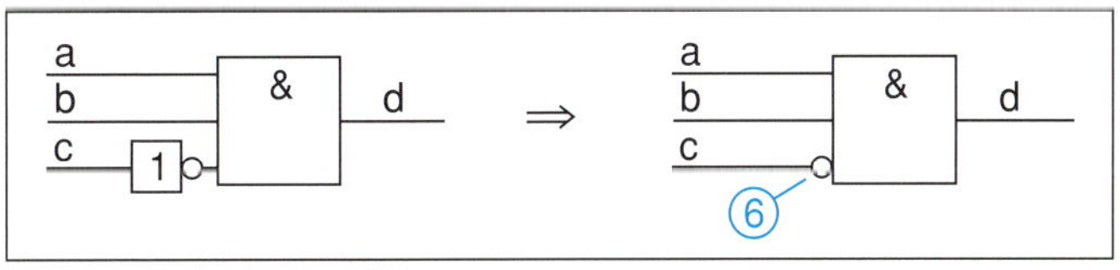

Abb. 11: UND-Verknüpfung mit negiertem Eingang

16 Schaltungen mit logischen Bausteinen

Aufgaben

16.1 Signal-Zeit-Verläufe 1

Verschiedene Logikbausteine mit zwei Eingängen und einem Ausgang besitzen die Signalverläufe a) bis f).

Stellen Sie die dazugehörigen Wertetabellen auf!

Zeichnen Sie das jeweilige Schaltzeichen!

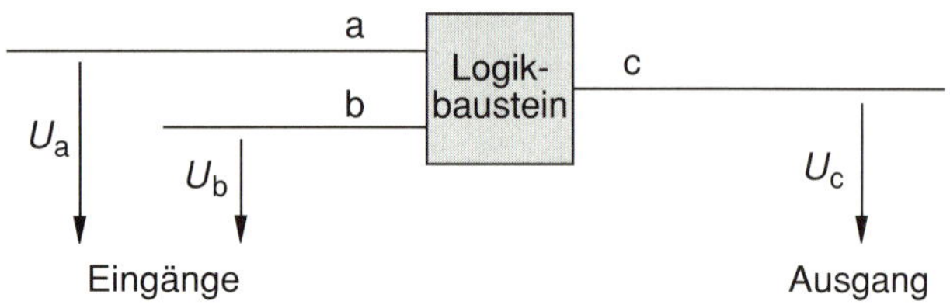

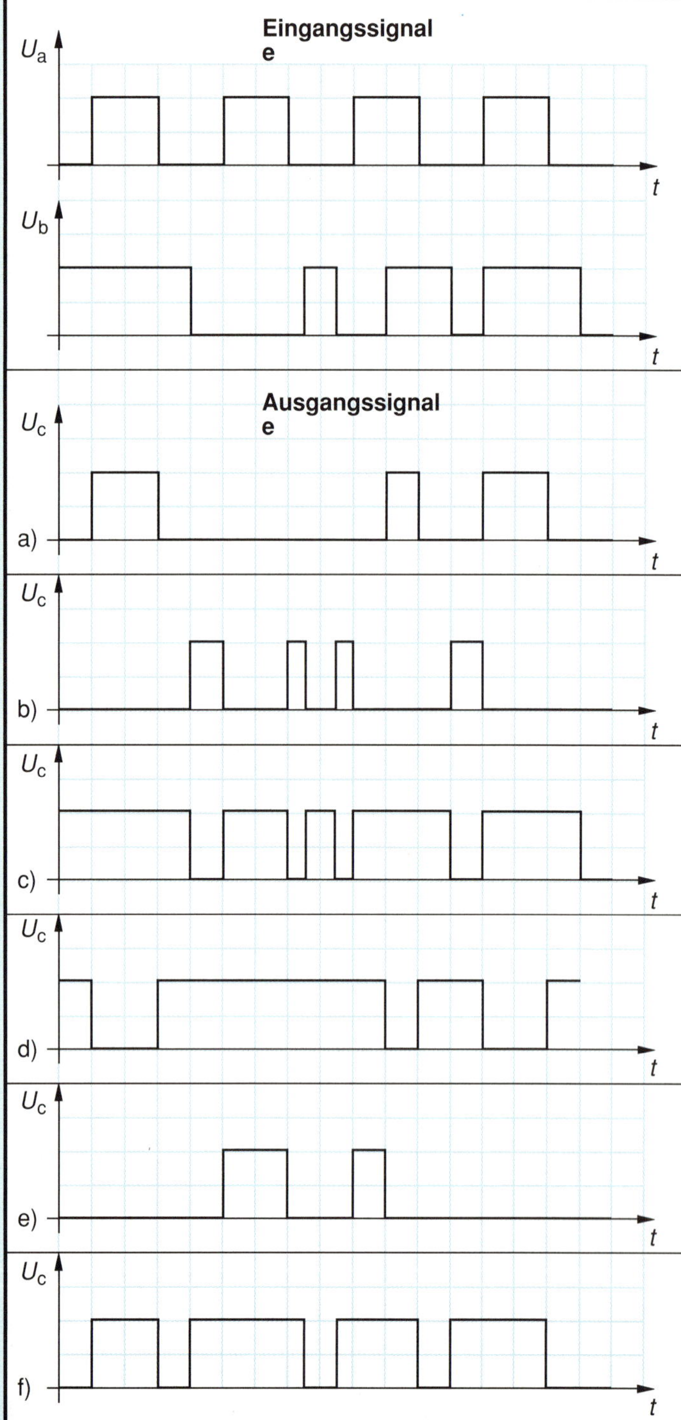

16.2 Wertetabellen 1

Erstellen Sie die jeweiligen Wertetabellen!

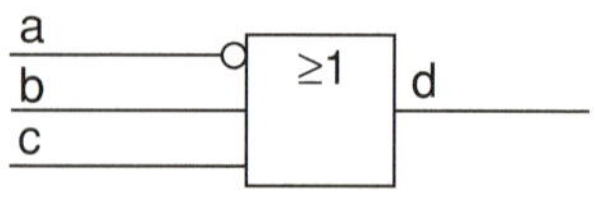

a)

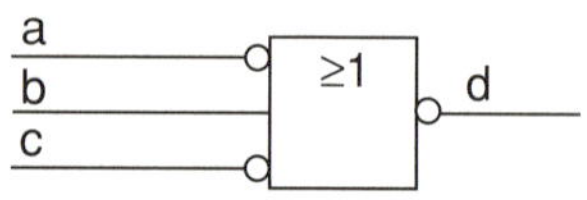

b)

16.3 Wertetabellen 2

Erstellen Sie die jeweiligen Wertetabellen!

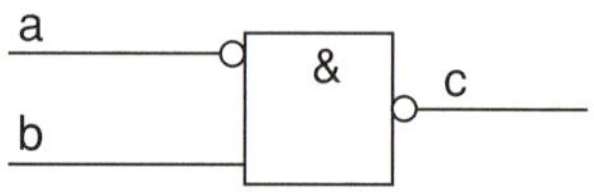

a)

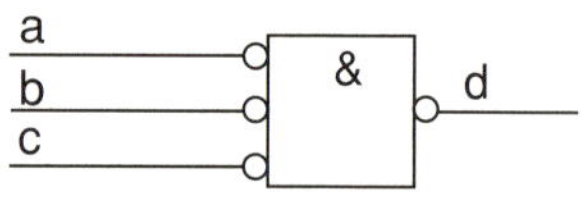

b)

16.4 Ausstiegstür

Die Ausstiegstür eines Busses (Normalfall) darf nur dann automatisch aufgehen (≙ 1), wenn

- der Wagen hält (≙ 0),
- der Ausstiegsknopf betätigt wurde (≙ 1) und
- das pneumatische Drucksystem funktioniert (≙ 1).

a) Erstellen Sie die Wertetabelle!
b) Zeichnen Sie für diese logische Verknüpfung den Baustein!

16.5 Waschmaschine

Der Waschvorgang einer Waschmaschine wird unterbrochen (≙ 0), wenn

- die Tür geöffnet wird (Schalter geöffnet, ≙ 0),
- der Wasserdruck aussetzt (≙ 0) oder
- der Motor überlastet wird (≙ 0).

a) Stellen Sie die Wertetabelle auf!
b) Zeichnen Sie das Schaltzeichen für den erforderlichen Baustein!

16.6 Stellwerksteuerung

Die Signalanlage eines Stellwerks soll nur dann für einen Zug auf „Freie Fahrt" geschaltet werden können (≙ 1), wenn

- die Strecke des Zuges frei ist (≙ 1),
- sich kein Zug auf dieser Kurvenstrecke auf dem Nebengleis befindet (≙ 1) und
- das Signal für den Halt noch nicht freigegeben ist (≙ 0).

a) Stellen Sie die Wertetabelle auf!
b) Zeichnen Sie die logische Verknüpfungsschaltung für die drei Signale!

16.7 Kesselheizung

Die Heizung eines Kessels darf nur dann schaltbar sein (≙ 1), wenn

- ausreichend Wasser im Kessel ist (≙ 1),
- die Heizung eingeschaltet ist (≙ 1),
- die Temperatur noch nicht ihren Höchstwert erreicht hat (≙ 1) und
- die Ölzufuhr gewährleistet ist (≙ 1).

a) Erstellen Sie die Wertetabelle!
b) Zeichnen Sie für diese logische Verknüpfung den Baustein!

Aufgaben

16.8 Wertetabellen 3

Erstellen Sie für die zusammengeschalteten logischen Verknüpfungsglieder die jeweiligen Wertetabellen!

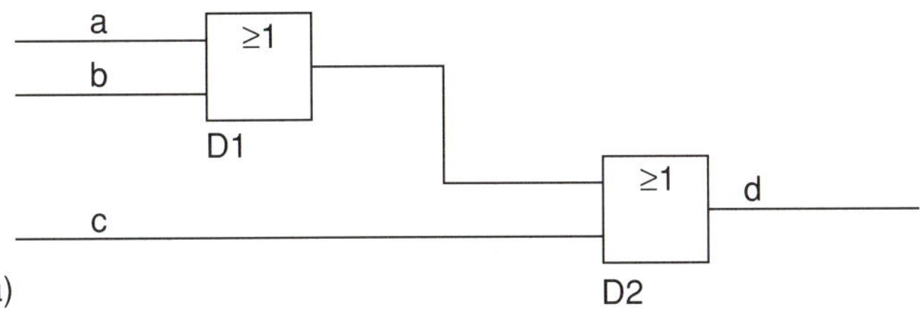

a)

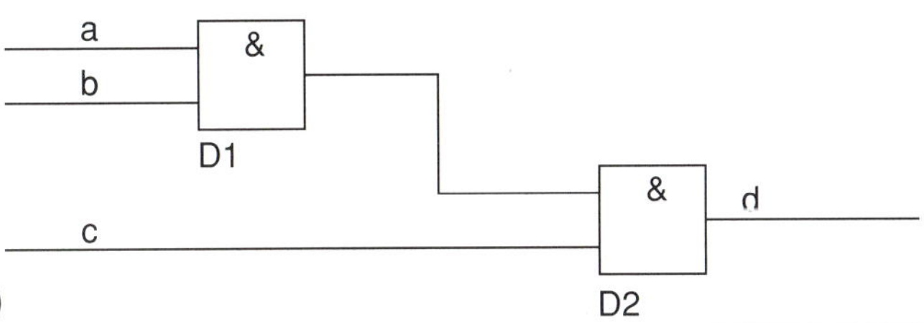

b)

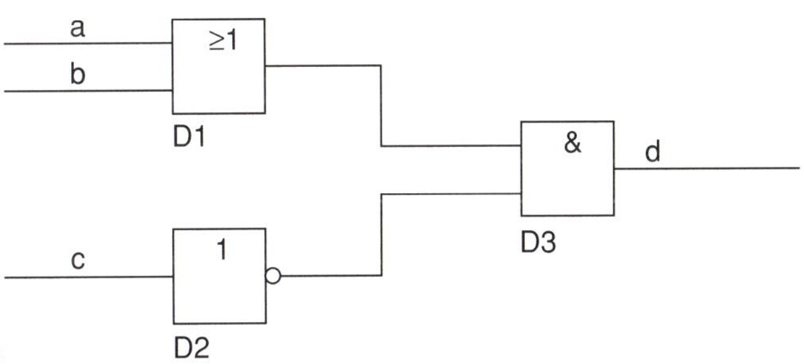

c)

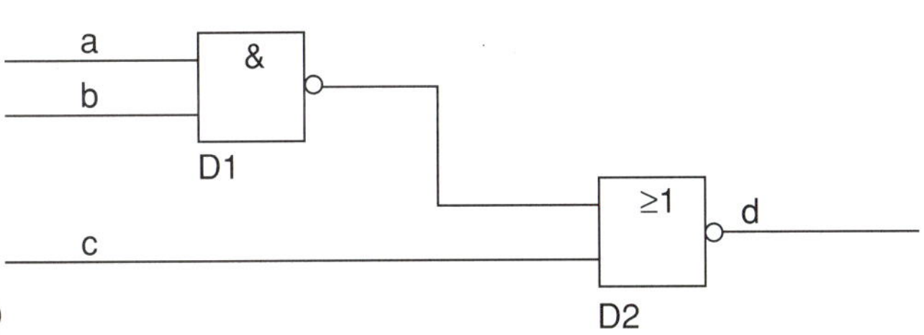

d)

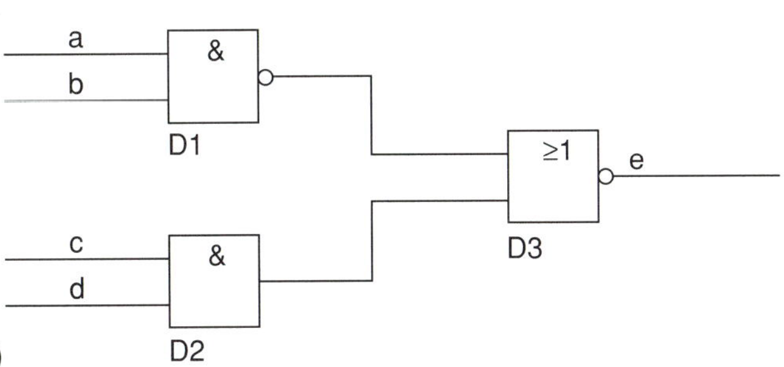

e)

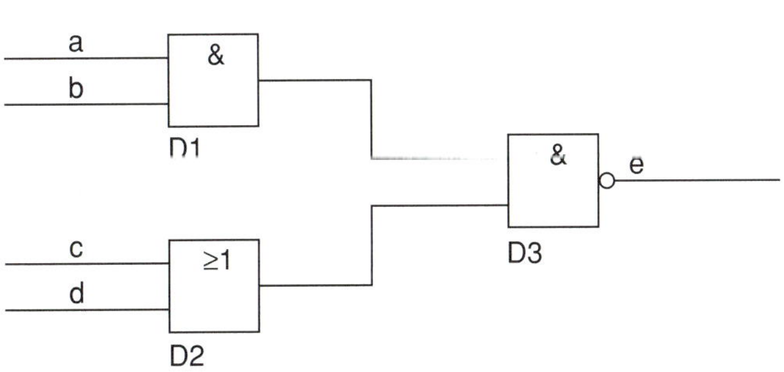

f)

16.9 Wertetabellen 4

Erstellen Sie für die zusammengeschalteten logischen Verknüpfungsglieder die jeweiligen Wertetabellen!

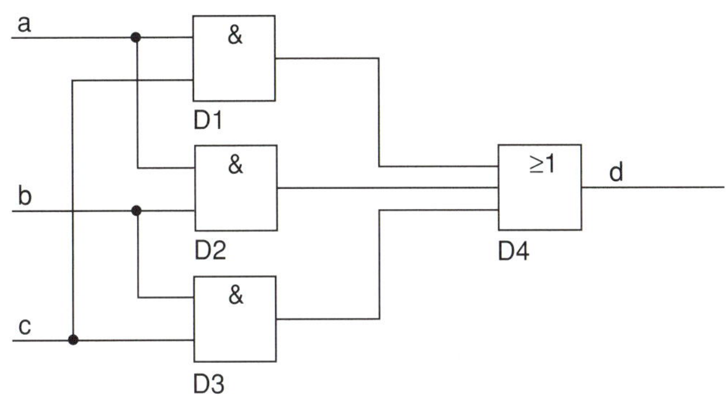

a)

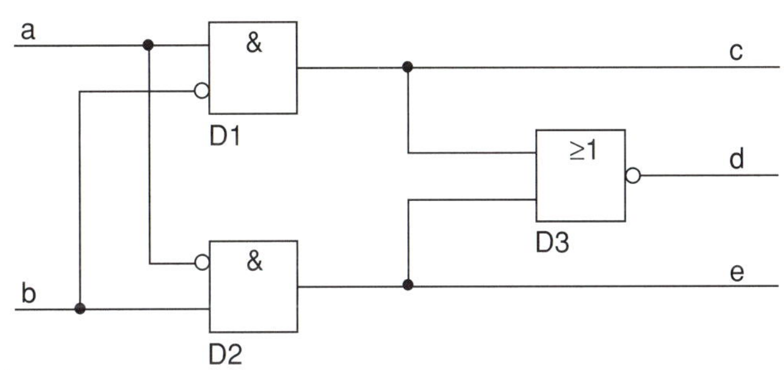

b)

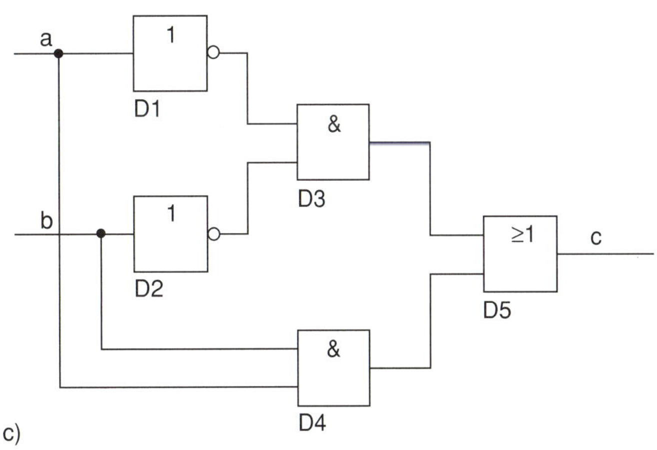

c)

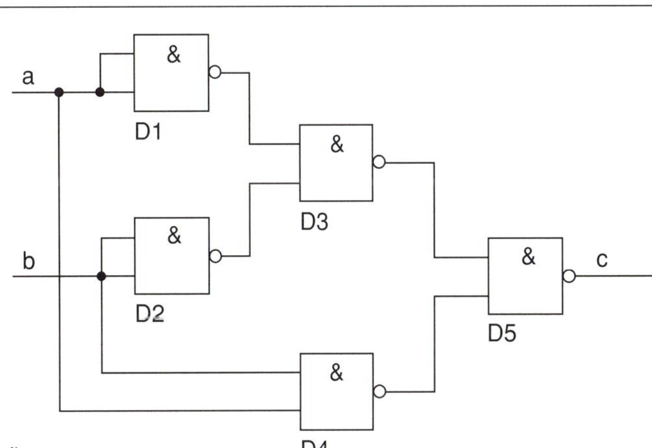

d)

16 Schaltungen mit logischen Bausteinen

Aufgaben

16.10 Schaltung 1

Zeichnen Sie gemäß der Wertetabelle die Verknüpfungsschaltung mit folgenden Bausteinen:

- zwei NICHT-Glieder,
- zwei UND-Glieder,
- ein ODER-Glied.

a, b: Eingangsvariable
c: Ausgangsvariable

a	b	c
1	1	0
1	0	1
0	1	1
0	0	0

16.11 Schaltung 2

Für eine Steuerung ist die folgende Wertetabelle gegeben. Zeichnen Sie die Schaltung
a) nur mit drei UND-Gliedern und
b) nur mit drei NAND-Gliedern!
a, b, c, d: Eingangsvariable
e: Ausgangsvariable

a	1	1	1	1	1	1	1	1	0	0	0	0	0	0	0	0
b	1	1	1	1	0	0	0	0	1	1	1	1	0	0	0	0
c	1	1	0	0	1	1	0	0	1	1	0	0	1	1	0	0
d	1	0	1	0	1	0	1	0	1	0	1	0	1	0	1	0
e	1	0	0	0	0	0	0	0	0	0	0	0	0	0	0	0

16.12 Sprechanlage

Für eine Sprechanlage soll eine logische Verknüpfungsschaltung nach folgenden Bedingungen erstellt werden:

- Ein Anruf aus dem Verkauf soll vorrangig in das Sekretariat gelangen.
- Die Werkstatt kann sich nur dann mit dem Sekretariat in Verbindung setzen, wenn vom Verkauf kein Gespräch geführt wird.
- Das Lager kann nur dann Verbindung mit dem Sekretariat aufnehmen, wenn Werkstatt oder Verkauf nicht sprechen.

Zeichnen Sie die logische Verknüpfungsschaltung!

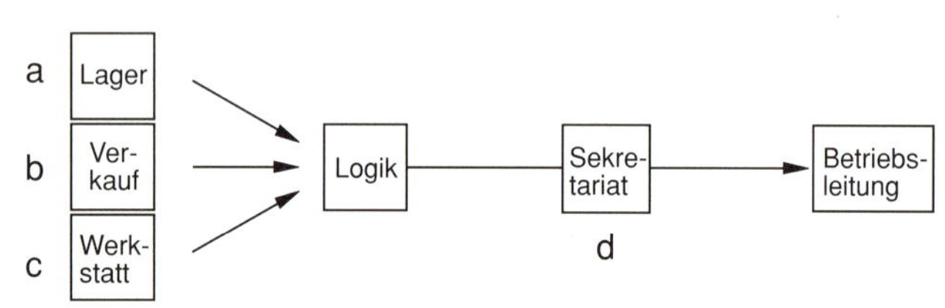

16.13 Kanalumschaltung

Die Abbildung zeigt einen Kanalumschalter mit logischen Bausteinen.

Zeichnen Sie für die folgenden Fälle die Wertetabellen:

a) An den Eingängen c und d liegt das Signal 1.
b) An den Eingängen c und d liegt das Signal 1 und Schalter S1 wird umgeschaltet.

Wertetabelle:

a	b	c	d	e	f	g
		1	1			

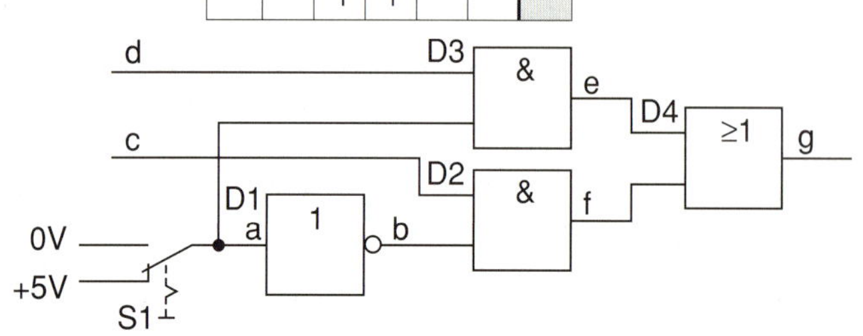

16.14 Signal-Zeit-Verläufe 2

Verschiedene Logikbausteine mit drei Eingängen und einem Ausgang besitzen die abgebildeten Signalverläufe.

Stellen Sie die Wertetabellen auf!

Zeichnen Sie das dazugehörige Schaltzeichen.

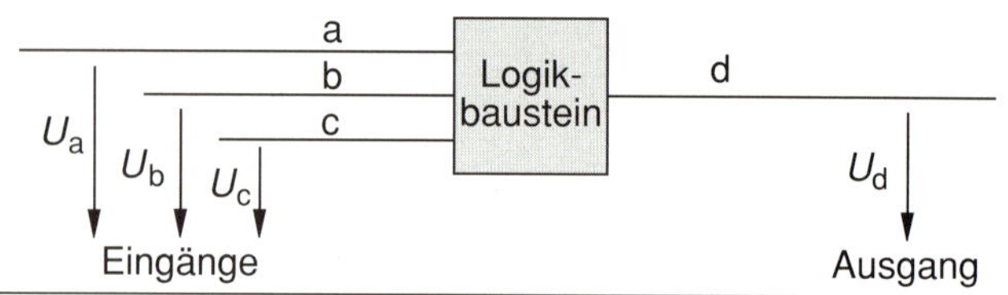

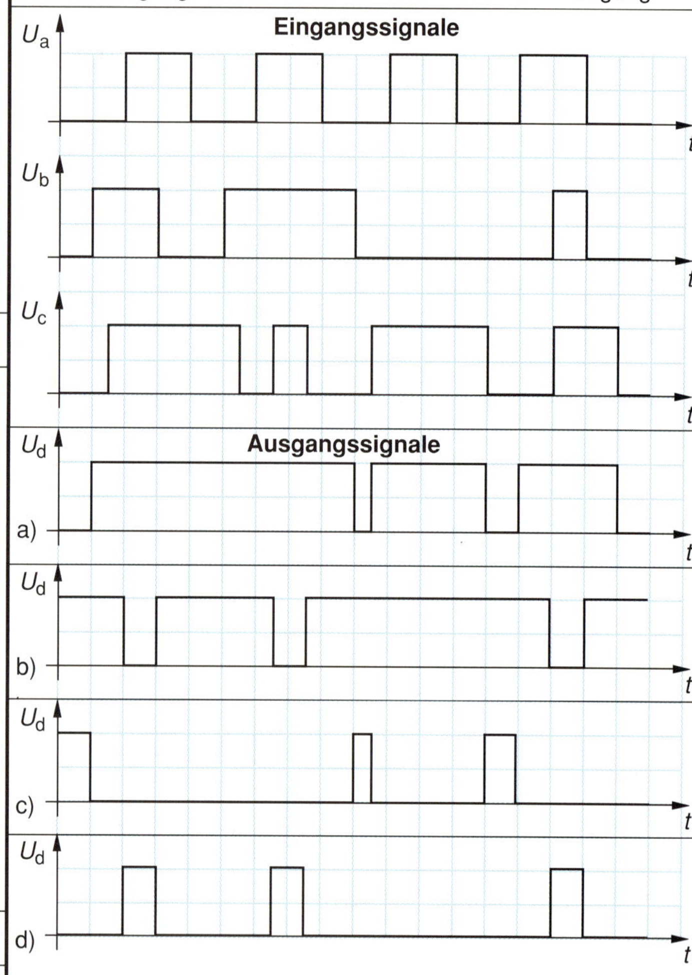

16.15 Unterscheidung

Die Schaltung dient z. B. dazu, bei einem Drucker Groß- und Kleinschreibung, Sonderzeichen usw. zu unterscheiden.

In der Schaltung können bei entsprechenden Signalen an den Eingängen a und b an den Ausgängen c bis f 1-Signale entstehen.

Erklären Sie die Arbeitsweise mit Hilfe einer Wertetabelle!

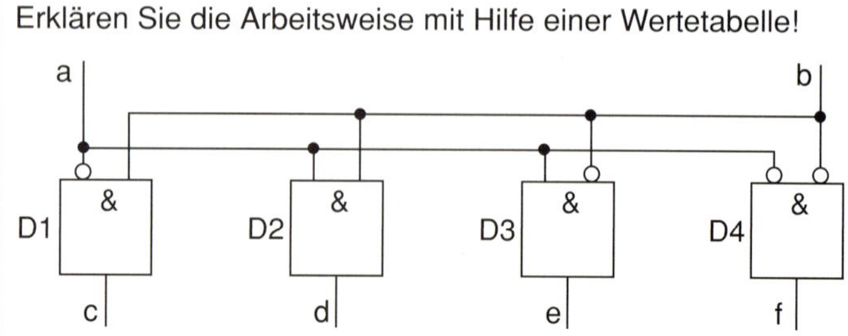

17 Einführung in Kennlinien

Über Eigenschaften und damit über typische Anwendungsbereiche elektronischer bzw. elektrischer Bauelemente lassen sich nur dann eindeutige Aussagen machen, wenn man weiß, wie die einzelnen Größen des Bauelementes voneinander abhängen.

Die graphischen Darstellungen solcher Abhängigkeiten bezeichnet man als **Kennlinien**. Sie werden von Herstellern veröffentlicht oder müssen durch Messungen ermittelt werden.

[E44] **Schritte zur Kennlinienaufnahme**
1. Meßschaltung entwerfen und aufbauen,
2. Meßwerte in Tabellenform aufnehmen,
3. Meßwerte graphisch darstellen (Kennlinie),
4. Kennlinie interpretieren

Wird ein schreibendes Meßgerät oder ein Oszilloskop verwendet, dann entfällt der 2. Schritt, da diese Geräte die Kennlinien unmittelbar darstellen können.

Die Abb. 1 und 2 zeigen die drei Schritte zur Ermittlung der Kennlinie eines Widerstandes.

- Netzteil mit veränderbarer Spannung
- Stromstärkenmeßgerät
- Spannungsmeßgerät
- Meßleitungen
- Meßobjekt

a) Benötigte Geräte

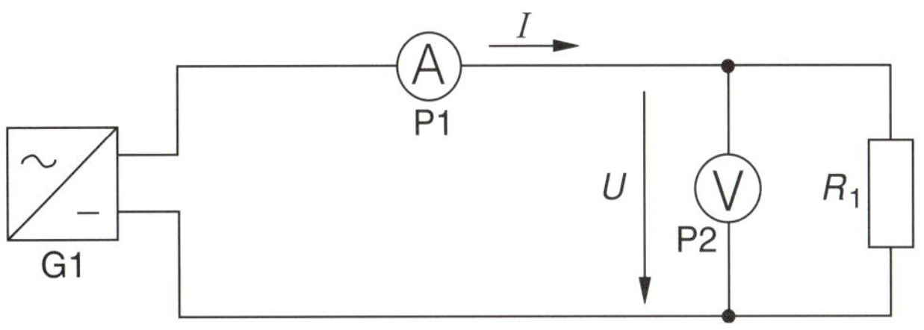

b) Stromfehlerschaltung

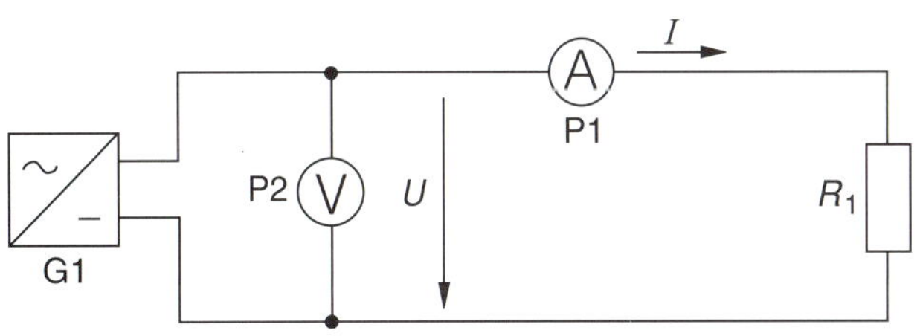

c) Spannungsfehlerschaltung

Abb. 1: Meßschaltungen

1. Meßschaltung

- Je nach Bauelement erfolgt zunächst die Auswahl der Spannungsquelle, Schalt- und Meßgeräte (Abb. 1a).
- Danach folgt die Auswahl der Schaltung, z. B. Strom- oder Spannungsfehlerschaltung (Abb. 1b und 1c).

In den meisten Fällen genügt es, die Abhängigkeit der Stromstärke von der Spannung zu ermitteln. Bei anderen Abhängigkeiten sind kompliziertere Meßaufbauten erforderlich, z. B. wenn man den Widerstand in Abhängigkeit von der Temperatur ermitteln will.

①	U in V	2	4	6	8	10
②	I in mA	8	18	24	30	40

Abb. 2: Meßwertetabelle

2. Meßwertetabelle (Abb. 2)

- Die erste Zeile enthält die eingestellte (unabhängig veränderliche) Größe, z. B. die Spannung U ①. Damit bei der tabellarischen Schreibweise auf die Einheit für jeden Meßwert verzichtet werden kann, gibt man an, in welcher Einheit die Größe gemessen wird. Es gibt die folgenden Schreibweisen: U in V oder $\frac{U}{V}$.
- In der zweiten Zeile stehen die Meßwerte der abhängig veränderlichen Größe, z. B. die Stromstärke I ②.
- Weitere Zeilen können Rechenergebnisse enthalten, z. B. den Widerstand. Sie stellen keine Meßwerte dar, sondern sind bereits Auswertungen.

[E45] In Meßwertetabellen werden die Ergebnisse von Messungen in übersichtlicher Form dargestellt. Sie verdeutlichen, welche Abhängigkeiten zwischen den Größen bestehen. In der Tabelle muß gekennzeichnet werden, in welcher Einheit die Größe gemessen wurde (z. B. U in V oder $\frac{U}{V}$).

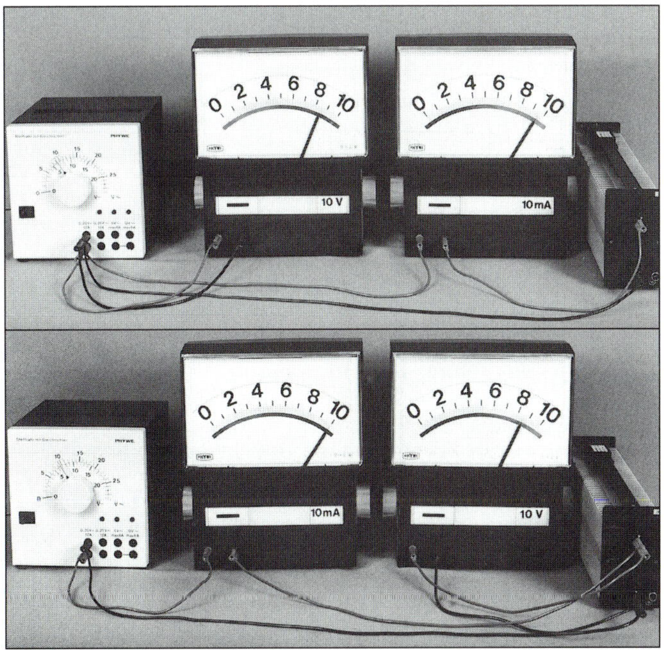

Abb. 3: Versuchsaufbau

3. Kennlinien

- Zur besseren Auswertung werden die Meßwerte graphisch dargestellt. Man zeichnet sie in ein **Koordinatensystem** ein (kartesisches[1] Koordinatensystem). Die waagerechte (horizontale) Achse wird als Abszisse[2] und die senkrechte (vertikale) Achse als Ordinate[3] bezeichnet. Man nennt diese Darstellungsart **Diagramm**. Die Achsen können linear (Abb. 1) oder logarithmisch geteilt sein (vgl. Kap. 19). Die Achsen werden direkt (Abb. 2a) oder seitlich mit einem Pfeil versehen (Abb. 2b).
- In der Physik und der Technik ist festgelegt worden, daß in **waagerechter** Richtung die **unabhängige** und in **senkrechter** Richtung die **abhängige** Größe aufgetragen wird. Im Beispiel der Abb. 1 ist also die Stromstärke I ① in Abhängigkeit von der Spannung U ② dargestellt worden.

  Wenn die Zahlenwerte der Größen positiv sind, kann auf das Pluszeichen verzichtet werden. Negative Zahlenwerte sind stets durch ein Minuszeichen kenntlich zu machen, auch dann, wenn an der Größe ein Minuszeichen steht.

  Damit die Zahlenwertangaben an den Achsen eindeutig sind, ist die Angabe der Einheit erforderlich. Verschiedene Kennzeichnungsmöglichkeiten sind in Abb. 3 zu sehen.
- Bevor die Meßwerte eingetragen werden können, muß der gesamte darzustellende Bereich abgeschätzt und daraus der **Zeichenmaßstab** festgelegt werden. Im Beispiel von Abb. 1 wurde folgender Maßstab festgelegt:

  1 V ≙ 1 cm; 10 mA ≙ 2 cm (1 cm ≙ 1 Kasten in der Abbildung).

  Der Maßstab soll immer so gewählt werden, daß eine übersichtliche Darstellungsweise möglich wird.

Für die Übertragung der Meßwerte von Abb. 2 (S. 63) sind deshalb folgende Handlungsschritte erforderlich:

- Da die Einstellwerte für die Spannung und die Meßwerte für die Stromstärke positiv gezählt werden sollen, werden die Werte nach rechts bzw. nach oben aufgetragen.
- Für eine übersichtliche Abbildung wurde folgendes festgelegt: 1 V ≙ 1 cm; 10 mA ≙ 2 cm (1 cm ≙ 1 Kasten).
- Die Wertepaare werden durch Kreuze eingetragen (Meßpunkt ③ 10 V und 40 mA in Abb. 1 ist besonders hervorgehoben worden).
- Die Kennlinie wird gezeichnet. Dabei wird deutlich, daß nicht alle Punkte auf einer Geraden liegen (z. B. die Meßpunkte bei 4 V und 8 V ④).

  Ursache hierfür sind unvermeidliche Fehler. Deshalb dürfen die Meßpunkte nicht einzeln mit einem Lineal verbunden werden, sondern es muß die Kennlinie gezeichnet werden, die der Mehrzahl der Meßpunkte „gerecht" wird.

[E46] Kennlinien in einem Diagramm verdeutlichen graphisch den Zusammenhang zwischen Größen.

Die Meßpunkte werden so verbunden, daß sich der wahrscheinlichste Kurvenverlauf ergibt.

[E47] Im Diagramm wird in waagerechter Richtung die unabhängige und in senkrechter Richtung die abhängige Größe aufgetragen. Die jeweiligen Größen müssen durch Formelzeichen und Einheiten angegeben werden.

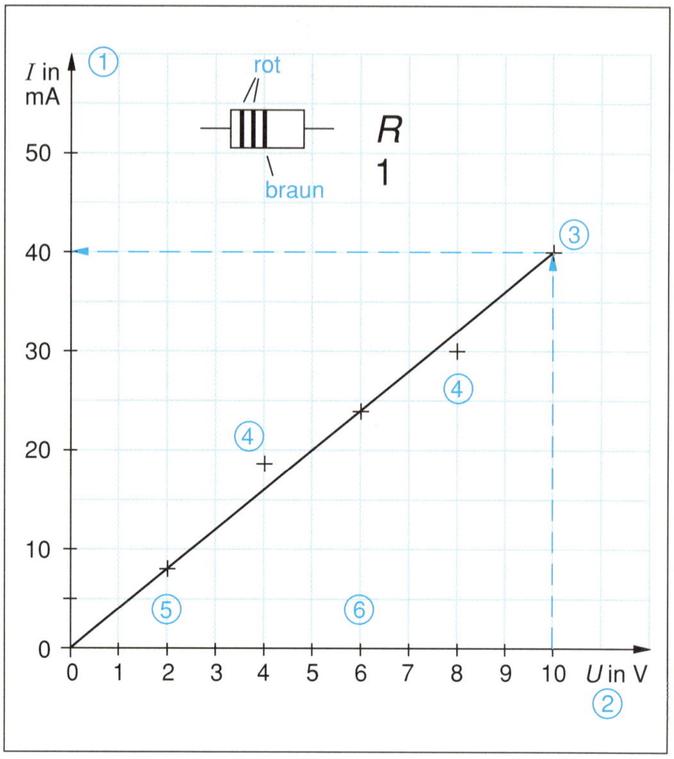

Abb. 1: Kennlinie

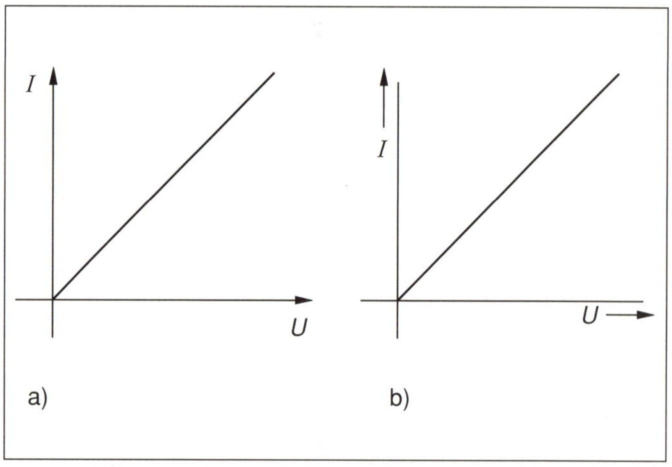

Abb. 2: Pfeile im Koordinatensystem

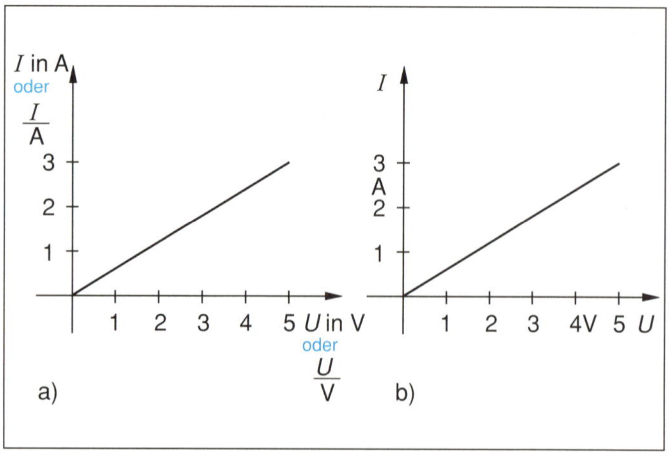

Abb. 3: Kennzeichnungsmöglichkeiten der Achsen mit Größen und Einheiten

---

[1] kartesisch nach dem frz. Philosophen Descartes
[2] Abszisse, lat.: die Abgeschnittene
[3] Ordinate, lat.: die Ordnende

4. Kennlinie interpretieren

- Die Kennlinie in Abb. 1 zeigt, daß bei steigender Spannung die Stromstärke zunimmt. Dieses läßt sich in Form einer **Wirkungskette** verkürzt darstellen: $U\uparrow \Rightarrow I\uparrow$

  Bei genauerer Betrachtung der Kennlinie erkennt man, daß die Stromstärke im gleichen Verhältnis zunimmt wie die Spannung.

  Z. B.: ⑤ $U_1 = 2$ V; $I_1 = 8$ mA;
  ⑥ $U_2 = 6$ V; $I_2 = 24$ mA

  Das Verhältnis von Spannung zu Stromstärke ist in jedem Punkt gleich groß. Man spricht hierbei von einem **proportionalen Zusammenhang**.
  Kurzform: $I \sim U$ (I proportional U).

  Z. B.: ⑤ $\frac{U_1}{I_1} = \frac{2\ \text{V}}{8\ \text{mA}} = 250\ \Omega;$

  ⑥ $\frac{U_2}{I_2} = \frac{6\ \text{V}}{24\ \text{mA}} = 250\ \Omega;$

  Kennlinien mit diesem Verhalten bezeichnet man als **lineare Kennlinien.**

- Der untersuchte Widerstand hatte die Farbringe rot, rot und braun (Nennwert 220 Ω). Da kein vierter Farbring vorhanden ist, besitzt er eine **Toleranz** von ± 20 %. Der tatsächliche Wert konnte deshalb zwischen den Werten 176 Ω und 264 Ω liegen. Der ermittelte Wert von 250 Ω liegt also noch innerhalb der Toleranz.

- Die durch die Toleranz vorgegebenen Grenzen können zusätzlich in das meßtechnisch ermittelte Diagramm eingezeichnet werden, indem man für die Extremfälle (176 Ω und 264 Ω) z. B. bei einer Spannung von 10 V die Stromstärke ermittelt (Abb. 4).

  ⑦ $I_1 = \frac{10\ \text{V}}{176\ \Omega};\ I_1 = 56{,}8$ mA;

  ⑧ $I_2 = \frac{10\ \text{V}}{264\ \Omega};\ I_2 = 37{,}9$ mA

  Diese Werte werden als Punkte in das Diagramm eingetragen (Abb. 4) und mit dem Nullpunkt durch eine gestrichelte Linie verbunden. Auf diese Weise erhält man einen Toleranzbereich ⑨, in dem die Widerstände mit dem Nennwert 220 Ω und 20 %iger Toleranz liegen können. Der meßtechnisch untersuchte Widerstand liegt im unteren Bereich des Toleranzfeldes.

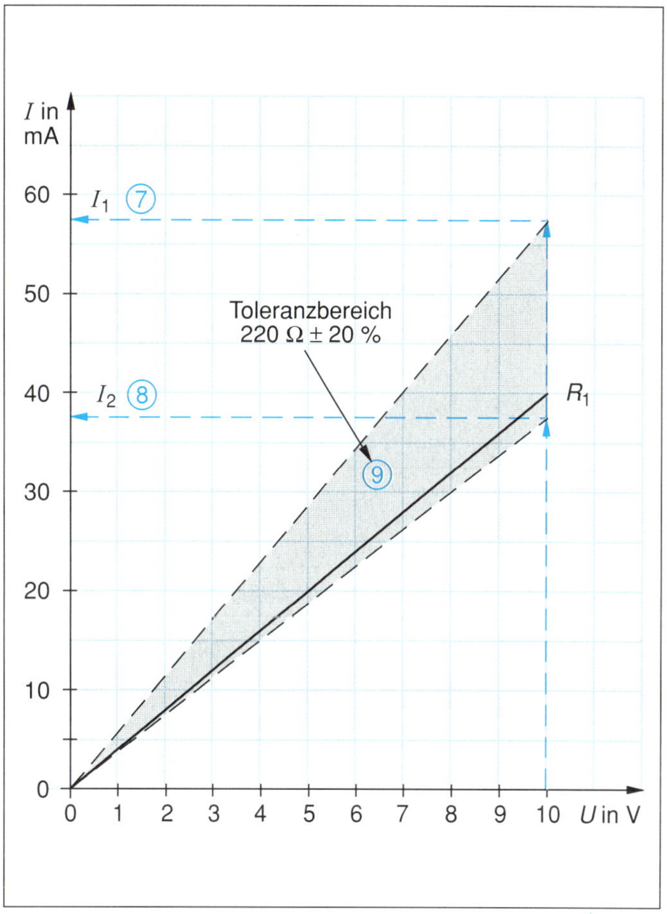

Abb. 4: Widerstandskennlinie mit Toleranzbereich

In einem Diagramm können mehrere Kennlinien eingetragen werden (Abb. 5). Die Beziehungen zwischen diesen als Kennlinien dargestellten Bauteile lassen sich dabei ablesen, ohne daß genaue Berechnungen durchgeführt werden. Z. B. ist in Abb. 5 erkennbar, daß der Widerstand R_1 einen kleineren Wert als R_2 hat. Er verursacht bei der gleichen Spannung ⑩ eine größere Stromstärke ⑪ (blaue Linie in Abb. 5). Diese Aussage läßt sich auch aus der Steilheit der Kennlinie entnehmen. Zu einer größeren Steilheit gehört der kleinere Widerstand.

[E48] Aus Kennlinien lassen sich Beziehungen zwischen Größen in Form von
- sprachlichen Aussagen (größer, kleiner, steiler,...),
- Wirkungsketten ($U\uparrow \Rightarrow I\uparrow$) oder
- mathematischen Aussagen ($I \sim U$) ermitteln.

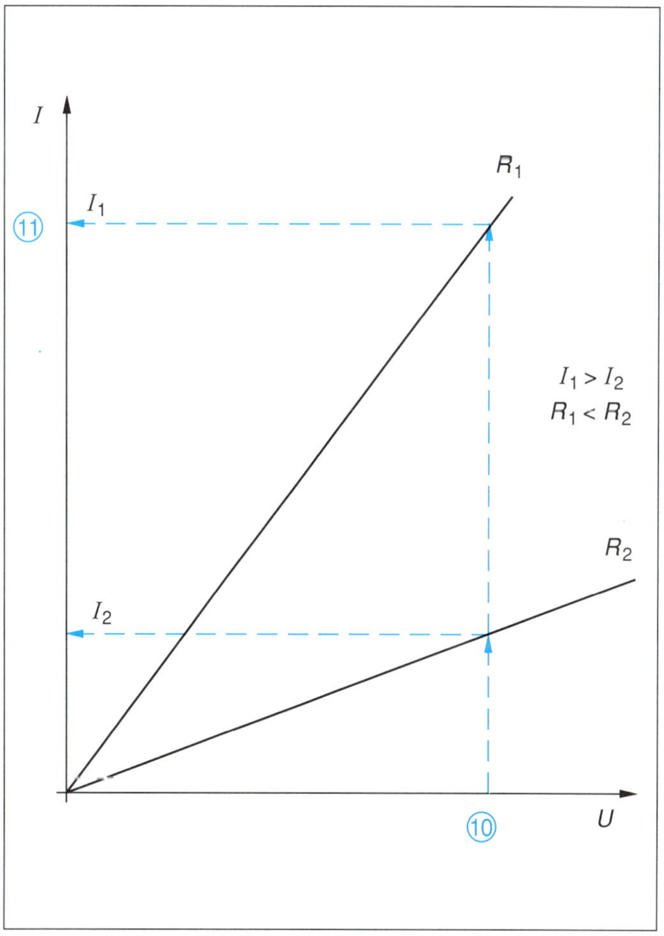

Abb. 5: Mehrere Kennlinien in einem Diagramm

17 Einführung in Kennlinien

Aufgaben

17.1 Widerstandskennlinie

Die Stromstärke in Abhängigkeit von der Spannung bei einem Widerstand wurde wie folgt ermittelt:

U in V	1	2	3	4	5	6	7	8	9	10
I in mA	11	21	33	40	52	64	71	84	95	105

a) Zeichnen Sie die Kennlinie für die Stromstärke in Abhängigkeit von der Spannung!

b) Ermitteln Sie den Widerstand aus der Kennlinie, indem Sie das Verhältnis $\frac{U}{I}$ bilden!

c) Welchen Nennwert besitzt der Widerstand, wenn eine Toleranz von ± 10 % zugrunde gelegt wird?

d) Zeichnen Sie in das Diagramm den Toleranzbereich des Widerstandes ein (Maximal- und Minimalwert)!

17.2 Kennlinie in zwei Quadranten

Die Abbildung zeigt die Kennlinie eines einzelnen Bauteils.

a) Geben Sie an, um welches Bauteil es sich dabei handelt?

b) Durch welche schaltungstechnische Maßnahmen erhält man die Kennlinie im III. Quadranten?

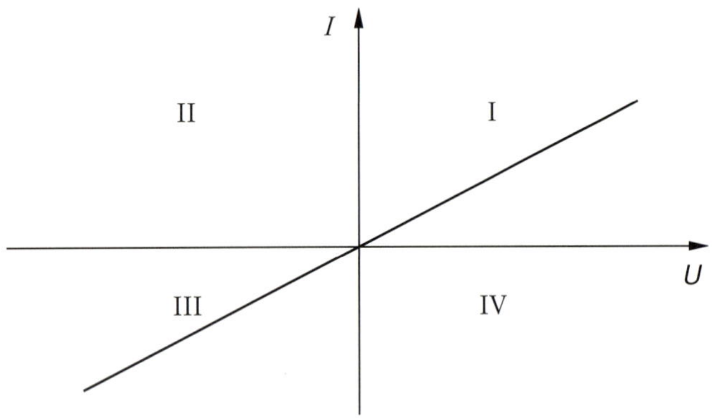

17.3 Kennlinie ohne „Nullpunkt"

Die Kennlinie zeigt die Abhängigkeit zwischen zwei Größen bei einem Bauteil.

a) Welche Beziehungen werden durch das Diagramm dargestellt?

b) Die Kennlinie geht nicht durch den Nullpunkt des Koordinatensystems. Erläutern Sie diese Darstellungsweise!

c) Die Ordinate ist unterbrochen. Was bedeutet dieses?

d) Wie verhält sich der Widerstand zwischen 0 °C und 55 °C?

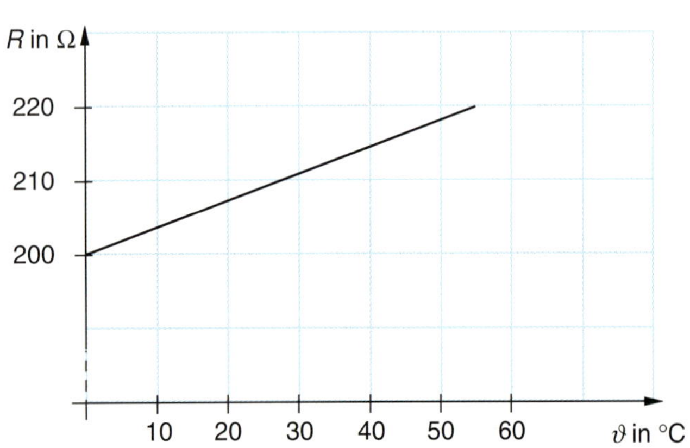

17.4 Unvollständiges Diagramm

An dem Diagramm sind die Achsen unvollständig beschriftet.

a) Geben Sie die fehlenden Zahlenwerte an der Abszisse und an der Ordinate an!

b) Wie groß ist der Widerstand?

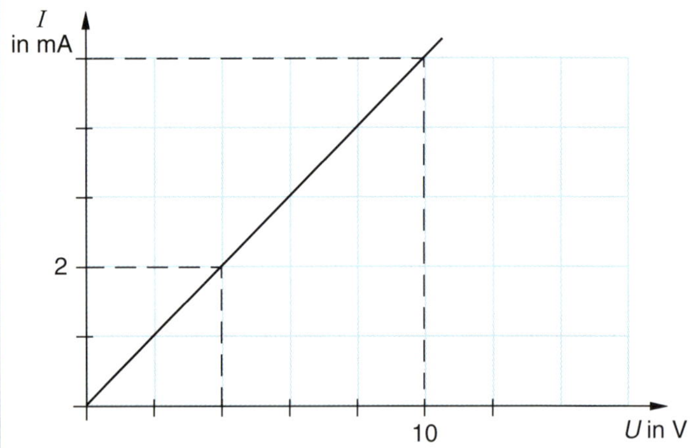

17.5 Kennlinienschar

In dem Diagramm befinden sich die Kennlinien von vier Widerständen.

a) Welcher Widerstand hat den größten und welcher den kleinsten Wert?

b) Die Achsen sind mit einer linearen Teilung versehen, allerdings ohne Angabe von Zahlenwerten.
Ermitteln Sie die Widerstände R_2, R_3 und R_4, wenn R_1 = 5 Ω groß ist!

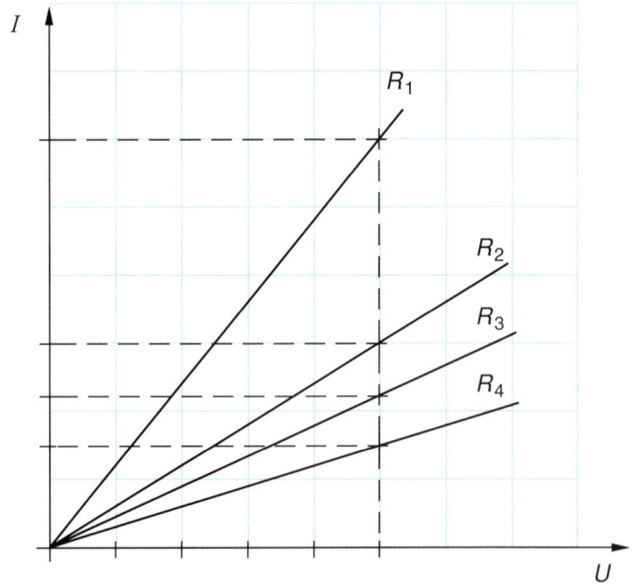

17.6 Widerstand und Temperatur

Zeichnen Sie die Kennlinie eines Widerstandes entsprechend der Formel $R_T = R_{20}\,(1 + \Delta T \cdot \alpha)$ für ΔT von 0...200 K bei einem R_{20} = 100 Ω und einem Temperaturbeiwert von $\alpha = 0{,}004 \cdot \frac{1}{K}$!

Auftrag 1

Zwei Widerstände mit R_1 = 100 Ω und R_2 = 150 Ω (Abb. 1a) werden als Spannungsteiler in Reihe geschaltet. Es soll die Spannungsaufteilung (U_1 und U_2) und die Stromstärke ermittelt werden, wenn der Spannungsteiler von einem stabilisierten 60 V-Netzgerät gespeist wird.

Lösung

Für die Lösung des Auftags bieten sich drei Möglichkeiten an:

- mathematische Lösung,
- meßtechnische Lösung,
- zeichnerische Lösung.

Die mathematische Lösung läßt sich nur bei linearen Widerständen anwenden. Befinden sich in Reihenschaltungen nichtlineare Widerstände (vgl. Kap. 18, 19), kann nur noch die **zeichnerische Lösung** angewendet werden. Deshalb soll dieses Verfahren ausführlich erläutert werden.

Ausgegangen wird von der Kennlinie für R_1 in Abb. 1b. Die Kennlinie läßt sich zeichnen, indem man für eine beliebig angenommene Spannung die Stromstärke berechnet. In diesem Fall wurde für $U_1 = U_B = 60$ V ① angenommen. Es ergibt sich eine Stromstärke von 0,6 A ②. Der so ermittelte Schnittpunkt wird mit dem Nullpunkt des Koordinatensystems verbunden.

Die Kennlinie des Widerstandes R_2 befindet sich in Abb. 1c, allerdings im II. Quadranten. Die Spannung wird also nicht wie bei R_1 positiv, sondern negativ gezählt. Begründen läßt sich diese Darstellungsweise mit Hilfe der in Abb. 1b und 1c befindlichen Spannungsmeßgeräte, die die Richtung der Spannungen verdeutlichen sollen. Betrachtet man die Spannung U_1 und U_2 von der Verbindungsstelle der Widerstände aus, dann ist U_1 positiv ③ (in Richtung Pluspol der Spannungsquelle) und U_2 negativ ④ (in Richtung Minuspol der Spannungsquelle).

Für die Lösung des Auftrags müssen die beiden Diagramme zusammengefaßt werden. Dazu wird die Kennlinie für R_2 nach rechts in den ersten Quadranten bis zur Gesamtspannung von 60 V „verschoben". Es ergibt sich jetzt ein Schnittpunkt ⑤ beider Kennlinien, der auf der U-Achse die einzelnen Spannungen U_1 und U_2 ⑥ sowie auf der I-Achse die Stromstärke I_{12} durch beide Widerstände festlegt.

Aus dem letzten Diagramm lassen sich somit die folgenden Werte ablesen:

U_1 = 24 V; U_2 = 36 V; I_{12} = 0,24 A

Wenn man weitere Aufgaben dieser Art lösen will, sind nicht alle hier beschriebenen Schritte erforderlich. Es genügt, wenn ein Diagramm entsprechend der Abb. 1d gezeichnet wird. Dabei muß wie folgt vorgegangen werden:

[E49] **Zeichnerische Lösung einer Reihenschaltung**

1. Achsenkreuz mit dem zu erwartenden Spannungs- und Stromstärkenbereich zeichnen und Maßstab wählen.
2. Stromstärke durch R_1 für eine beliebige Spannung berechnen und diesen Koordinatenpunkt mit dem Nullpunkt verbinden (Kennlinie für R_1).
3. Stromstärke durch R_2 für eine beliebige Spannung berechnen und diesen Koordinatenpunkt mit dem Wert für die Gesamtspannung auf der U-Achse verbinden (Kennlinie für R_2).
4. An der I-Achse die Stromstärke der Reihenschaltung ablesen (Schnittpunkt).
5. An der U-Achse die Teilspannungen U_1 und U_2 ablesen (Schnittpunkt).

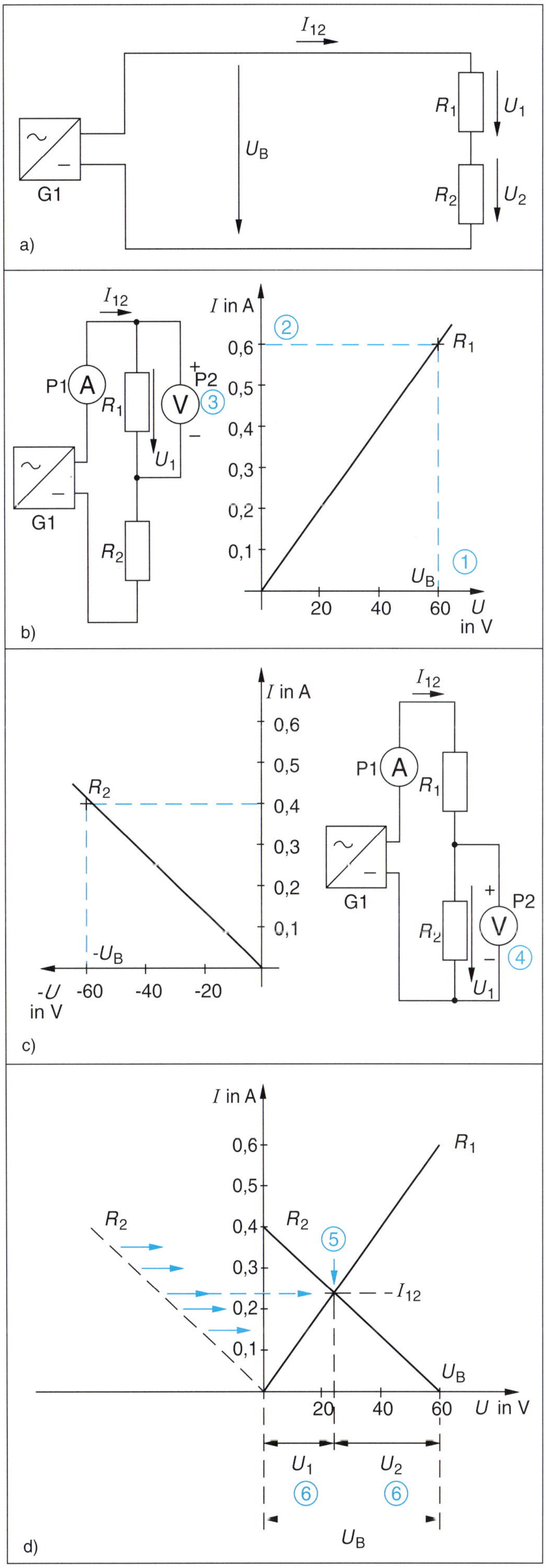

Abb. 1: Reihenschaltung von Widerständen

Auftrag 2

Der in Abb. 1a auf S. 67 dargestellte Spannungsteiler ist für eine maximale Umgebungstemperatur von 40 °C dimensioniert worden.

Es soll überprüft werden, ob er auch bis 80 °C eingesetzt werden kann. Für ihn gilt die Belastungskennlinie in Abb. 1.

Lösung

Aus der Kennlinie in Abb. 1 kann man entnehmen, daß von 0 °C bis 40 °C Außentemperatur die Belastbarkeit 10 W betragen darf ①. Bei 80 °C dagegen darf im Widerstand nur eine Leistung von 4 W ② in Wärme umgesetzt werden, da durch die erhöhte Umgebungstemperatur weniger Wärme an die Umgebung abgegeben werden kann.

Zur Klärung der Frage bieten sich wieder eine mathematische und eine zeichnerische Lösung an. Da die zeichnerische Lösung besonders für die Reihenschaltung mit nichtlinearen Widerständen von Bedeutung ist, soll dieses Lösungsverfahren hier verwendet werden.

Bevor die Frage der Einsetzbarkeit des Spannungsteilers bei 80 °C eingegangen wird, soll zur Verdeutlichung der Zusammenhänge in das Diagramm für die Reihenschaltung die Kennlinie für die Leistung P_1 = 10 W eingezeichnet werden. Dazu wird mit Hilfe der Leistungsformel $P = U \cdot I$ für einzelne Spannungen die Stromstärke errechnet und in eine Tabelle eingetragen.

P_1 = 10 W						
U in V	10	20	30	40	50	60
in A	1	0,5	0,33	0,25	0,20	0,17

Trägt man jetzt diese Wertpaare in das Diagramm für die Wiederstandskennlinien ein, dann ergibt sich ein gekrümmter Kurvenverlauf (Abb. 2). Die Kurve kommt von hohen Stromwerten und geht in Richtung hoher Spannungen. Man nennt diesen Verlauf Hyperbel (**Leistungshyperbel**) ③.

Will man jetzt eine Aussage hinsichtlich der Leistung in der Reihenschaltung treffen, muß man den Schnittpunkt ④ (Fachwort: **Arbeitspunkt**) aus den beiden Widerstandsgeraden betrachten. In diesem Fall liegt er unterhalb der Leistungshyperbel. Das Produkt aus Stromstärke und Spannung U_1 ist kleiner als 10 W. Der Widerstand R_1 wird nicht überlastet.

Bei der Umgebungstemperatur von 80 °C darf laut Belastungskennlinie (Abb. 1) die Leistung nur 4 W betragen. Es ergibt sich somit die folgende Tabelle:

P_2 = 4 W							
U in V	5	10	20	30	40	50	60
in A	0,8	0,40	0,20	0,13	0,10	0,80	0,067

Trägt man diese Werte in das Diagramm von Abb. 2 ein, dann ergibt sich eine zweite Leistungshyperbel ⑤ für P_2 = 4 W. Der Schnittpunkt der Widerstandsgeraden A liegt diesmal oberhalb der Leistungshyperbel. Es findet eine Überlastung des Widerstandes R_1 statt. Die folgende Berechnung belegt dies:

$P = U_1 \cdot I_{12}$; $P = 24\ \text{V} \cdot 0{,}24\ \text{A}$; $P = 5{,}76\ \text{W}$

[E50] Die Leistungshyperbel markiert den Grenzbereich für die Belastbarkeit eines Bauteils.

Liegt der Schnittpunkt der Widerstandskennlinien (Arbeitspunkt) oberhalb der Leistungshyperbel, findet eine Überlastung des Widerstandes statt, dessen Kennlinie vom Nullpunkt ausgeht.

Liegt der Arbeitspunkt unterhalb, findet keine Überlastung statt.

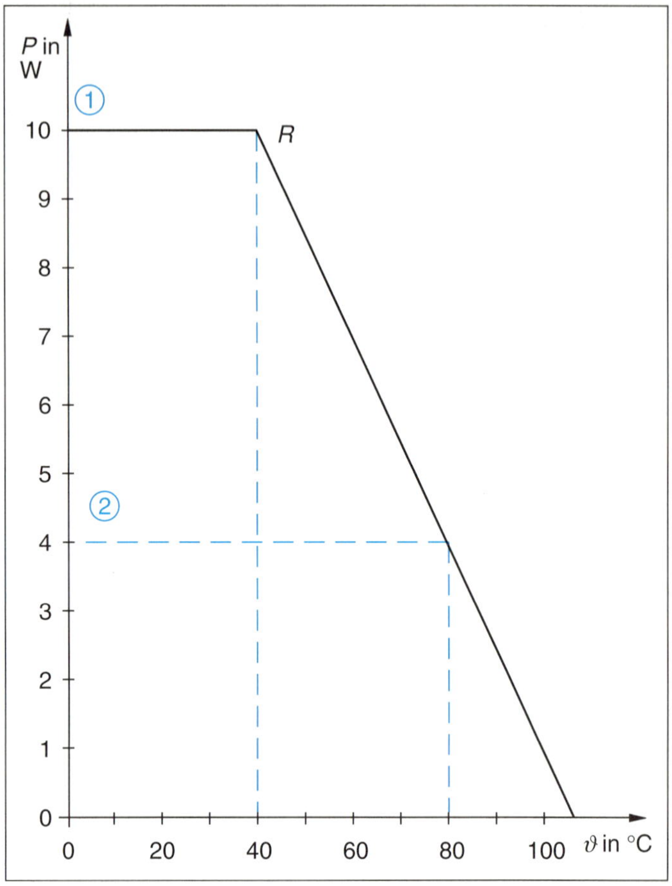

Abb. 1: Belastbarkeit in Abhängigkeit von der Umgebungstemperatur bei einem Widerstand

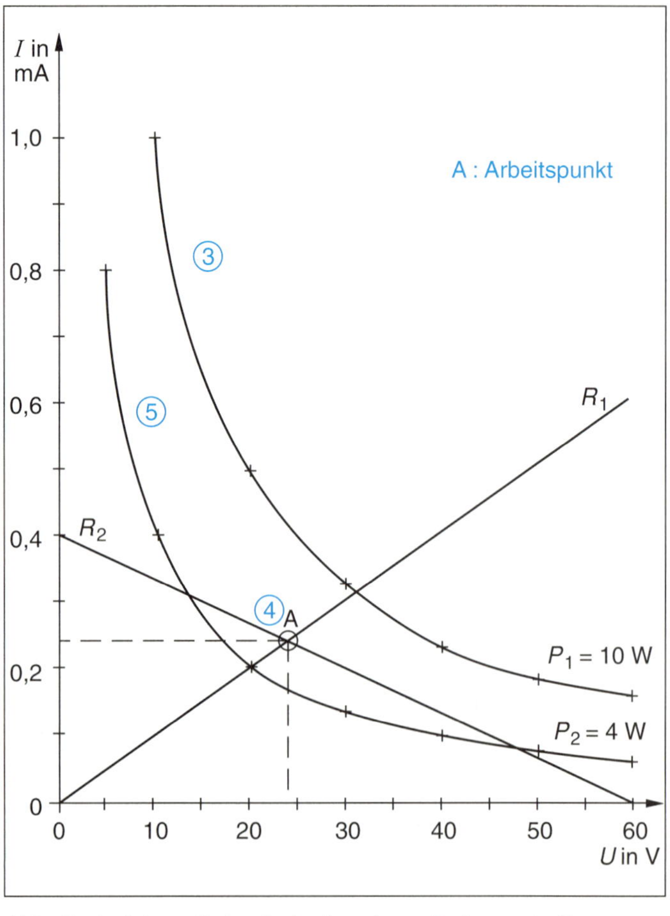

Abb. 2: Leistungshyperbeln in einer Reihenschaltung von linearen Widerständen

Aufgaben

18.1 Stufig einstellbarer Widerstand

Ein Spannungsteiler besteht aus Widerständen R_1 = 220 Ω und R_2 = 100 Ω. Der Widerstand R_2 kann in Stufen von 20 Ω von 0 Ω bis 100 Ω verändert werden. Die Gesamtspannung beträgt 50 V.

Ermitteln Sie die Spannungen am Widerstand R_2 für jede Widerstandseinstellung!

a) Zeichnerische Lösung (Maßstab: 0,1 A; ≙ 5 cm; 10 V ≙ 2 cm)!

b) Mathematische Lösung!

c) Wie groß muß R_2 gewählt werden, damit die Spannung U_2 = 30 V groß wird?
Hinweis: Kennlinie für R_2 in das Diagramm von Teil a) einzeichnen und aus den Diagrammwerten den Widerstand ermitteln!

18.2 Widerstände mit Toleranzen

Ein Spannungsteiler aus den Widerständen R_1 = 470 Ω und R_2 = 330 Ω wird an 60 V betrieben. Die Widerstände besitzen eine Toleranz von ± 20 %.

a) Ermitteln Sie graphisch den Toleranzbereich der Ausgangsspannung (U_{2max} und U_{2min})!
Maßstab: 10 V ≙ 2 cm; 20 mA ≙ 2 cm

b) Überprüfen Sie die graphisch ermittelten Werte rechnerisch!

18.3 Toleranzbedingung für Ausgangsspannung

Durch die Toleranz von ± 20 % der Widerstände aus Aufgabe 18.2 ergibt sich ein zu großer Toleranzbereich für die Ausgangsspannung U_2.

a) Ermitteln Sie den Toleranzbereich der Ausgangsspannung (U_{2max} und U_{2min}), wenn Widerstände mit ± 10 %iger Toleranz verwendet werden (R_1 = 470 Ω, R_2 = 330 Ω)!

b) Überprüfen Sie die graphisch ermittelten Werte rechnerisch!

c) Um wieviel % kann durch die Verwendung von Widerständen mit 10 %iger Toleranz die Ausgangsspannung U_2 vom Nennwert 24 V abweichen?

d) Die Ausgangsspannung soll lediglich um ± 10 % vom Nennwert abweichen.
Welche Toleranzen würden Sie für die Widerstände R_1 und R_2 wählen?
Beweisen Sie ihre Wahl auf graphischem und rechnerischem Wege!

18.4 Spannungsteiler mit zwei Widerständen

Ein Spannungsteiler mit den Widerständen R_1 = 220 Ω und R_2 = 560 Ω wird mit einer Gesamtspannung von 24 V betrieben. Die Belastbarkeit des Widerstandes R_1 darf 0,5 W nicht überschreiten.

a) Zeichnen Sie die Widerstandskennlinien in ein Diagramm und ermitteln Sie die Stromstärke sowie die Spannungen U_1 und U_2!
(Maßstab: 2 V ≙ 1 cm; 5 mA ≙ 1 cm)

b) Zeichnen Sie in das Diagramm die Leistungshyperbel für P = 0,5 W ein!
Wird R_1 überlastet?

c) Wie groß darf die Belastbarkeit für R_1 gewählt werden?

18.5 Parallele Widerstandskennlinien

Die graphische Lösung einer Reihenschaltung von zwei Widerständen ist im Diagramm zu sehen.

a) Zeichnen Sie den dazugehörigen Stromlaufplan und tragen Sie darin die aus dem Diagramm ermittelbaren Werte ein!

b) Welche Bedeutung haben die parallel und gestrichelt gezeichneten Linien zu R_2?

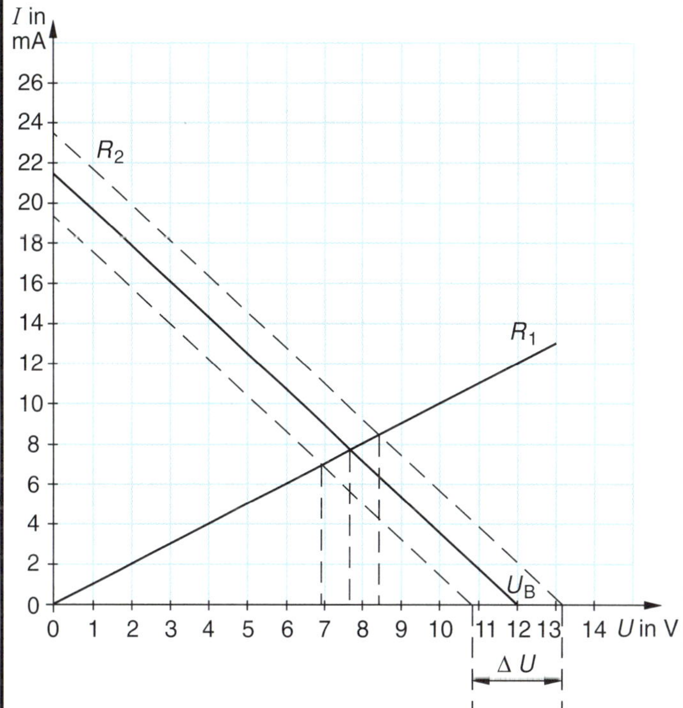

18.6 Spannungsteiler mit drei Widerständen

Der Spannungsteiler mit drei Widerständen ist ursprünglich für eine maximale Umgebungstemperatur von + 60 °C dimensioniert worden. Die Belastbarkeit von R_1 in Abhängigkeit von der Umgebungstemperatur kann dem Diagramm entnommen werden.

Der Spannungsteiler soll jetzt bis zu einer Umgebungstemperatur von + 100 °C eingesetzt werden. Überprüfen Sie zeichnerisch, ob dieses möglich ist.

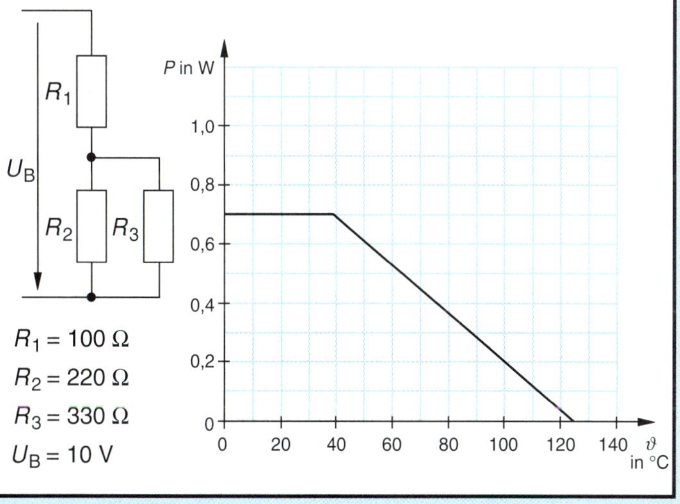

R_1 = 100 Ω
R_2 = 220 Ω
R_3 = 330 Ω
U_B = 10 V

19 Schaltungen mit Varistoren

In Abb. 1 sind Bauformen von spannungsabhängigen Widerständen (**Varistoren, VDR**) und das Schaltzeichen zu sehen. Das Symbol verdeutlicht bereits das Verhalten des Bauteils im Stromkreis.

/: Veränderbarkeit   ⌐/: nichtlineare Veränderbarkeit

$U\uparrow\downarrow$: Die Widerstandsänderung ist **gegensinnig** der Spannungsänderung.

[E51] Ein spannungsabhängiger Widerstand (Varistor, VDR) ist ein Bauteil, dessen Widerstand sich bei linearer Spannungsänderung nichtlinear und gegensinnig verändert.

In Abb. 2 ist die I-U-Kennlinie eines Varistors dargestellt. Aus den Achseneinteilungen erkennt man, daß sie im Gegensatz zu den bisher behandelten Diagrammen nichtlinear sind. Man nennt diese Einteilung **logarithmisch**.

[E52] Bei logarithmischen Achsenteilungen sind die Abstände zwischen zwei Zehnerpotenzen gleich ①, ②. Im Diagramm gibt es keinen Nullpunkt ③.

Der Vorteil solcher Diagramme liegt darin, daß große Bereiche dargestellt werden können. Der Spannungsbereich in Abb. 2 geht z. B. von 10 V bis 1000 V und der Stromstärkenbereich von 1 mA bis 10 A.

[E53] Durch logarithmische Achseneinteilungen wird eine Kennlinie mit einem großen Wertebereich auf einem relativ begrenzten Platz gut abbildbar.

Auftrag 1

Eine Strecke von 10 cm soll logarithmisch geteilt werden. Wie ist dabei zu verfahren?

Lösung

Als Erklärungshilfe dient Abb. 3a. Die Strecke von 10 cm wird als Zeicheneinheit ZE bezeichnet ④.

Die logarithmische Einteilung erhält man jetzt, indem man mit dem Taschenrechner den **Logarithmus** der Ziffern zwischen 1 und 10 ermittelt (Ziffer eingeben, Logarithmus-Taste drücken) und den angezeigten Wert auf der Achse abträgt.

Beispiel:

Eingabe	Anzeige
2	2
log	.301

Die Ziffer 2 entspricht dabei dem Wert 0,301 (oder 30,1 %) ⑤ von der Zeicheneinheit ZE = 10 cm usw. (Abb. 3b).

Auftrag 2

Das Verhalten des spannungsabhängigen Widerstandes, dessen Kennlinie in Abb. 2 abgebildet ist, soll interpretiert werden. Dazu sollen Werte abgelesen und dann in ein Diagramm mit linearer Achseneinteilung eingezeichnet werden.

Lösung

Unproblematisch ist das Ablesen, wenn die Kennlinie durch horizontale und vertikale Linie geht (Abb. 3c).

Beispiel: 5. Linie auf der U-Achse: $5 \cdot 10^1$ V = 50 V ⑥
5. Linie auf der I-Achse: $5 \cdot 10^{-3}$ A = 50 mA ⑦

Schwierig wird das Ablesen von Werten, die zwischen den Linien liegen, da die Abstände dazwischen ebenfalls logarithmisch geteilt sind. Der Wert kann geschätzt oder wie folgt ermittelt werden.

Da in dem Diagramm von Abb. 2 die Zeicheneinheit ZE' ⑧ nicht 10 cm, sondern nur 3 cm beträgt, ist zum genauen Ablesen eine Umrechnung erforderlich. Als Beispiel soll bei 30 V ⑨ die Stromstärke abgelesen werden (Abb. 3c).

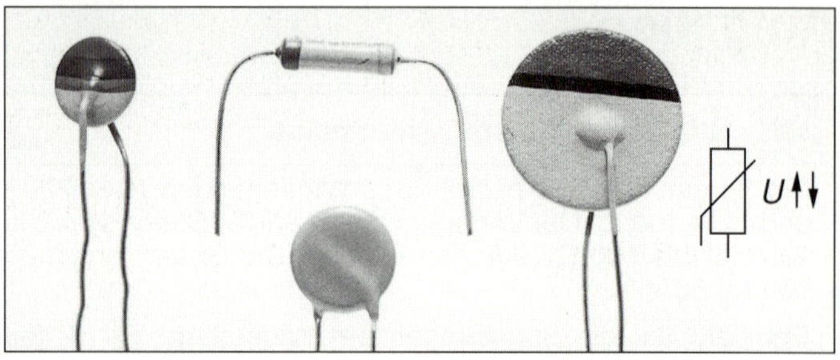

Abb. 1: Spannungsabhängige Widerstände

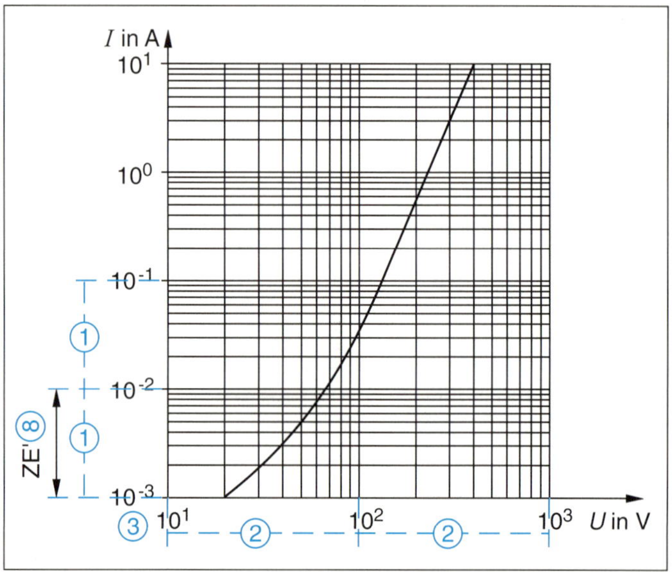

Abb. 2: Strom-Spannungskennlinie eines Varistors

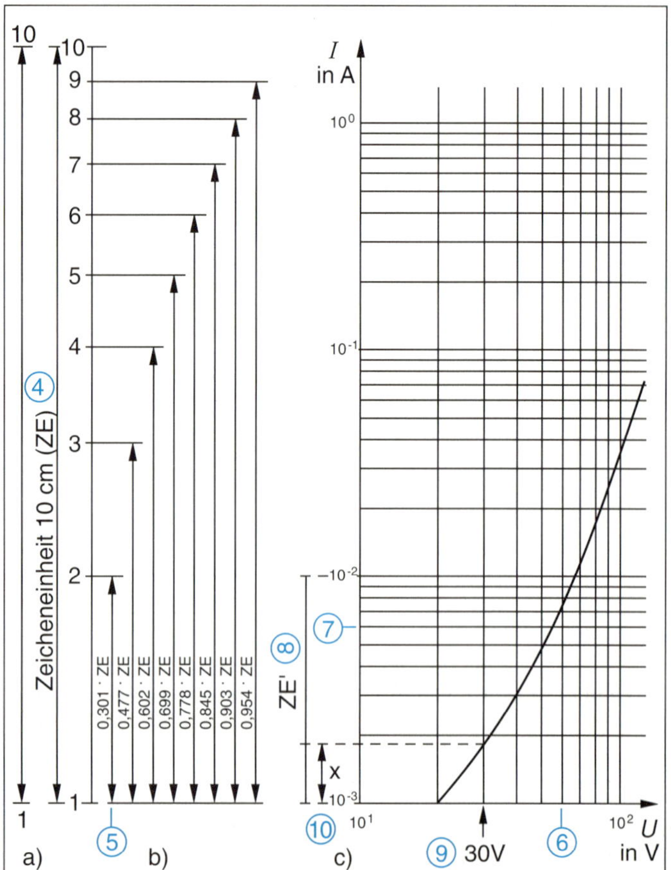

Abb. 3: Logarithmische Achseneinteilung und Ableseverfahren

Mit einem linear geteilten Maßstab (Lineal) wird zunächst für den abzulesenden Wert eine Strecke von x = 7,5 mm abgelesen ⑩. Dieser Wert muß jetzt auf die Zeicheneinheit von 3 cm (30 mm) nach folgender Rechenvorschrift bezogen werden:

Erklärung	Eingabe	Ausgabe
abgelesene Strecke in mm	7,5	7.5
dividiert durch	÷	7.5
Zeicheneinheit in mm	30	30
Anteil der abgelesenen Strecke von der Zeicheneinheit	=	0.25

Das Endergebnis verdeutlicht, daß die abgelesene Strecke von 7,5 mm 25 % (0,25) von der Zeicheneinheit 3 cm entspricht. Die genaue Stromstärke I_1 erhält man jetzt, indem man ein Verfahren anwendet, mit dem man das Logarithmieren umkehrt. Je nach Taschenrechner müssen verschiedene Eingaben vorgenommen werden. Beispiele:

Eingabe	Anzeige
0,25	0.25
INV	0.25
log	1.778

Eingabe	Anzeige
10	10
y^x	10
0,25	0.25
=	1.778

Das Endergebnis muß noch mit der Einheit vervollständigt werden: $I_1 = 1{,}778 \cdot 10^{-3}$ A

Zusammenfassend ergeben sich die folgenden Schritte beim Ablesen von beliebigen Werten einer logarithmischen Achseneinteilung:

[E54]
1. Zeicheneinheit ermitteln (Abstand zwischen zwei Zehnerpotenzen in mm oder cm).
2. Anteil des abgelesenen Wertes von der Zeicheneinheit ermitteln (in mm oder cm).
3. Ablesewert durch Umkehrung des Logarithmierens ermitteln.

Mit dieser Rechenvorschrift ergeben sich zu den gewählten Spannungen die folgenden Stromstärken:

U in V	30	40	50	60	70	80	90	100	200	300	400
I in mA	1,78	3,4	5,0	7,1	10,8	15,8	23,3	36,9	562	3414	10000

Trägt man jetzt die Tabellenwerte in ein Diagramm mit linear (arithmetisch) geteilten Achsen ein, ergibt sich der gekrümmte Kurvenverlauf von Abb. 4. Die Nichtlinearität der Kennlinie wird deutlicher.

Allerdings erkennt man auch, daß nur zwischen 100 V und 300 V die dazugehörigen Stromstärken sinnvoll eingetragen bzw. abgelesen werden können. Für den Bereich bis 100 V ist ein zweites Diagramm mit verändertem Maßstab (Abb. 5 „Lupe") sinnvoll, wenn diese Werte übersichtlich dargestellt werden sollen.

Abschließend soll der Widerstand in Abhängigkeit von der Spannung in einem Diagramm mit logarithmischer Achseneinteilung dargestellt werden. Die Berechnung ergibt folgende Tabelle:

U in V	30	40	50	60	70	80	90	100	200	300	400
R in kΩ	16,9	11,8	10	8,5	6,5	5,1	3,9	2,7	0,356	0,088	0,04

Aus der Tabelle erkennt man, daß in dem Diagramm die Widerstandswerte von 40 Ω bis ca. 17 kΩ abgebildet werden müssen. Die logarithmische Achseneinteilung muß sich also über vier Zehnerpotenzen erstrecken.

Trägt man die ermittelten Werte in ein Diagramm ein, ergibt sich der Verlauf von Abb. 6. Aus ihr erkennt man deutlich die Spannungsabhängigkeit des Bauteils.

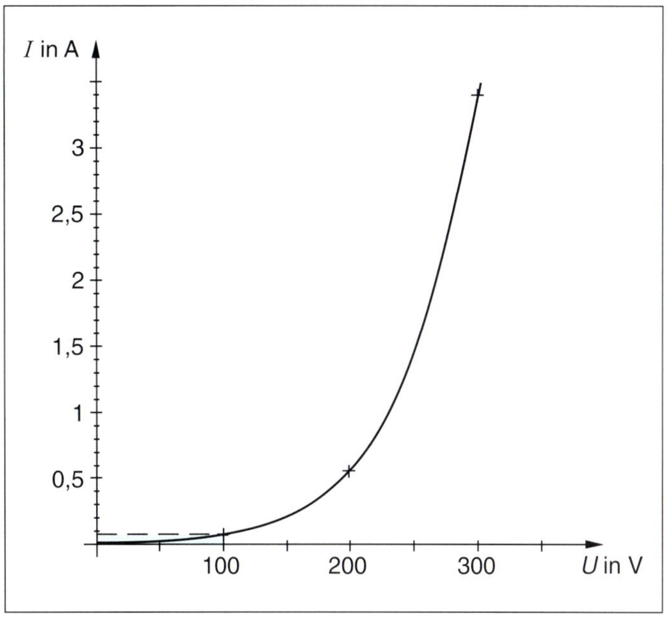

Abb. 4: Varistorkennlinie mit linearer Achseneinteilung

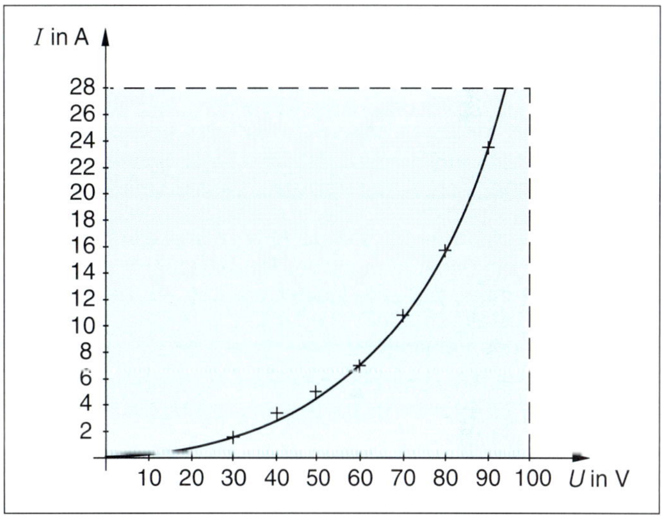

Abb. 5: Varistorkennline mit linearer Achseneinteilung

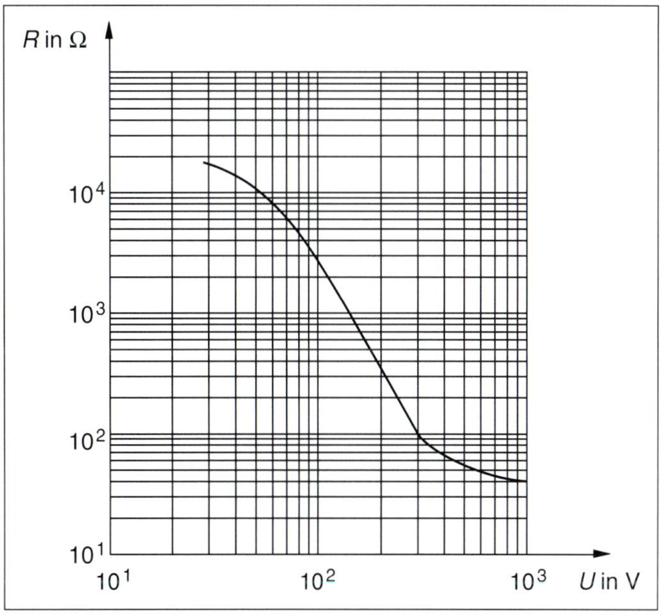

Abb. 6: Widerstand in Abhängigkeit von der Spannung beim Varistor

19 Schaltungen mit Varistoren

Auftrag 3

Ein Widerstand mit einer linearen Kennlinie (Wirkwiderstand 2,2 kΩ) und ein Varistor mit einer nichtlinearen Kennlinie sind in Reihe geschaltet (Abb. 1). Sie liegen an einer Gesamtspannung von U_B = 20 V. Die Spannungsaufteilung (U_1 und U_2) sowie die Stromstärke sollen ermittelt werden.

Lösung

Eine mathematische Lösung ist in diesem Fall nicht möglich, da der Varistor kein linearer Widerstand ist. Es muß deshalb das in Kapitel 17 behandelte graphische Verfahren angewendet werden.

[E55] Bei Reihenschaltungen von Bauteilen mit nichtlinearen Kennlinien kann zur Ermittlung der Spannungsaufteilung und der Stromstärke nur ein graphisches Verfahren angewendet werden.

Ausgegangen wird von der Kennlinie des Varistors in Abb. 2 ①. Die Achsen des Diagramms sind linear geteilt. Die Kennlinie des linearen Widerstandes R_1 wird von der Betriebsspannung ② (in diesem Fall U_B = 20 V) aus eingezeichnet. Der Schnittpunkt ③ beider Kennlinien gibt jetzt die Stromstärke sowie die Spannungsaufteilung an.

I_{12} = 2,7 mA; U_1 = 5,4 V; U_2 = 14,6 V

Die Reihenschaltung aus einem Varistor mit einem Wirkwiderstand läßt sich als **Spannungsstabilisator** verwenden. Mit Abb. 3 wird dieses verdeutlicht.

Da die Betriebsspannung vom Mittelwert aus abweichen kann, müssen für diese Maximal- und Minimalspannungen die Widerstandskennlinien zusätzlich eingezeichnet werden ④. Es ergeben sich somit mit der Varistorkennlinie zwei extreme Schnittpunkte ⑤, die zu entsprechenden Spannungsaufteilungen führen. Vergleicht man jetzt die Änderung von U_2 (ΔU_2) mit der Änderung der Betriebsspannung (ΔU_B), dann erkennt man, daß ΔU_2 kleiner als ΔU_B ist. Es hat eine Stabilisierung stattgefunden. Sie ist um so größer, je steiler die Kennlinie des Varistors ist.

[E56] Eine Reihenschaltung aus einem Wirkwiderstand und einem Varistor kann zur Spannungsstabilisierung verwendet werden.

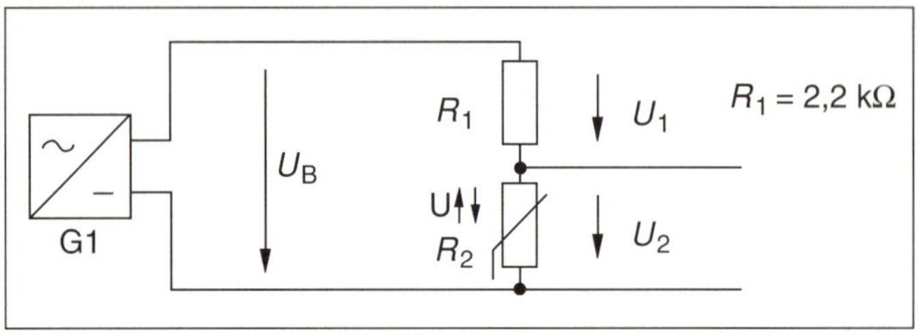

Abb. 1: Reihenschaltung aus Wirkwiderstand und Varistor

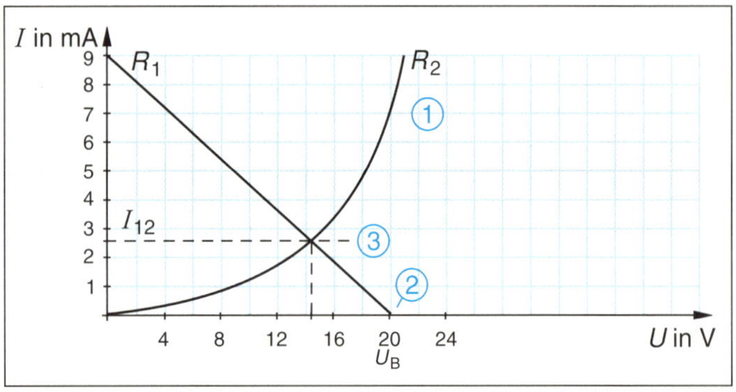

Abb. 2: Reihenschaltung aus Wirkwiderstand und Varistor

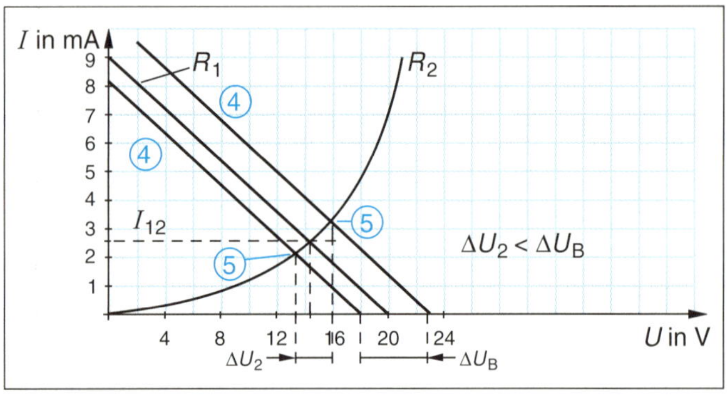

Abb. 3: Spannungsstabilisierung mit Varistor

Aufgaben

19.1 Varistoren aus unterschiedlichen Materialien

Die Abbildung zeigt die Kennlinien von zwei aus unterschiedlichen Materialien aufgebauten Varistoren (Silicium-Carbid und Zinkoxid).

a) Wie sind die Achsen geteilt?

b) Wie groß sind die Widerstände der Varistoren A und B bei + 0,5 A und – 0,5 A?

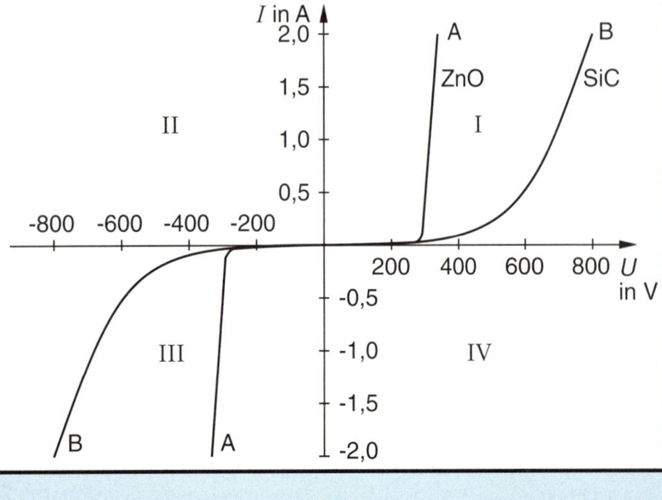

19.2 Meßtechnische Untersuchung

Das Verhalten eines Varistors im Stromkreis wird untersucht. Dabei sind bestimmte Schritte eingehalten worden. Führen Sie die folgenden Schritte aus bzw. vollziehen Sie diese nach!

a) Zeichnen Sie eine Meßschaltung zur Untersuchung des Strom- und Spannungsverhaltens beim Varistor!

b) Es wurden folgende Meßwerte aufgenommen:

U in V	2	4	6	8	10	12
I in mA	0,5	1	2	3	5	7

U in V	14	16	18	20	22	24
I in mA	12	16	23	31	42	54

Zeichnen Sie die Strom-Spannungs-Kennlinie in ein Diagramm!

Maßstab: 10 mA ≙ 2 cm; 2 V ≙ 1 cm

Aufgaben

19.3 Widerstandskennlinie eines Varistors

a) Wie sind die Widerstands- und Spannungsachsen geteilt?

b) Ermitteln Sie die Widerstände für 20 V, 30 V, 50 V, 80 V, 100 V und 150 V!

c) Ermitteln Sie die Widerstandsänderung zwischen 50 V und 100 V sowie zwischen 100 V und 150 V!

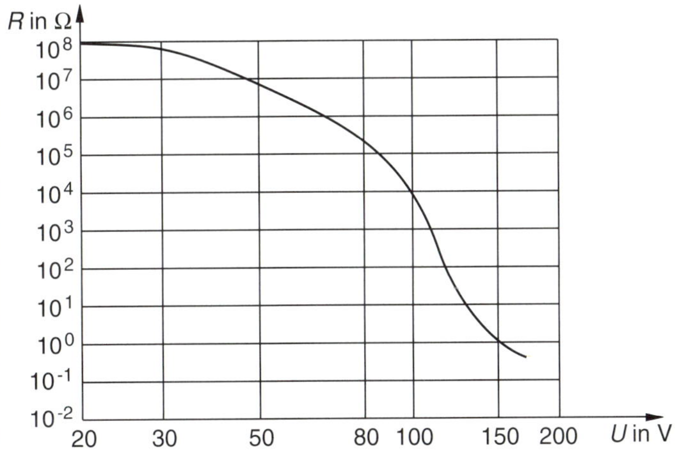

19.4 Strom-Spannungs-Kennlinie (VDR)

Zeichnen Sie die Kennlinie um, indem Sie für die Stromstärken-Achse eine logarithmische Teilung verwenden!
Maßstab: 0,1 A ... 1 A ≙ 5,9 cm
1 A ... 10 A ≙ 5,9 cm
Für die Spannungsachse soll weiterhin eine lineare Teilung verwendet werden.
Maßstab: 10 V ≙ 1 cm

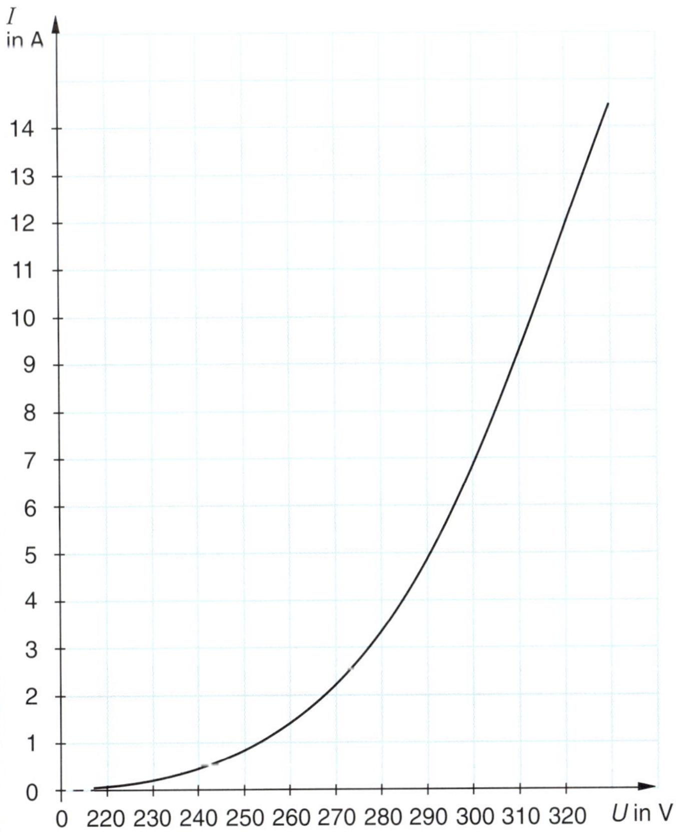

19.5 Reihenschaltung mit einem Varistor

a) Der Varistor von Aufgabe 19.2 befindet sich in einer Reihenschaltung mit einem Wirkwiderstand von 20 Ω. Die Betriebsspannung beträgt 24 V. Ermitteln Sie graphisch die Spannungsänderung in Prozent am Varistor, wenn sich die Betriebsspannung um ± 10 % ändert!

b) Vergleichen Sie die prozentualen Änderungen der Spannungen und beurteilen Sie das Ergebnis!

19.6 Kennlinienschar von Varistoren

Die Abbildung zeigt Kennlinien von verschiedenen Varistoren. Es soll eine Reihenschaltung aus einem Wirkwiderstand mit einem Varistor aufgebaut werden. Die Betriebsspannung beträgt 300 V. Als Vorwiderstand wurden 1,5 kΩ gewählt.

Welcher Varistor ist zu wählen, wenn an ihm eine Spannung von etwa 150 V abfallen soll?

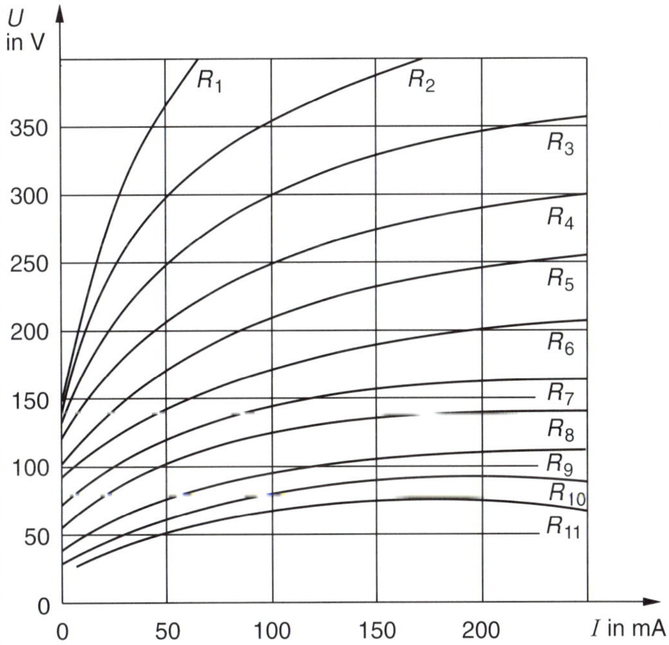

19.7 Anwendungsbeispiele von Varistoren

a) Beschreiben Sie die Funktion des Varistors in den Schaltungen 1) und 2), wenn der Schalter geöffnet wird.

b) Welche Rolle spielt der Varistor in den Schaltungen 3) bis 5), wenn Spannungsspitzen auftreten?

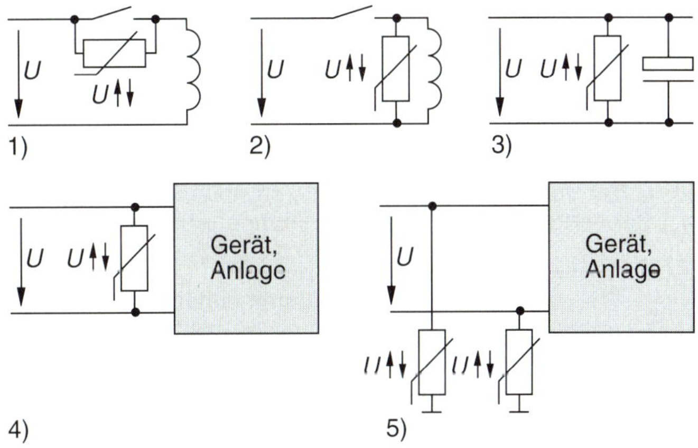

20 Schaltungen mit Heißleitern

Heißleiter haben einen negativen Temperaturkoeffizienten (**NTC**), d. h., mit zunehmender Temperatur sinkt der Widerstandswert. Dieses Verhalten drückt sich im Schaltzeichen aus (Abb. 1). Das Formelzeichen ϑ (Temperatur) gibt die Größe an, die die Widerstandsänderung verursacht. Die gegensinnigen Pfeile ① verdeutlichen, daß mit zunehmender Temperatur der Widerstand sinkt und umgekehrt.

[E57] Bei Heißleitern verhalten sich Widerstand und Temperatur gegensinnig zueinander.

Heißleiter werden in vielfältiger Weise in der Elektronik verwendet. Sie werden z. B. zur Temperaturmessung, Temperaturregelung bzw. -überwachung, Temperaturkompensation, Relaisverzögerung oder als Begrenzer von Einschaltströmen verwendet.

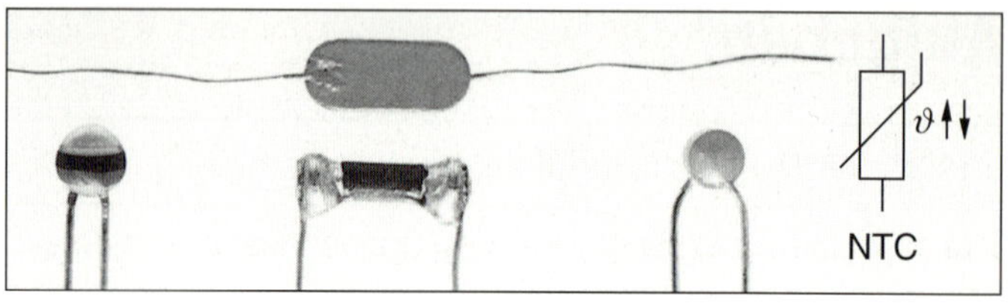

Abb. 1: Heißleiter

Auftrag 1

Die in Abb. 2a dargestellte einfache Temperaturmeßschaltung war zur Temperaturüberwachung in einem Temperiergerät eingesetzt. In ihm konnten Temperaturen von + 75 °C bis + 100 °C erzeugt werden. Das Strommeßgerät hat dabei die Temperatur als entsprechenden Zeigerausschlag angezeigt. Die Skala ist in °C geeicht (Abb. 2b). Die Temperaturmeßschaltung soll jetzt in einem anderen Temperiergerät eingesetzt werden, dessen Temperatur von 0 °C bis + 100 °C eingestellt werden kann. Es soll nun überprüft werden, ob die Meßeinrichtung lediglich durch eine veränderte Skala weiterverwendbar ist.

Einige **Kenndaten** des verwendeten Heißleiters sind aus der folgenden Übersicht zu entnehmen:

		100 kΩ	1 MΩ	Einheit
Belastbarkeit	bei 25 °C P_{25}	290	290	mW
	bei 100 °C P_{100}	270	270	mW
Nenntemperatur ϑ_N		25	25	°C
Nennwiderstand R_N		0,1	1	MΩ
Toleranz ΔR_N		± 20	± 20	%
Wärmeleitwert in Luft G_{thu}		0,7	0,7	mW/K
Abkühlzeitkonstante τ_{th}		5	5	s
Wärmekapazität C_{th}		3,5	3,5	mJ/K

Verwendet wird der Heißleiter mit dem **Nennwiderstand** R_N = 100 kΩ ② (bei 25 °C). Seine Widerstands-Temperatur-Kennlinie und die Abmessungen sind in Abb. 3 zu sehen.

Der Zeigerausschlag des Meßgerätes ist proportional zur Stromstärke. Bei 5 mA besitzt das Meßgerät seinen Vollausschlag (Innenwiderstand R_i = 1 kΩ). Es ergibt sich der in Abb. 2b dargestellte Anzeigebereich.

Lösung

Aus der Kennlinie (Abb. 3b) können die Widerstände des Heißleiters für verschiedene Temperaturen entnommen werden:

ϑ in °C	0	+ 25	+ 50	+ 75	+ 100
R_{NTC} in kΩ	400	100	40	14	7

Da auch für den neuen Anwendungsfall (0 °C ... +100 °C) bei 100 °C der Vollausschlag liegen soll, ergeben sich zwischen der Temperatur und der Stromstärke mit der Auswerteformel

$$I = \frac{U_B}{R_i + R_{NTC}}$$ die folgenden Zusammenhänge:

ϑ in °C	0	+ 25	+ 50	+ 75	+ 100
I in mA	0,1	0,4	0,98	2,7	5,0

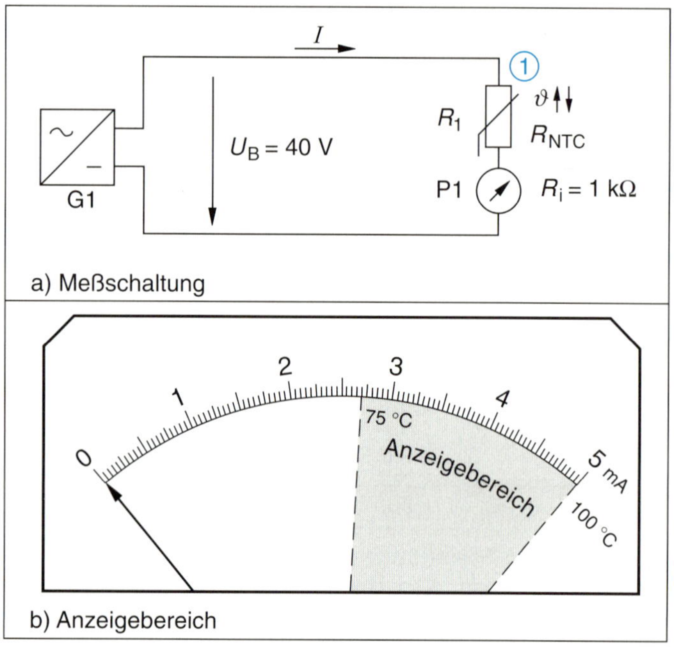

Abb. 2: Temperaturmessung mit Heißleiter

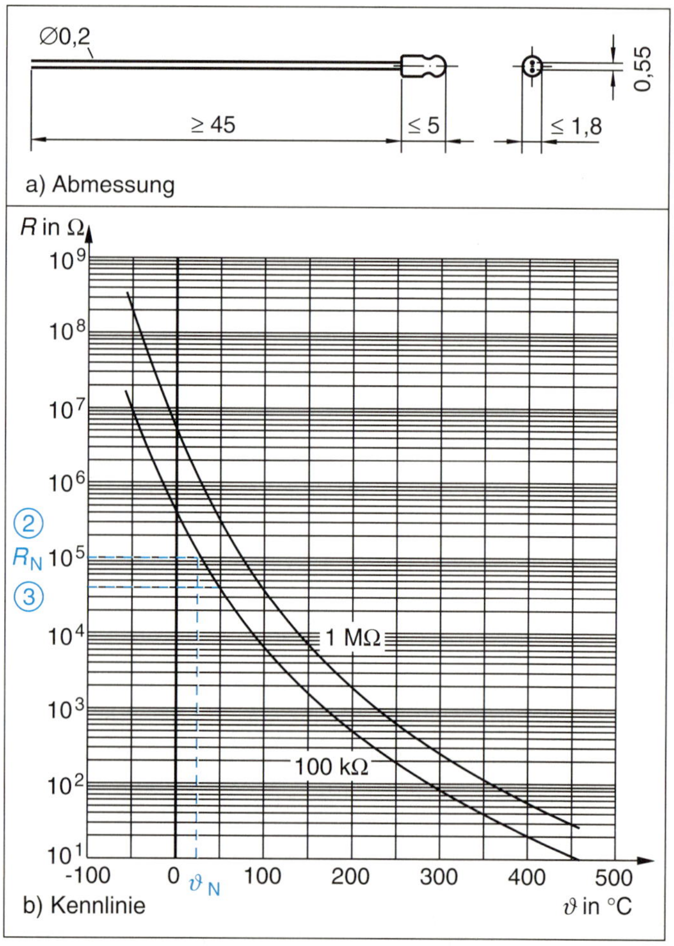

Abb. 3: Heißleiter zur Temperaturmessung

Trägt man die Stromstärke in Abhängigkeit von der Temperatur in ein Diagramm ein, dann zeigt die Kennlinie, daß unterhalb von + 25 °C das genaue Ablesen schwierig ist (Abb. 4, Kennlinie und Skala). Die bisherige Meßschaltung ist also für den Auftrag ungeeignet.

Eine **Linearisierung der Kennlinie** und damit eine Verbesserung der Ablesbarkeit läßt sich erreichen, wenn der Heißleiter mit einem Vorwiderstand betrieben wird (Abb. 5). Einen günstigen Verlauf der Kennlinie erzielt man, wenn der Vorwiderstand etwa so groß gewählt wird, wie der Heißleiterwiderstand bei mittleren Temperaturen, die angezeigt werden sollen. Da die mittlere Temperatur + 50 °C beträgt, wird R_V mit 40 kΩ gewählt (Abb. 3) ③.

Damit bei + 100 °C wieder der Vollausschlag erreicht wird, muß für die Reihenschaltung eine höhere Betriebsspannung verwendet werden. Diese läßt sich wie folgt berechnen:

$U_B = I_{max} \cdot R_{min}$ $\qquad R_{min} = R_{NTCmin} + R_V + R_i$

$U_B = 5\ \text{mA} \cdot 48\ \text{k}\Omega$ $\qquad R_{min} = 40\ \text{k}\Omega + 7\ \text{k}\Omega + 1\ \text{k}\Omega$

$U_B = 240\ \text{V}$

Die Stromstärken für die verschiedenen Temperaturbereiche lassen sich mit der folgenden Formel berechnen:

$$I = \frac{U_B}{R_{NTC} + R_V + R_i}$$

Die berechneten Werte befinden sich in der Tabelle:

ϑ in °C	0	+ 25	+ 50	+ 75	+ 100
R_{NTC} in kΩ	400	100	40	14	7
I in mA	0,54	1,7	3,0	4,4	5,0

Stellt man diesen Zusammenhang wieder graphisch dar (Abb. 6), erkennt man deutlich, daß über dem gesamten gewünschten Temperaturbereich ohne Schwierigkeiten abgelesen werden kann.

Anstelle der Reihenschaltung kann auch die Parallelschaltung zur Linearisierung von Heißleiterkennlinien verwendet werden. Üblich sind auch Kombinationen aus Reihen- und Parallelschaltungen.

[E58] Heißleiterkennlinien lassen sich durch zusätzliche Widerstände linearisieren.

Vorwiderstände sollten so groß sein wie der Heißleiter-Widerstand im mittleren Temperaturbereich und Parallelwiderstände etwa 10 mal so groß.

Das Verhalten von Heißleitern wurde bisher mit Hilfe der Widerstands-Temperatur-Kennlinie beschrieben (Abb. 3b). Zur vollständigen Interpretation ist auch das Strom-Spannungs-Verhalten von Interesse. Wenn man diese Abhängigkeiten jedoch untersuchen will, muß beachtet werden, daß durch Erwärmung der Widerstand so stark sinken kann, daß eine Zerstörung eintritt. Man ermittelt deshalb nicht wie bei Wirkwiderständen die Stromstärke in Abhängigkeit von der Spannung mit einer Konstantspannungsquelle, sondern die Abhängigkeit der Spannung von der Stromstärke mit Hilfe einer **Konstantstromquelle** (Abb. 7) ④.

Das Ergebnis der meßtechnischen Untersuchung ist in Form einer Kennlinie in Abb. 1 auf S. 76 dargestellt. Es handelt sich um eine Originaldarstellung aus einem Datenbuch.

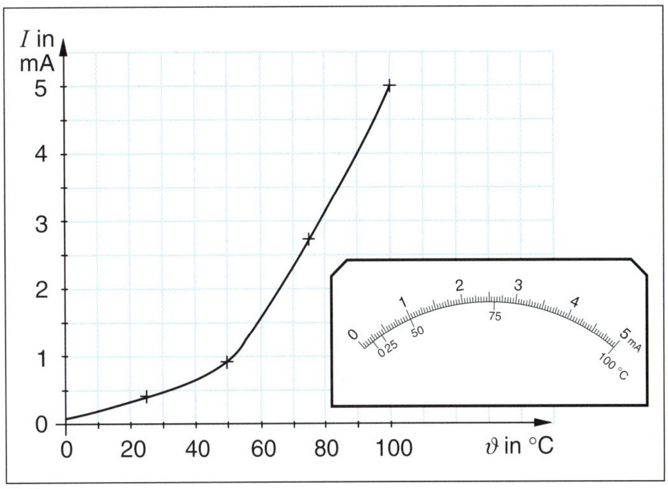

Abb. 4: Stromstärke in Abhängigkeit von der Temperatur beim NTC

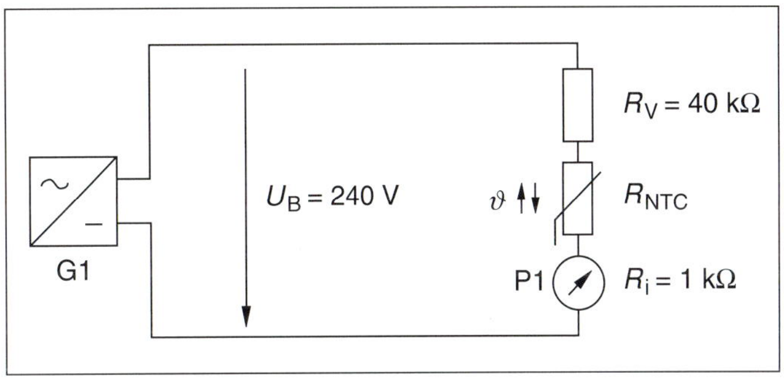

Abb. 5: Temperaturmeßschaltung mit NTC und Vorwiderstand

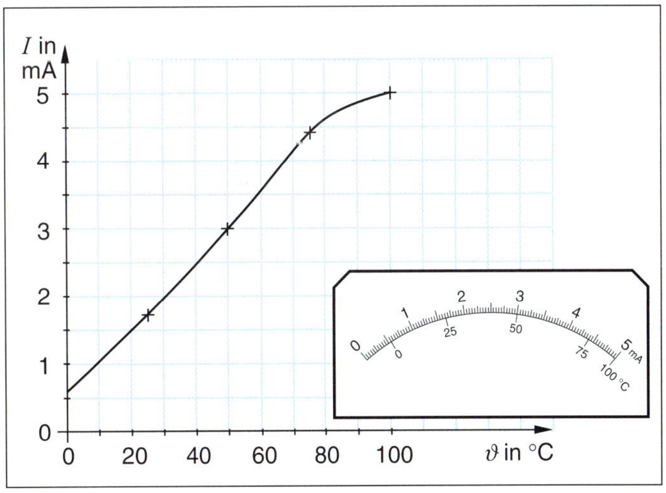

Abb. 6: Stromstärke in Abhängigkeit von der Temperatur beim NTC mit Vorwiderstand

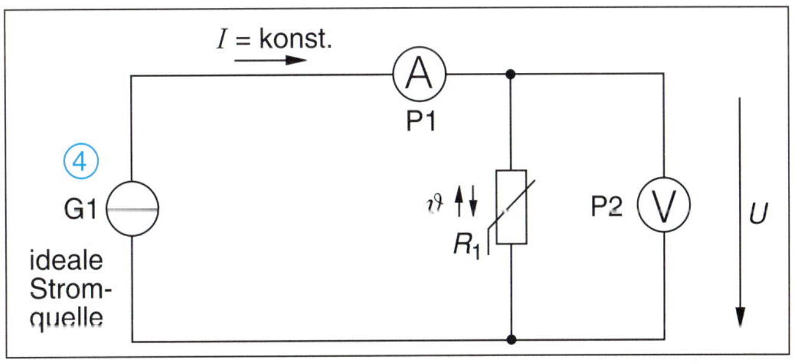

Abb. 7: Meßschaltung zur Ermittlung der Spannung in Abhängigkeit von der Stromstärke

20 Schaltungen mit Heißleitern

Auftrag 2

Die Abb. 1 zeigt die Abhängigkeit der Spannung von der Stromstärke bei einem Heißleiter. Das Verhalten des Bauteils soll mit Hilfe des Diagramms ermittelt werden.

Lösung

- Der Spannungsbereich geht von etwa 0,5 V bis 4,5 V und der Strombereich von 0,1 mA bis 30 mA.
- Beide Achsen sind logarithmisch geteilt.
- Im Diagramm sind Linien eingetragen. Sie enthalten Widerstands- bzw. Leistungsangaben.
- Die Leistungsangabe an einer Linie bedeutet, daß alle Punkte auf dieser Linie diese Leistung besitzen. Z. B. „Linie 1 mW" bedeutet: $10\ V \cdot 10^{-1}\ mA = 1\ mW$ ①; $10^0\ V \cdot 10^0\ mA = 1\ mW$ ③ usw. Die Schnittpunkte ② dieser Geraden mit der Heißleiter-Kennlinie kennzeichnen also bestimmte Leistungen (100 µW, 1 mW, 10 mW) des Heißleiters. Zwischenwerte können durch parallele Linien abgelesen werden (logarithmische Teilung beachten).
- Die Widerstandsangaben an den Geraden bedeuten entsprechendes. Jeder Schnittpunkt der Geraden mit der Heißleiterkennlinie bedeutet, daß an dieser Stelle der Heißleiter den Widerstand besitzt, der an der jeweiligen Geraden steht.

[E59] In doppelt-logarithmischen Darstellungen von Strom-Spannungs-Diagrammen geben Linien konstante Leistungen bzw. konstante Widerstände an. Der Schnittpunkt mit der Kennlinie kennzeichnet den Wert, der an der Geraden steht.

Zur weiteren Interpretation soll die Kennlinie in ein Diagramm mit linearer Achseneinteilung umgezeichnet werden. Vorgegangen wird wie in der in Kapitel 18 beschriebenen Weise. Da mit einer linearen Teilung lediglich bestimmte Teile des Diagramms darstellbar sind, wurde der Strombereich von 0,5 mA bis 10 mA gewählt. Das Ergebnis ist in Abb. 2 zu sehen.

Die Kennlinie besitzt folgende Merkmale:

- Im geradlinigen Teil (Anfangsteil ④) ist die in Wärme umgesetzte Leistung so gering, daß keine entscheidende Eigenerwärmung entsteht.
- Die Kurve weist ein ausgeprägtes Maximum ⑤ auf. In diesem Bereich ändert sich die Spannung am Heißleiter nur wenig.
- Im abfallenden Teil ⑥ sinkt die Spannung, obwohl die Stromstärke zunimmt.

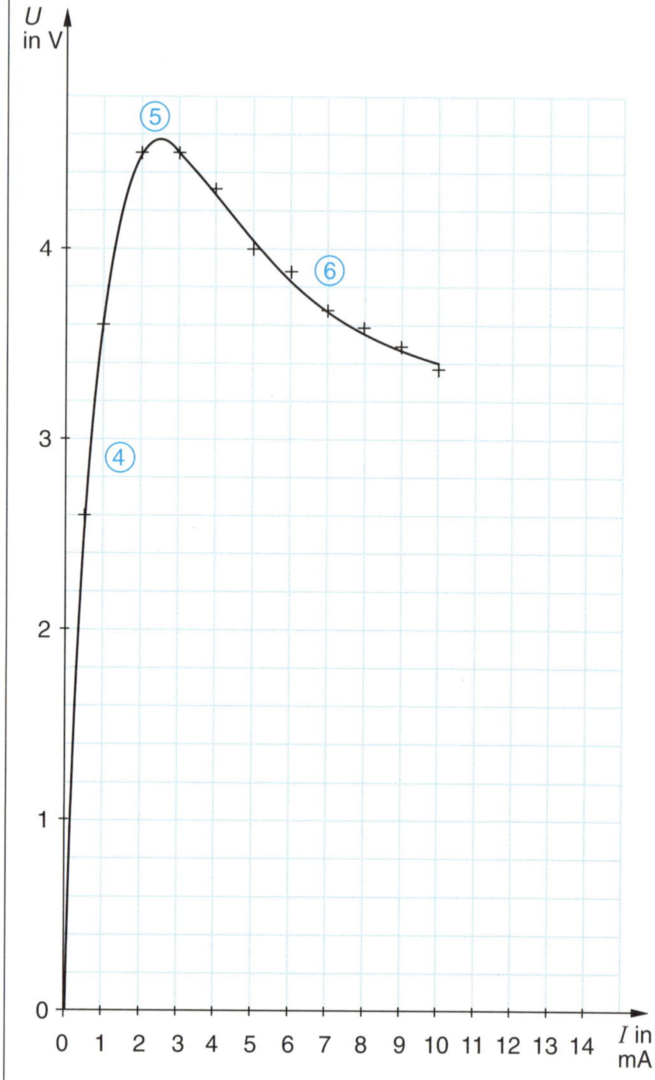

Abb. 2: Spannung in Abhängigkeit von der Stromstärke bei einem Heißleiter

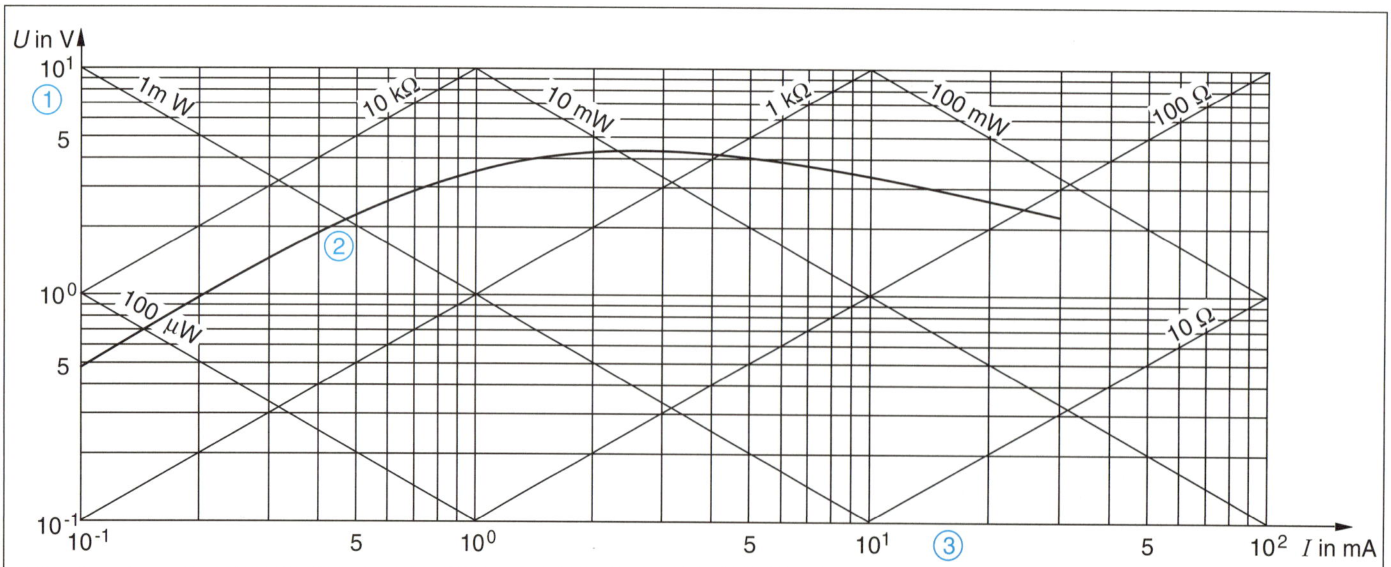

Abb. 1: Spannung in Abhängigkeit von der Stromstärke bei einem Heißleiter

Aufgaben

20.1 Kennlinieninterpretation

Die Abbildung 3b auf S. 74 enthält eine Widerstands-Temperatur-Kennlinie eines Heißleiters mit R_N = 1 MΩ.

a) Ermitteln Sie aus der Kennlinie die Widerstände des Heißleiters von 0 °C bis 400 °C in 50 °C-Schritten!

b) Bei welchen Temperaturen werden die Widerstände 10^7, 10^6, 10^5, 10^4, 10^3 und 10^2 Ω groß?

c) Wie groß ist die Temperatur gewesen, wenn der Heißleiter die folgenden Widerstände besaß: 140 Ω; 1,25 kΩ; 45 kΩ; 150 kΩ; 1,75 MΩ?

20.2 Widerstandskennlinie

Für einen Miniatur-Heißleiter mit 30 kΩ Nennwert wurden folgende Zusammenhänge zwischen Widerstand und Temperatur ermittelt:

ϑ in °C	– 40	– 30	– 20	– 10	0	+ 10	+ 20	+ 30
R in kΩ	890	480	270	160	95	58	37	24

ϑ in °C	+ 40	+ 50	+ 60	+ 70	+ 80	+ 90	+ 100
R in kΩ	16	11	8,0	5,3	3,8	2,8	2,1

Zeichnen Sie die Kennlinie und verwenden Sie für die Widerstandsachse einen logarithmischen Maßstab mit der Zeicheneinheit ZE von 6,2 cm (1...10...100...1000 kΩ)! Für die Temperaturachse soll ein Maßstab von 10 °C ≙ 1 cm gewählt werden.

Widerstandswert	30 kΩ
Anwendung	Miniatur-Heißleiter für genaue Temperaturmessung im Bereich von – 40 °C bis + 120 °C
Ausführung	Heißleiter mit Epoxidharz beschichtet
Anschlüsse	Anschlußdrähte ø 0,25 mm, Nickeldraht mit Teflonumhüllung
Qualitätsmerkmale	Hohe Stabilität durch spezielle Alterung, Spannungsfestigkeit. 200 V Gleichspannung

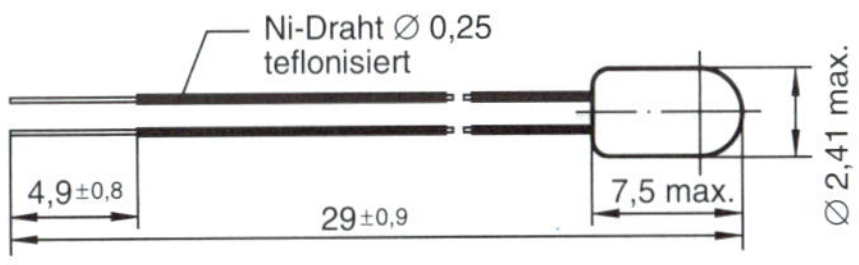

Gewicht ca. 0,1 g

Anwendungsklasse G K C

Untere Grenztemperatur G - 40 °C
Obere Grenztemperatur K + 125 °C

Kenndaten

Belastbarkeit bei 25 °C	P_{25}	140 mW
Nenntemperatur	ϑ_N	25 °C
Nennwiderstand	R_N	30 kΩ
Toleranz	ΔR_N	±5 %
Wärmeleitwert in Luft	G_{thu}	1,4 mW/K
Thermische Zeitkonstante	τ_{th}	< 20 s

20.3 Heißleiter mit Vorwiderstand

a) Der abgebildete Spannungsteiler liegt an einer **Konstantspannungsquelle**.
Wie verändern sich die Größen R_{NTC}, R_{ges}, I, U_1, und U_2, wenn sich die Temperatur vergrößert?

b) Durch den Spannungsteiler fließt ein Strom konstanter Stärke aus einer **Konstantstromquelle**.
Wie verhalten sich bei einer Temperaturvergrößerung R_{NTC}, R_{ges}, U_1, U_2 und U?

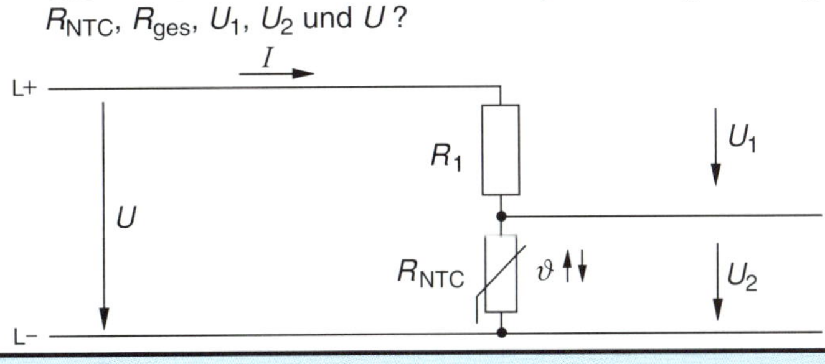

20.4 Spannungsteiler mit Heißleiter

Der abgebildete Spannungsteiler wird zur Arbeitspunktstabilisierung einer Transistorendstufe verwendet. Die anliegende Gesamtspannung U ist konstant.
Welche Änderungen treten für R_{NTC}, R_{ges}, I_1, I_2, I_3, U_1 und U_2 ein, wenn sich

a) die Temperatur vergrößert bzw.
b) die Temperatur verringert?

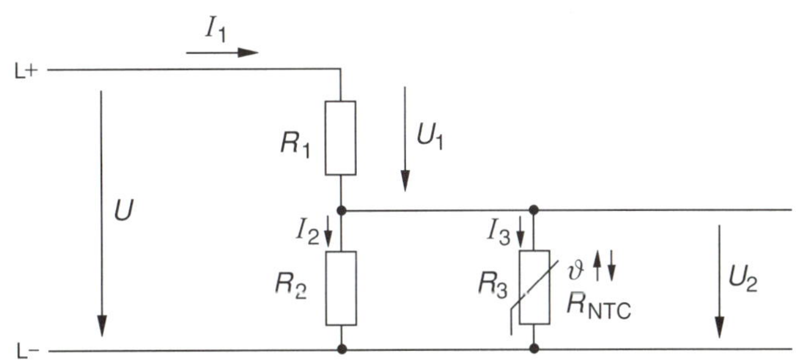

20.5 Brückenschaltung

Die Brückenschaltung ist für die Nenntemperatur von + 25 °C abgeglichen worden. Der Heißleiter befindet sich am Ort der Temperaturmessung. Die Kennlinie befindet sich in Abb. 3b auf S. 74.

Wie verändert sich die Spannung U_{AB}, wenn sich die Temperatur von – 25 °C bis + 100 °C verändert?

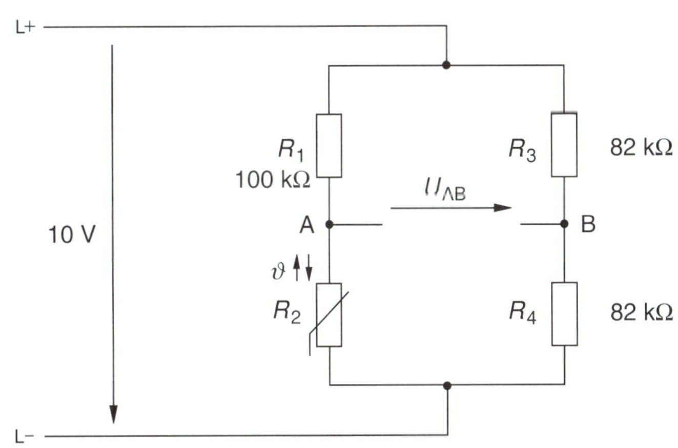

20.6 Einschaltverzögerung

In der Abbildung ist eine Schaltung zur Einschaltverzögerung eines Relais zu sehen. Erklären Sie die grundsätzliche Arbeitsweise!

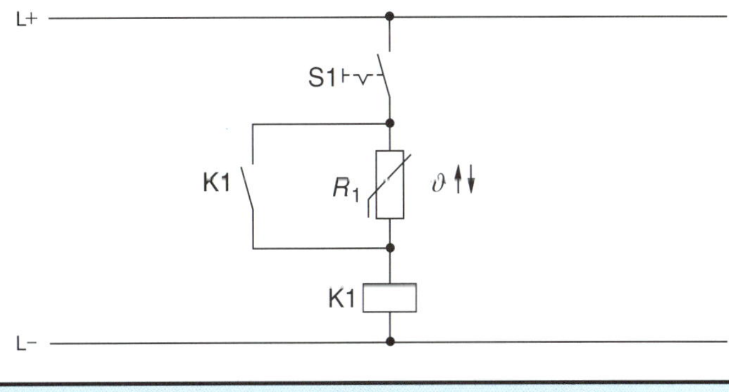

Aufgaben

20.7 Linearisierung durch Reihenschaltung

Zeichnen Sie die linearisierte Widerstandskennlinie für die Reihenschaltung eines Heißleiters mit einem Wirkwiderstand für einen Temperaturbereich von 0 °C bis 90 °C!

Die mittlere Temperatur beträgt 40 °C.

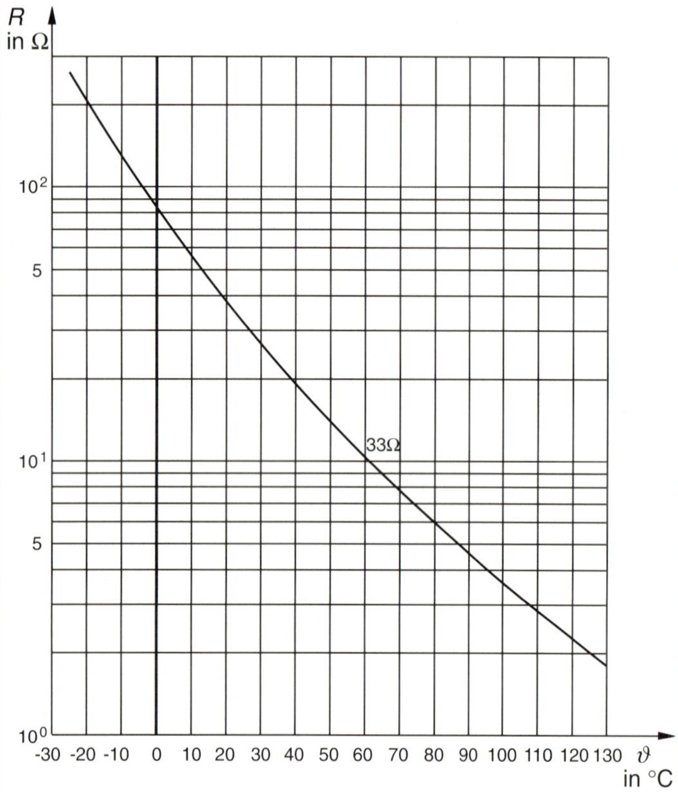

20.8 Spannungs-Strom-Kennlinie eines Heißleiters

Zeichnen Sie für die Heißleiterkennlinie in doppelt-logarithmischer Darstellungsweise eine Kennlinie mit linearer Achseneinteilung!

Maßstab: 1 mA ≙ 1 cm
5 V ≙ 2 cm

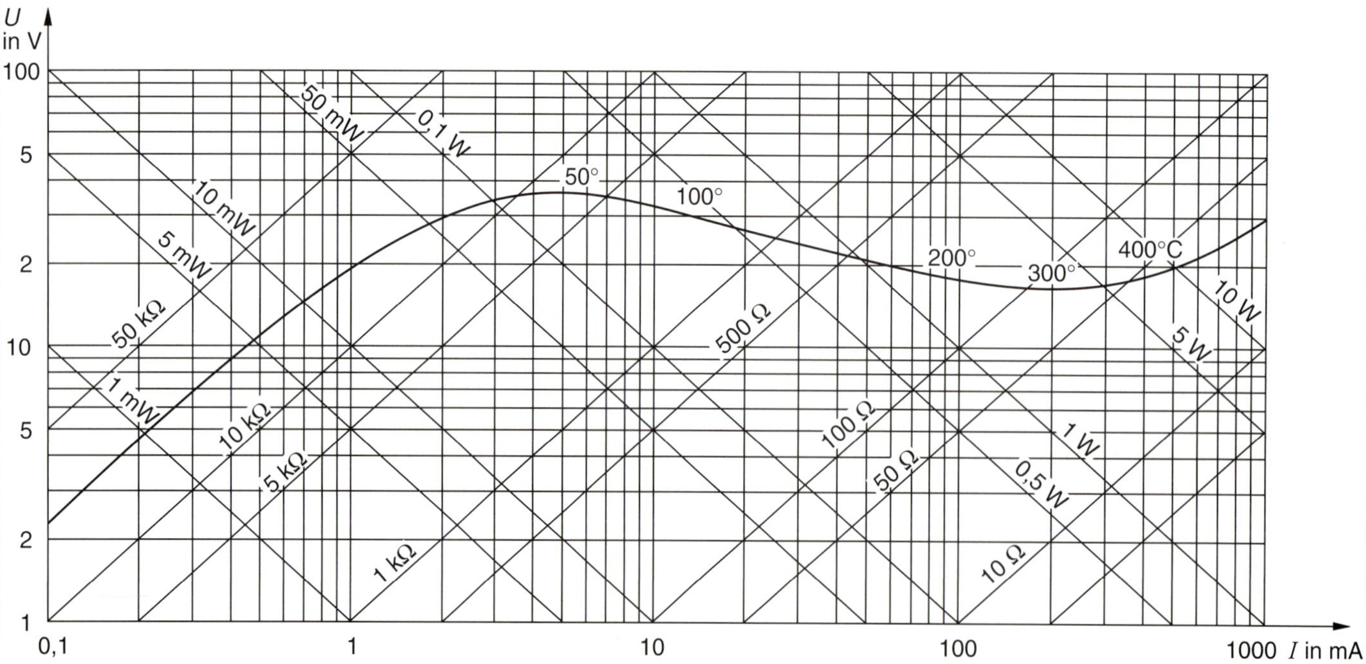

20.9 Einschaltstrombegrenzung

Heißleiter können zur Einschaltstrombegrenzung (z. B. bei Glühlampen) verwendet werden. In der Abbildung sind Abmessungen und Kenndaten eines derartigen Heißleiters aufgeführt.

Begründen Sie, weshalb mit Heißleitern diese Funktion erzielt werden kann!

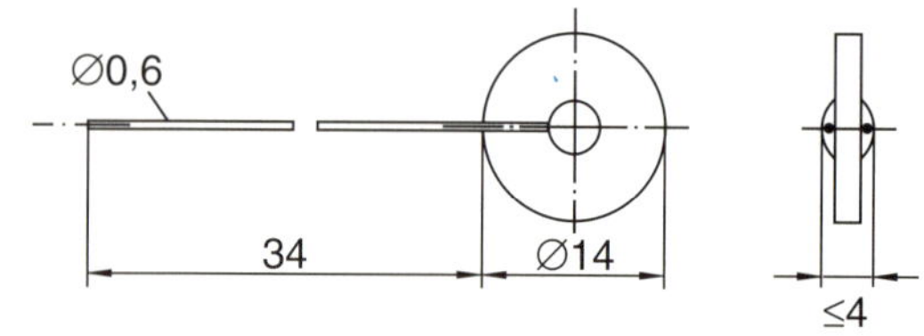

Nennwiderstand R_N in Ω	Toleranz ΔR_N in %	Belastbarkeit P_{25} in mW (T_u = 25°C)	Nenntemperatur T_N in °C	Temperaturbereich nach DIN 40 040 in °C	Thermische Abkühlzeitkonstante τ_{th} in s
33	±20	2000	25	-55 bis +200	90

20.10 Spannungs-Strom-Abhängigkeit

In Abb. 1 auf S. 76 ist die Spannung in Abhängigkeit von der Stromstärke bei einem Heißleiter dargestellt worden.

a) Wie groß sind die Spannungen und Stromstärken bei folgenden Leistungen: 100 µW; 10 mW?

b) Wie groß sind Spannungen und Stromstärken bei folgenden Widerständen: 1 kΩ; 100 Ω?

Kaltleiter (**PTC**) sind temperaturabhängige Widerstände. Das Symbol verdeutlicht die Temperaturabhängigkeit (Abb. 1).

[E60] Kaltleiter sind Bauelemente, deren Widerstand sich gleichsinnig zur Temperaturänderung verhält.

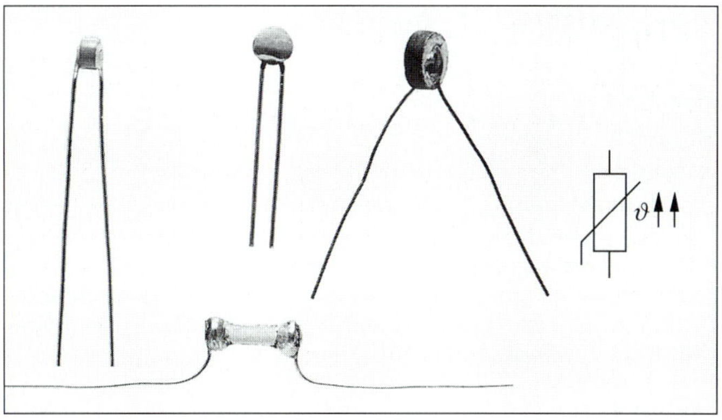

Abb. 1: Kaltleiter

Auftrag 1

In Abb. 2 ist in einem Diagramm der Widerstand in Abhängigkeit von der Temperatur zu sehen. Mit dieser Kennlinie soll das Verhalten des Bauteils erklärt werden.

Lösung

Die Kennlinie läßt sich grob in vier Bereiche unterteilen:

- Bis zur Temperatur ϑ_A sinkt der Widerstand ①. Der Temperaturkoeffizient ist negativ. Bei ϑ_A hat der Kaltleiter seinen niedrigsten Wert R_{min} ②.
- Von ϑ_A bis ϑ_N ist der Temperaturkoeffizient positiv ③. ϑ_N ist die Nenntemperatur und R_N der Nennwiderstand.
  $R_N = 2 \cdot R_{min}$ ④
- Von ϑ_N bis ϑ_E steigt die Kurve sehr steil an ⑤. Der Temperaturkoeffizient ist positiv. Dieser steile Widerstandsanstieg ist für Anwendungsaufgaben der wichtigste Teil. Innerhalb eines kleinen Temperaturbereichs ändert sich der Widerstand so stark, daß mit diesem Bauteil direkt geschaltet werden kann.

[E61] Durch das stark nichtlineare Verhalten können Kaltleiter mit geringem Aufwand Meß- und Regelaufgaben direkt übernehmen. Der Kaltleiter steht hierbei mit dem zu überwachenden Bauteil oder Gerät in einem thermischen Kontakt. Wird der vorgegebene Grenzwert überschritten, wird der Kaltleiter sprungartig hochohmig und schützt so das Gerät.

Obwohl die bisher in den einzelnen Kapiteln besprochenen Kennlinien unterschiedlich waren, erfolgte die Interpretation schrittweise und ähnlich. Es lassen sich deshalb folgende allgemeine Fragen aufstellen:

[E62] **Kennlinieninterpretation**

- Welche Größen stehen an den Achsen?
- Wie sind die Achsen geteilt?
- Welche Größenbereiche werden dargestellt?
- Ist der Verlauf linear oder nichtlinear?
- Läßt sich die Kennlinie in Bereiche aufteilen, die unterschiedlich interpretiert werden müssen?
- Gibt es Maximal- und Minimalwerte? Welche Bedeutung haben sie?
- Gibt es Grenzwerte, die eingehalten werden müssen?
- Wie steil ist die Kennlinie oder sind Teilbereiche?
- Steht an der Kennlinie eine weitere Größe (z. B. Temperatur als Parameter)?
- Läßt sich mit Hilfe der Kennlinie etwas über das Verhalten des Bauteils und deren Anwendungsbereiche aussagen?
- Kann durch Umzeichnen (z. B. logarithmisch in linear) eine klarere Aussage über das Bauteil gemacht werden?

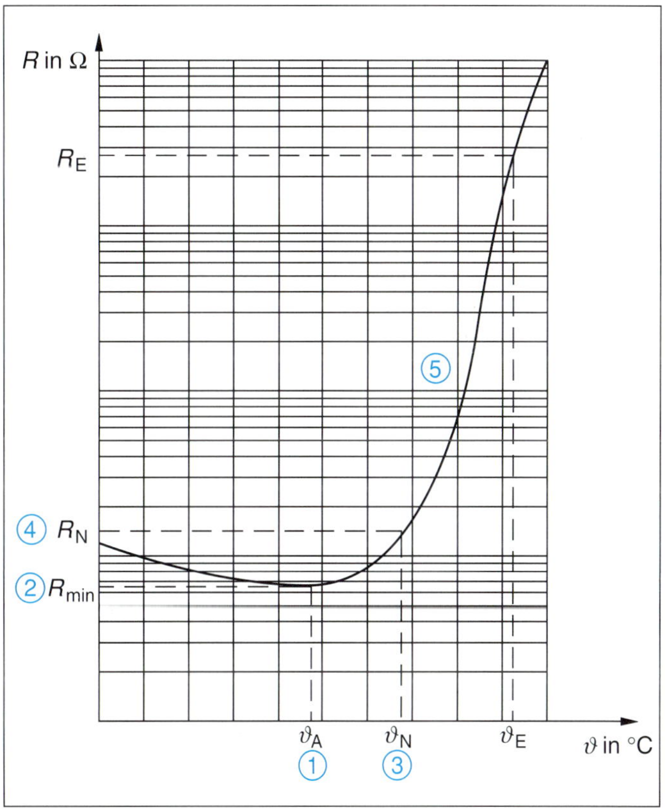

Abb. 2: Widerstand-Temperatur-Kennlinie eines Kaltleiters

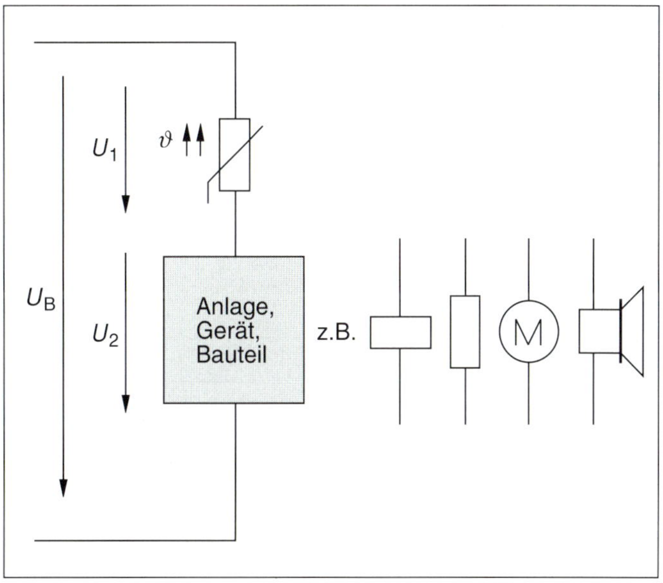

Abb. 3: Überlastschutz mit Kaltleiter (PTC)

Auftrag 2

Die grundsätzliche Schaltung eines Überlastschutzes mit einem Kaltleiter ist in Abb. 3 auf S. 79 zu sehen. Kaltleiter und zu schützendes Gerät oder Bauteil liegen in Reihe.

Es wird folgender Fall angenommen:

Die Betriebsspannung U_B beträgt 100 V und das zu schützende Gerät hat bei normalem Betrieb einen Widerstand von 5 kΩ. Für den Störfall wird ein Widerstand von 200 Ω angenommen. Zur Klärung der Zusammenhänge (Spannungsaufteilung im Normal- und Störfall) steht die Strom-Spannungs-Kennlinie von Abb. 1 zur Verfügung.

Lösung

Die Kennlinie in dem Diagramm mit logarithmischer Achseneinteilung wird in ein Diagramm mit linearer Achseneinteilung umgezeichnet. Auf der Spannungsachse werden von 2 V bis 100 V Stromstärken abgelesen und in das neue Diagramm (Abb. 2) übertragen.

Man erkennt zunächst einen linearen Anfangsbereich ①. Hier verhält sich der Kaltleiter wie ein temperaturunabhängiger Wirkwiderstand. Es ist auch noch keine entscheidende Eigenerwärmung vorhanden und der Widerstand ist konstant. In diesen Bereich wird auch der Arbeitspunkt für den Normalbetrieb gelegt, wenn das Bauteil als Überlastschutz eingesetzt werden soll (A_1).

Zeichnet man die Widerstandsgerade für den Normalbetrieb (im Auftrag 2 mit 5 kΩ festgelegt) ein, stellt man fest, daß am Kaltleiter nur die geringe Spannung U_1 = 2 V ② liegt. Der größere Teil U_2 = 98 V liegt an dem zu schützenden Bauteil.

Verringert sich jetzt der Widerstand des Verbrauchers (im Auftrag 200 Ω angenommen), wird die Widerstandsgerade steiler ③, der Kippstrom I_K ④ wird überschritten, der Kaltleiter erwärmt sich, vergrößert seinen Widerstand und der Arbeitspunkt wandert in Richtung A_2. Der größte Teil der Betriebsspannung liegt jetzt am Kaltleiter (U_1) und an dem zu schützenden Verbraucher nur eine geringe Spannung U_2 ⑤. Die Schutzfunktion ist gewährleistet (U_1 = 97 V, U_2 = 3 V).

Wenn man jetzt die Betriebsspannung abschaltet oder die Überlastung des Verbrauchers (z. B. Motor) zurücknimmt, verringert sich die Temperatur des Kaltleiters und es stellt sich der ursprüngliche Arbeitspunkt A_1 wieder ein.

Neben Kennlinien werden von Herstellern wichtige **Kenndaten** veröffentlicht.

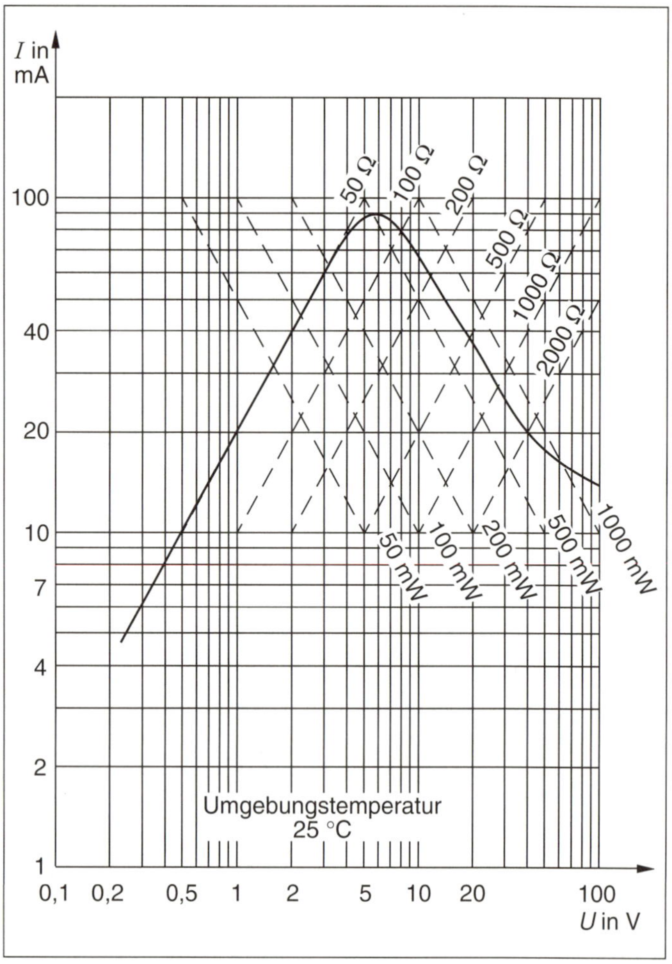

Abb. 1: Strom-Spannungs-Kennlinie eines Kaltleiters (logarithmische Achseneinteilung)

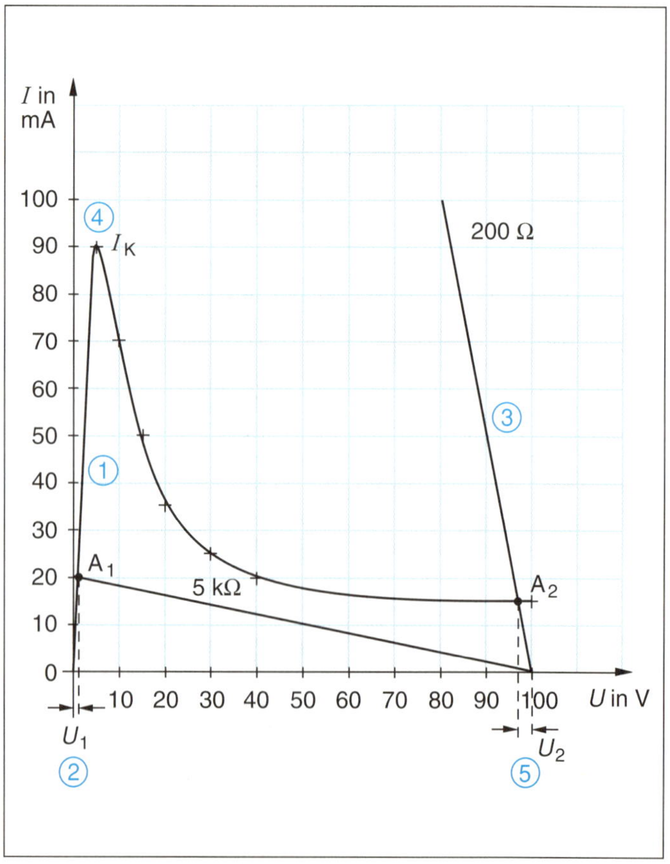

Abb. 2: Normalbetrieb und Störfall

Ausführung (Beispiel)

Kaltleiter mit Kunststoffumhüllung und radialen Anschlußdrähten, gesickt, im Rastermaß 5 mm.

		–C810	–C860	–C886	Einheit
Betriebsspannung bei ϑ_u = 25 °C	U_N	220	220	500	V
Max. Betriebsspannung bei ϑ_u = 25 °C	$U_{max.eff.}$	265	265	550	V
Widerstand bei ϑ_u = 25 °C	R_{25}	2,6	15,0	1500	Ω
Widerstandstoleranz	ΔP_{25}	±25	±25	±25	%
Kleinster Vorwiderstand bei U_{max}	R_{Vmin}	25	165	4000	Ω
Nennstrom[1)]	I_N	650	140	10	mA
Kippstrom	I_K	945	205	14	mA
Schaltstrom[2)]	I_S	1300	280	19	mA
Wärmeleitwert (typ.)	G_{th}	36	13	10	mW/K
Wärmekapazität (typ.)	C_{th}	4,9	0,65	0,25	J/K
Abmessungen	D_{max}	26,0	11,5	6,5	mm
	d_{max}	5,0	5,0	5,0	mm
Anschlußdrähte	Ø	0,8	0,6	0,6	mm
Gewicht	m	≈ 8	≈ 1,5	≈ 0,6	g

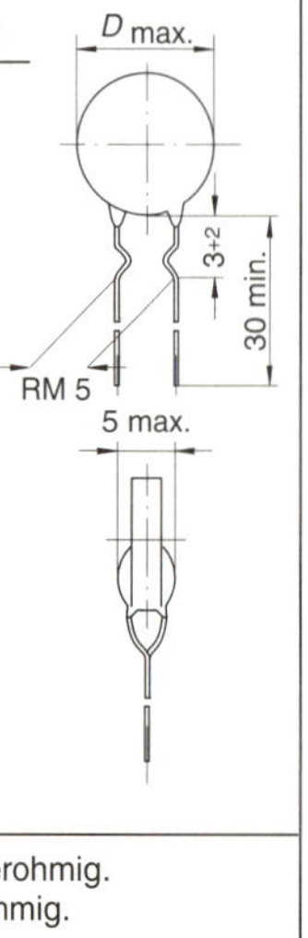

1) Bei Strömen ≤ I_N bleibt der Kaltleiter mit Sicherheit niederohmig.
2) Bei Strömen ≥ I_S wird der Kaltleiter mit Sicherheit hochohmig.

Aufgaben

21.1 Widerstands-Temperatur-Kennlinien

a) Ermitteln Sie für den P 390-C13 R_{min} und R_N!

b) Wie groß ist die Widerstandsänderung des P 390-C13 zwischen 130 °C und 150 °C?

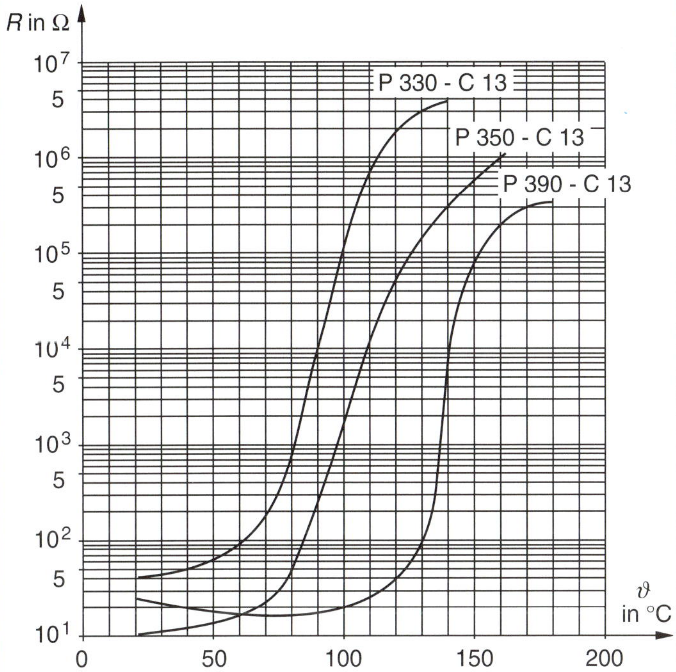

21.2 Strom-Spannungs-Kennlinie (PTC)

In der Abbildung ist in doppelt-logarithmischer Darstellung die Strom-Spannungs-Kennlinie eines Kaltleiters zu sehen.

a) Zeichnen Sie die Strom-Spannungs-Kennlinie bis 0,7 V mit linearer Achsenteilung, (Maßstab: 1 mA $\hat{=}$ 1 cm; 0,1 V $\hat{=}$ 1 cm)!

Ermitteln Sie für diesen Bereich den mittleren Widerstand.

b) Zeichnen Sie die Strom-Spannungs-Kennlinie bis 40 mA und 100 V (Maßstab: 10 mA $\hat{=}$ 2,5 cm; 10 V $\hat{=}$ 1 cm)!

c) Der Kaltleiter wird zum Schutz eines Kleingerätes eingesetzt. Die Betriebsspannung beträgt 100 V. Es fließt dabei ein Strom von 20 mA.
Ermitteln Sie mit der in Teil b) entwickelten Kennlinie die Spannung an den jeweiligen Bauteilen und berechnen Sie die jeweils vorherrschenden Widerstände!
Wie groß ist die Spannungsaufteilung, wenn das Gerät durch Überlastung einen Widerstand von 250 Ω besitzt?

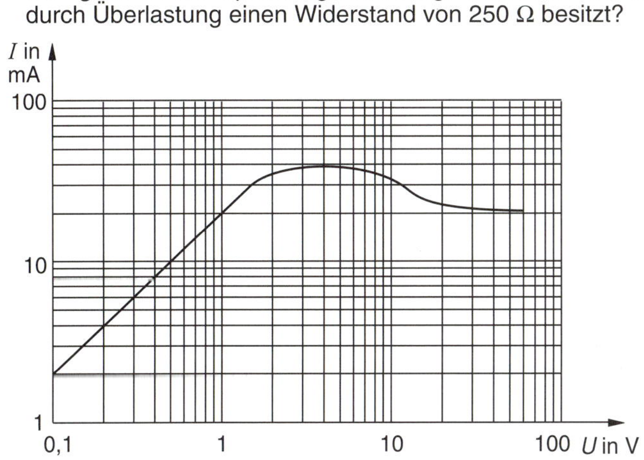

21.3 Überlastschutz

In der Abbildung ist die lineare Darstellung der Strom-Spannungs-Kennlinie eines Kaltleiters zu sehen.

a) Ermitteln Sie den Widerstand bis 25 V!

b) In der Abbildung befinden sich vier Kennlinien für vier verschiedene Umgebungstemperaturen. Welche Temperatur ist die größte?

c) Der Kaltleiter wird als Überlastschutz bei ϑ_1 eingesetzt. Die Betriebsspannung beträgt 300 V. Im Normalbetrieb besitzt das zu schützende Gerät einen Widerstand von 12 kΩ. Im Störfall kann sich der Widerstand auf 170 Ω verringern.
Wie groß ist dann die Stromstärke und die Spannungsaufteilung?

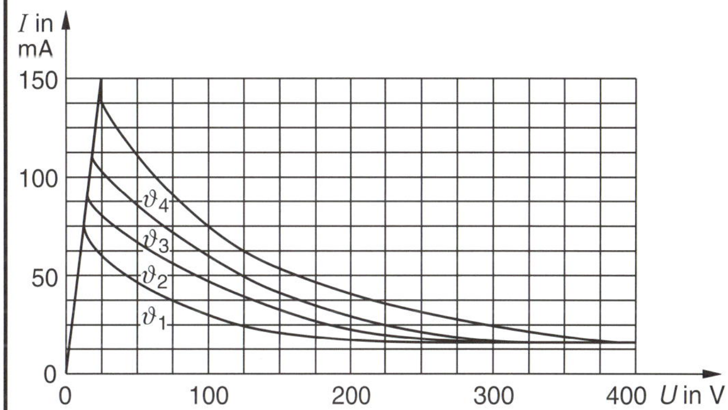

21.4 Füllstandsregelung

Kaltleiter lassen sich direkt zur Regelung oder als Schalter einsetzen. Die Abbildung zeigt die Strom-Spannungs-Kennlinie eines Kaltleiters, der sich zur Füllstandsmessung in einem Öltank befindet. Der Kaltleiter wird mit 20 V betrieben, er ist also auf eine bestimmte Temperatur aufgeheizt.

a) Erklären Sie die Wirkungsweise!

b) Zeichnen Sie einen Stromlaufplan mit einer einfachen Signalanzeige, wenn der Öltank gefüllt ist (Kaltleiter, Spannungsquelle, Relais, Signallampe)!

c) Um wieviel mA ändert sich die Stromstärke im Relais von Teil b) dieser Aufgabe ($R_{Rel} << R_{PTC}$)?

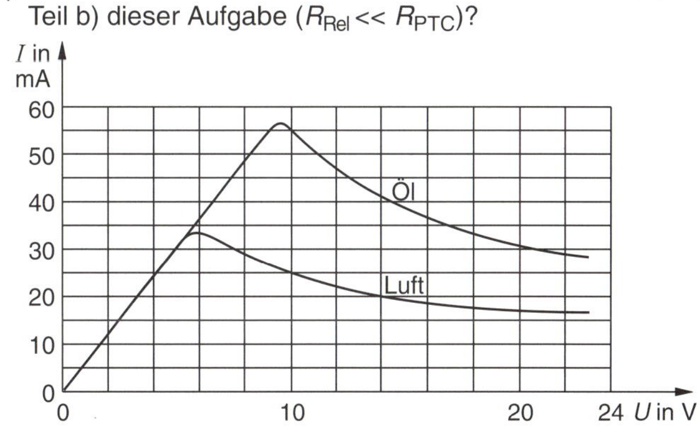

21.5 Kaltleiter als Heizungsregler

Kaltleiter eignen sich als Heizung für KFZ-Außenspiegel. Es befinden sich keine zusätzlichen Regelungselemente im Stromkreis.
Erklären Sie die grundsätzliche Wirkungsweise mit Hilfe einer Widerstands-Temperatur-Kennlinie!

22 Schaltungen mit LDR

[E63] Der Widerstandswert eines **Fotowiderstandes (LDR)** wird bei zunehmender Beleuchtungsstärke geringer.

Die Pfeile am Schaltzeichen kennzeichnen den Lichteinfall ①. Das Bauteil läßt sich direkt zur Relaissteuerung oder in Reihe mit Signallampen schalten.

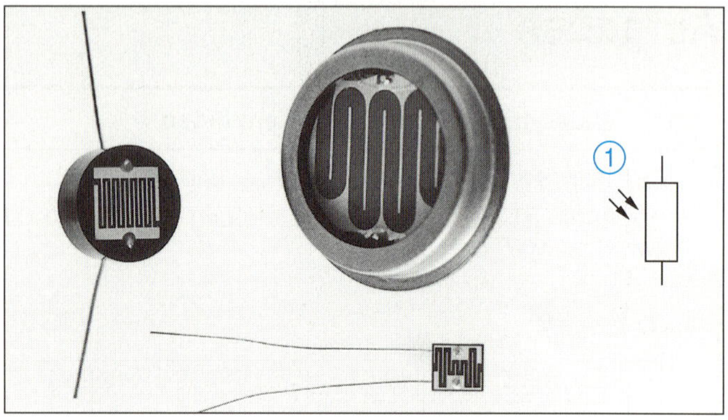

Abb. 1: Lichtabhängige Widerstände (LDR)

Auftrag

Mit einem Fotowiderstand soll eine lichtabhängige Schaltung aufgebaut werden, die bei einem bestimmten Minimum an Beleuchtungsstärke die Lampe an der Eingangstür eines Hauses einschaltet. Die Lampe soll man zusätzlich mit einem Schalter ausschalten können. Zur Lösung der Aufgabe sollen ein Fotowiderstand, ein Relais, eine Glühlampe und ein Schalter verwendet werden. Für den Stromkreis steht eine Gleichspannungsquelle zur Verfügung.

Schaltungsaufbau

Der Fotowiderstand R_1 wird in Reihe mit dem Relais K1 geschaltet (Abb. 2). Bei Dunkelheit ist R_1 groß (geringe Beleuchtungsstärke, vgl. Kennlinie in Aufgabe 21.1) und K1 hat nicht angezogen. Die Lampe E1 leuchtet. Wenn eine bestimmte Helligkeit erreicht ist, schaltet K1 und der Lampenstromkreis wird unterbrochen.

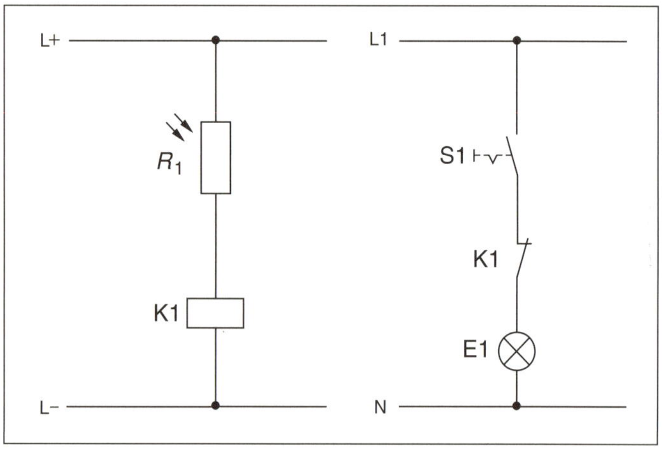

Abb. 2: Schaltung mit LDR

Aufgaben

22.1 Widerstands-Beleuchtungsstärke-Kennlinie

In der Abbildung ist in einem Diagramm der Widerstand eines LDR in Abhängigkeit von der Beleuchtungsstärke E dargestellt. Die Beleuchtungsstärke wird in Lux (lx) gemessen.

Ermitteln Sie aus dem Diagramm die Widerstandsänderung, wenn sich die Beleuchtungsstärke von 10 lx bis 10^3 lx verändert!

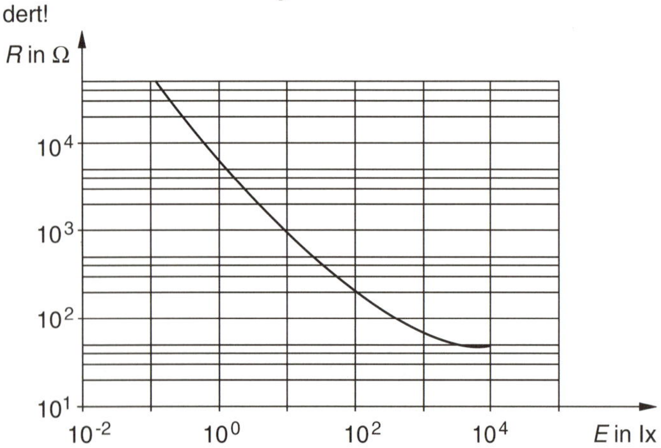

22.2 LDR im Spannungsteiler, Spannungsänderung

Ein Spannungsteiler enthält einen Wirkwiderstand und einen lichtabhängigen Widerstand. Die Betriebsspannung ist konstant.

Wie verändern sich R_{LDR}, I, die Einzelspannungen U_{LDR} und U_R, wenn die Beleuchtungsstärke steigt?

22.3 Stromstärke-Spannungs-Kennlinie (LDR) ❑

Auch bei lichtabhängigen Widerständen kann mit einer Kennlinie die Stromstärke in Abhängigkeit von der Spannung dargestellt werden. Je nach Beleuchtungsstärke ergibt sich eine andere Kennlinie.

a) Ermitteln Sie für alle Kennlinien den Widerstand bei 10 V!

b) Wie verhält sich der Widerstand des LDR im Vergleich zu einem linearen Widerstand?

c) Die Verlustleistung des LDR beträgt 100 mW.
Bis zu welcher Spannung darf der Widerstand für die verschiedenen Beleuchtungsstärken betrieben werden?

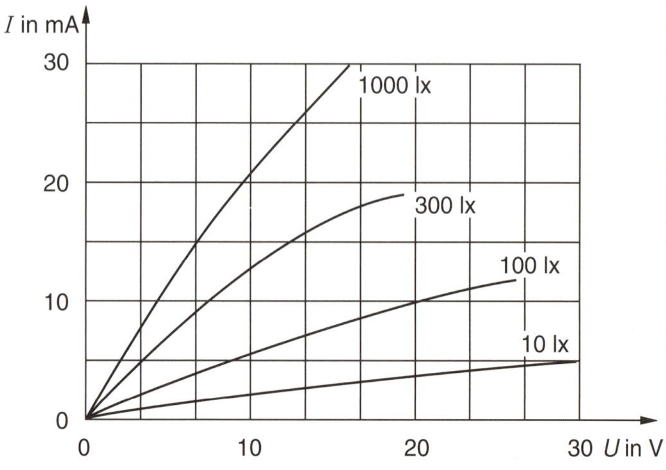

Aufgaben

22.4 LDR im Spannungsteiler, Spannungsaufteilung

Ein LDR und ein Wirkwiderstand von 1 kΩ liegen in Reihe an einer Betriebsspannung von 30 V. Die Kennlinie des LDR befindet sich in Aufgabe 22.3.

Ermitteln Sie die Spannungsaufteilung sowie die Stromstärken bei den Beleuchtungsstärken 1000 lx, 300 lx, 100 lx und 10 lx.

22.5 Lampenüberwachungsanlage

Die Abbildung zeigt eine Lampenüberwachungsanlage. E1 beleuchtet R1 und E2 beleuchtet R2.

Erklären Sie die Funktion der Schaltung, wenn E1 und E2 ausfallen!

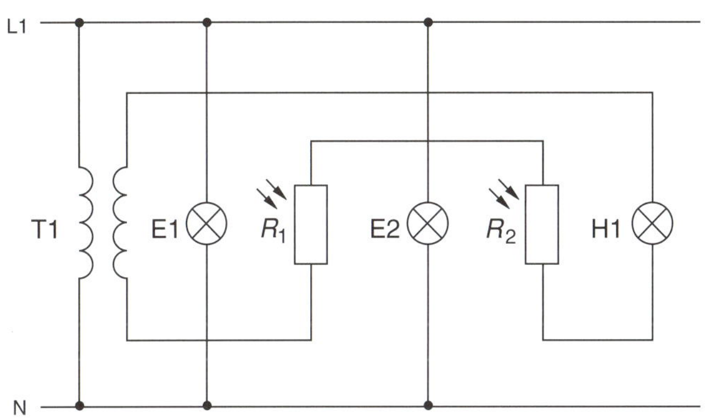

22.6 Messung der Beleuchtungsstärke

Fotowiderstände lassen sich zur Messung der Beleuchtungsstärke verwenden. Zeichnen Sie den Stromlaufplan nach folgenden Bedingungen:

- elektrochemische Spannungsversorgung,
- Stromstärkenmeßgerät als Anzeigeninstrument,
- Fotowiderstand,
- Widerstand zur Kontrolle der Spannungsquelle,
- Umschalter mit folgender Funktion: Betriebsspannungskontrolle oder Beleuchtungsstärke.

22.7 Rufanlage mit Speicherung

In der Abbildung ist eine einfache Rufanlage mit Rufspeicherung zu sehen. Die Signallampe ist so angeordnet, daß sie den LDR beleuchten kann.

Erklären Sie die Funktion der Schaltung!

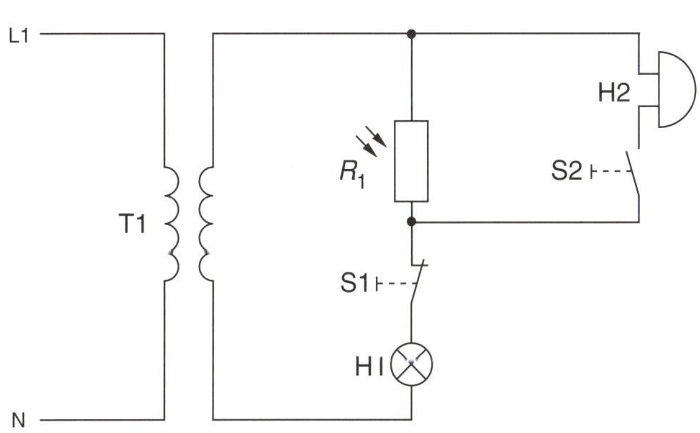

22.8 Optische Signalanzeige

Von einem Krankenzimmer aus soll ein Wecker im Raum der Stationsschwester betätigt werden. Gleichzeitig soll dieses akustische Signal optisch durch eine Lampe angezeigt werden. Die Lampe soll auch dann leuchten, wenn der Patient den Taster nicht mehr betätigt. Durch einen Taster bei der Stationsschwester soll die Lampe wieder gelöscht werden können.

Der Auftrag soll mit einem lichtabhängigen Widerstand gelöst werden. Die Anlage wird über einen Kleintransformator mit Wechselspannung betrieben.

Zeichnen Sie den Stromlaufplan!

22.9 Überwachung der Beleuchtungsstärke

Die Signallampe H1 soll dann aufleuchten, wenn eine bestimmte Beleuchtungsstärke überschritten wird.

a) Bei welcher Beleuchtungsstärke ist das der Fall, wenn der Widerstand des Relais 140 Ω beträgt und die Anzugsstromstärke 0,1 A groß ist?

b) Bei welcher Beleuchtungsstärke verlischt H1 wieder, wenn K1 einen Haltestrom von 50 mA benötigt?

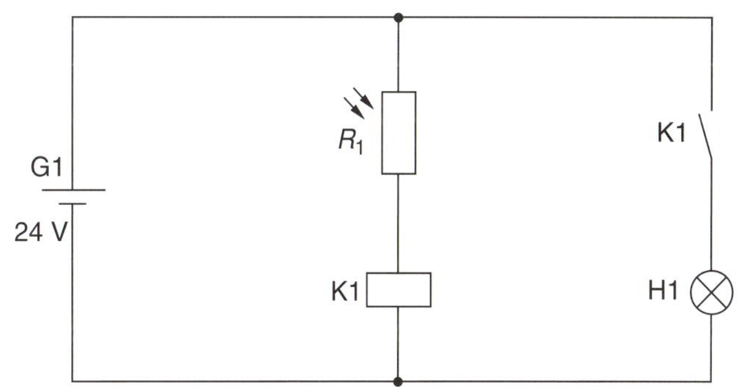

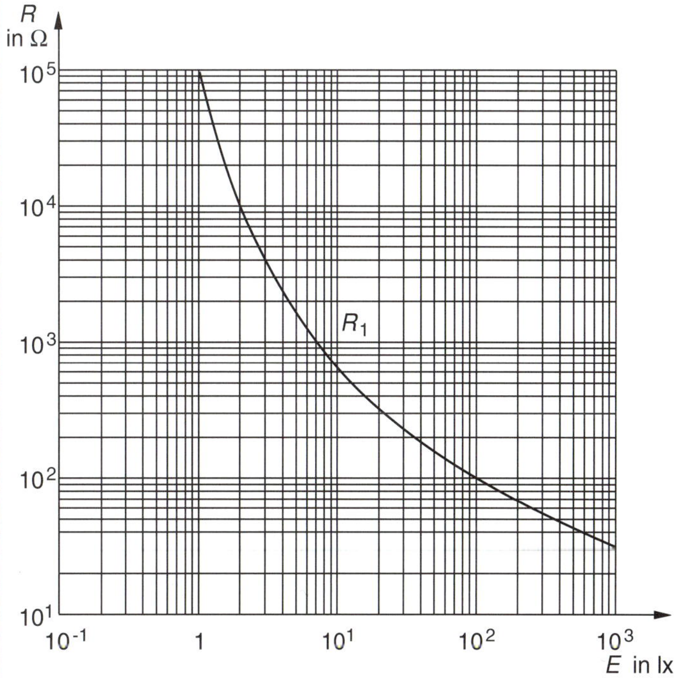

23 Schaltungen mit Dioden

Aus der Strom-Spannungs-Kennlinie einer Diode von Abb. 2 kann man entnehmen, daß die Kennlinienteile im I. und III. Quadranten nicht gleich sind. Im I. Quadranten steigt die Kennlinie ab etwa 0,7 V steil an (**Durchlaßbereich**), während sie im III. Quadranten zunächst fast waagerecht verläuft (**Sperrbereich**) und erst bei höheren Spannungen ansteigt. Die Kennlinie ist also unsymmetrisch und verdeutlicht, daß das Verhalten der Diode von der jeweiligen Polarität der angelegten Spannung abhängig ist.

Auftrag 1

Das Widerstandsverhalten einer Diode im Durchlaß- und im Sperrbereich soll ermittelt werden (Abb. 2).

Gewählte Spannungen: $U_{F1} = 0{,}5$ V; $U_{F2} = 0{,}9$ V; $U_{R1} = -300$ V

Lösung

Der Widerstand eines Bauteils kann ermittelt werden, indem man die gewählte Spannung durch die dazugehörige Stromstärke dividiert. Dieser Widerstand wird als **Gleichstromwiderstand** R bezeichnet.

Durchlaßbereich: $R_{F1} = \frac{0{,}5\ \text{V}}{12\ \text{mA}}$ $\quad R_{F1} = 42\ \Omega$ ①

$R_{F2} = \frac{0{,}9\ \text{V}}{55\ \text{mA}}$ $\quad R_{F2} = 16{,}4\ \Omega$ ②

Sperrbereich: $R_{R1} = \frac{300\ \text{V}}{8\ \mu\text{A}}$ $\quad R_{R1} = 38\ \text{M}\Omega$ ③

Aus diesen Werten erkennt man, daß der Widerstand im Durchlaßbereich erheblich kleiner ist als im Sperrbereich. Außerdem wird deutlich, daß der Widerstand von der Steilheit der Kennlinie abhängig ist.

[E64] Dioden besitzen im Durchlaßbereich einen kleinen und im Sperrbereich einen erheblich größeren Widerstand.
Je steiler die Kennlinie, desto kleiner ist der Widerstand.

Da Dioden im Durchlaß- und im Sperrbereich ein unterschiedliches Verhalten zeigen, können sie in Schaltungen Ventilaufgaben übernehmen. Je nach Polung der Spannungsquelle fließt Strom oder kein Strom (vernachlässigbar kleiner Strom). Dieses Verhalten entspricht also dem Verhalten eines Schalters. Ein entsprechender Vergleich zwischen einem mechanischen Schalter und einer Diode als Schalter (elektronischer Schalter) ist in Abb. 3 zu sehen.

[E65] Dioden können in Stromkreisen die Aufgaben von Schaltern übernehmen.

In der Elektrotechnik werden nicht nur Gleichspannungen und Gleichströme verwendet, sondern auch wechselnde Spannungen und Ströme. Von einem Arbeitspunkt z. B. aus vergrößert oder verringert sich die Spannung. Für diesen **Arbeitspunkt** lassen sich ebenfalls Widerstände angeben. Sie werden als **differentielle Widerstände (Wechselstromwiderstände)** bezeichnet.

Die zeichnerische Ermittlung geschieht auf folgende Weise:

- An die Kurve im gewählten Arbeitspunkt eine **Tangente** (Berührende) legen (Abb. 2).
- Dreieck mit ΔU und ΔI zeichnen.
- Wechselstromwiderstand aus den Änderungen berechnen.

[E66] Differentielle Widerstände (Wechselstromwiderstände) werden ermittelt, indem man eine Tangente an die Kurve in den Arbeitspunkt legt und die Spannungsänderung durch die Stromstärkenänderung dividiert.

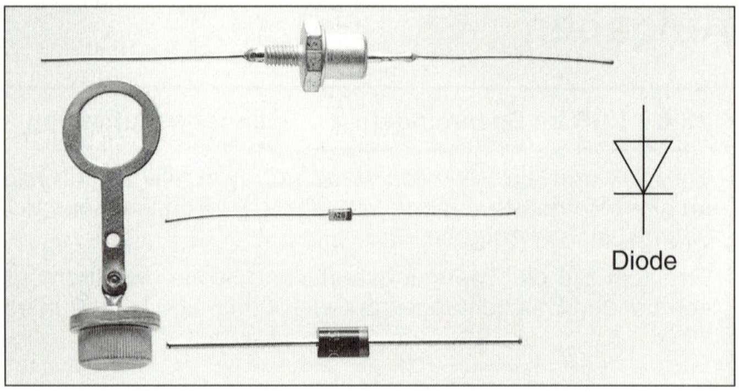

Abb. 1: Dioden

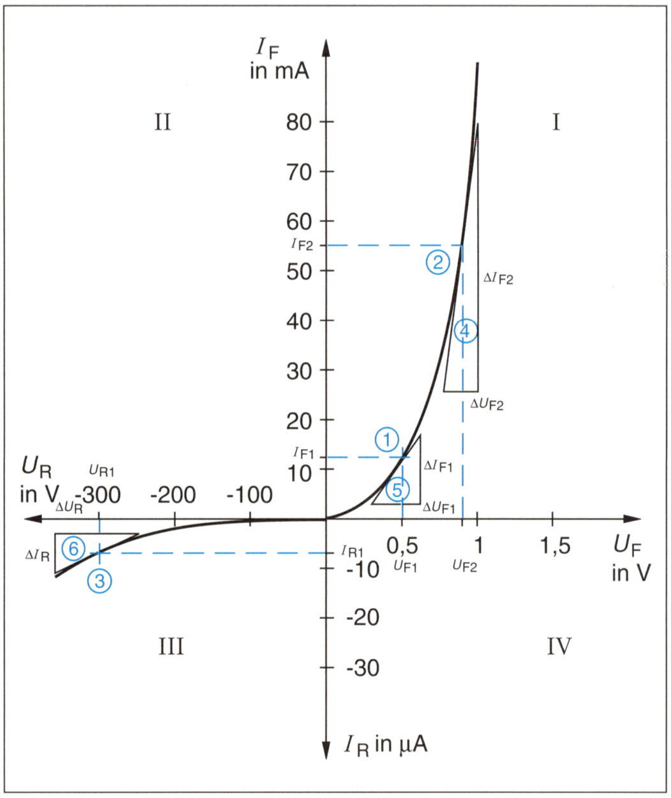

Abb. 2: Diodenkennlinie und Widerstandsermittlung

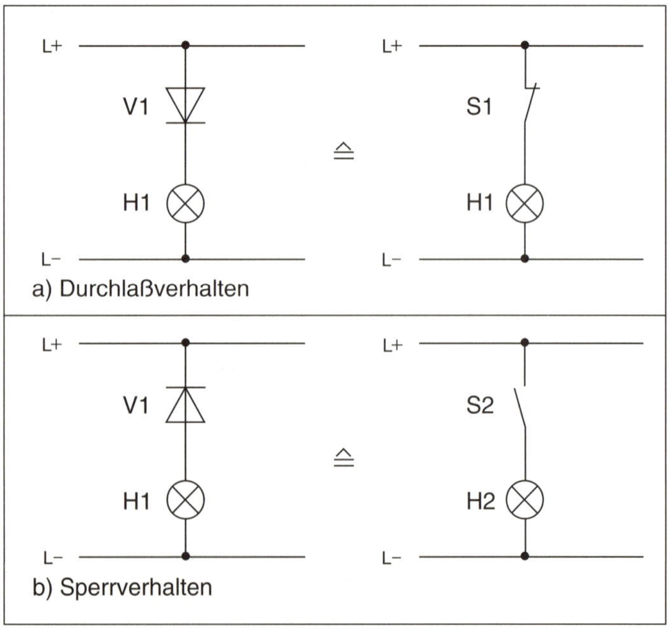

Abb. 3: Vergleich zwischen Diode und Schalter

Nach diesem Verfahren ergeben sich folgende Werte:

Durchlaßbereich: $r_{F1} = \dfrac{0{,}3\ \text{V}}{12\ \text{mA}}$ $\qquad r_{F1} = 25\ \Omega$ ④

$r_{F2} = \dfrac{0{,}2\ \text{V}}{54\ \text{mA}}$ $\qquad r_{F2} = 3{,}7\ \Omega$ ⑤

Sperrbereich: $r_{R1} = \dfrac{110\ \text{V}}{9\ \mu\text{A}}$ $\qquad r_{R1} = 3{,}7\ \text{M}\Omega$ ⑥

Aus den Ergebnissen erkennt man, daß die Werte der Gleich- und Wechselstromwiderstände voneinander abweichen.

Auftrag 2

Zwischen drei Fließbandarbeiten und der Endabnahme sollen Störungen durch ein optisches Signal weitergegeben werden (Abb. 4).

- Treten beim Arbeiter A Störungen auf, dann soll diese Information an die Arbeiter B, C und an die Endabnahme gelangen.
- Treten beim Arbeiter B Störungen auf, dann soll diese Information an den Arbeiter C und an die Endabnahme gelangen.
- Treten beim Arbeiter C Störungen auf, dann soll diese Information nur an die Endabnahme gelangen.

Für die Endabnahme sowie für die Arbeiter B und C sind jeweils eine Signallampe vorzusehen. Relais oder Logikbausteine sollen nicht verwendet werden. Es steht eine Gleichspannungsquelle von 24 V zur Verfügung.

Lösung mit Schaltern

Es bietet sich zunächst an, den Auftrag mit Schaltern zu lösen (Abb. 5).

Schaltungsbeschreibung

- Wenn S1 geschlossen ist, dann leuchten H1, H2 und H3.
- Wenn S2 geschlossen ist, dann leuchten H2 und H3.
- Wenn S3 geschlossen ist, dann leuchtet H3.

Schalter	Lampen		
	H1	H2	H3
S1	1	1	1
S2	0	1	1
S3	0	0	1

Wertetabelle

Lösung mit Schaltern und Dioden

Die Schaltung läßt sich mit den Abb. 6 bis 8 wie folgt schrittweise erklären:

- Damit nur H3 bei geschlossenem Schalter S3 leuchtet, muß S3 direkt mit H3 verbunden werden (erste Teillösung, Abb. 6).
- Wenn S2 betätigt wird, sollen H2 und H3 leuchten. Eine direkte Parallelschaltung mit H2 und H3 wäre falsch, da in diesem Fall ja auch beim Betätigen von S3 zusätzlich H2 leuchtet. Es muß also verhindert werden, daß beim Betätigen von S3 ein Strom durch H2 fließt. Erreichen läßt sich dies mit der Diode V2 (Abb. 7). Beim Betätigen von S2 leuchten H2 und H3, weil V2 in Durchlaßrichtung betrieben wird (Abb. 7).
- Wenn man das gleiche Prinzip weiter verfolgt und dabei den Stromweg von H1 durch die Diode V1 ergänzt, dann ist die Schaltung vollständig (Abb. 8).

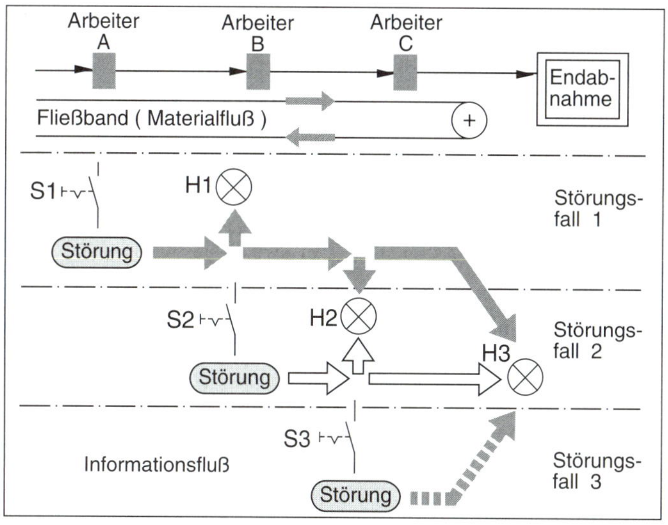

Abb. 4: Material- und Informationsfluß am Fließband

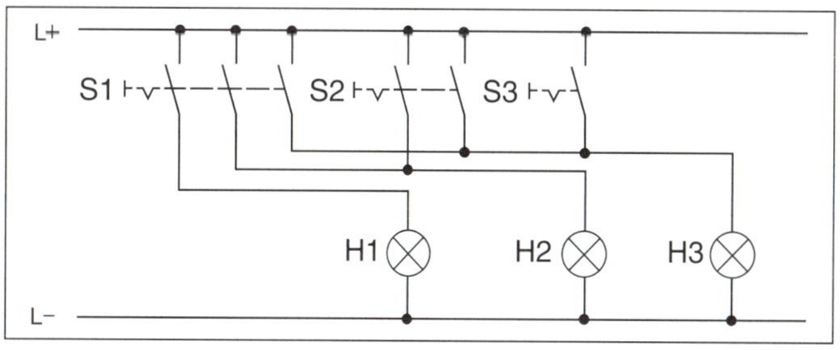

Abb. 5: Summation von Schaltsignalen durch Schalter

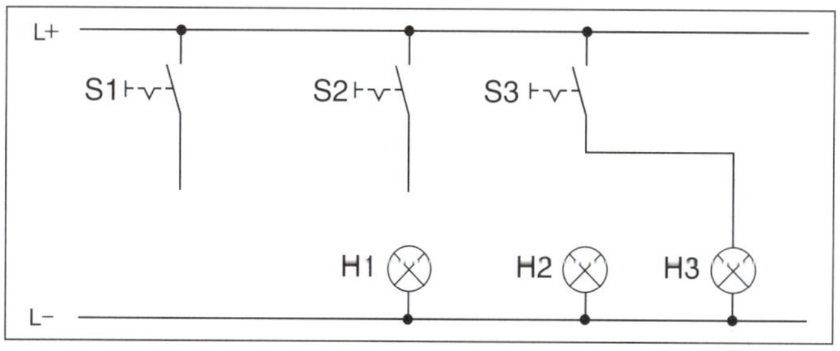

Abb. 6: Erste Teillösung des Auftrags mit Dioden

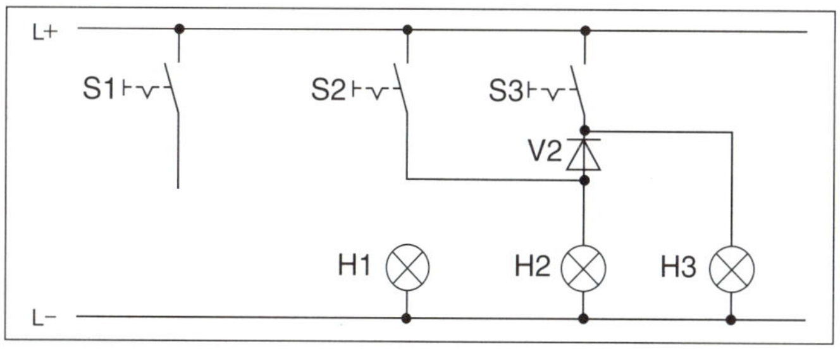

Abb. 7: Zweite Teillösung des Auftrags mit Dioden

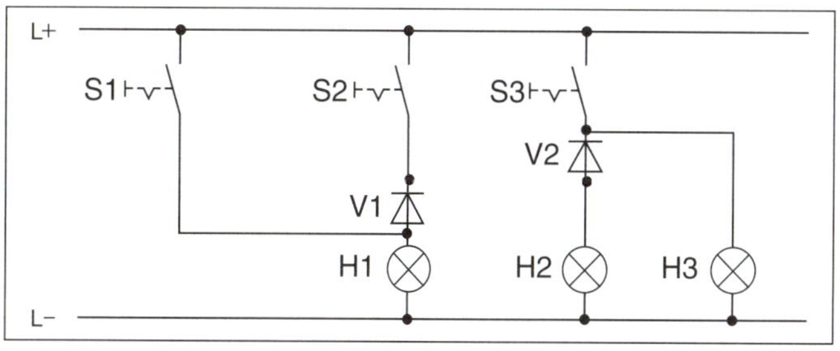

Abb. 8: Vollständige Lösung des Auftrags mit Dioden (Summation von Schaltsignalen)

23 Schaltungen mit Dioden

Die Eigenschaft einer Diode, sich wie ein Schalter zu verhalten, benutzt man, um die beim Unterbrechen von Strömen in Induktivitäten entstehenden Spannungen zu verhindern. In Abb. 1 ist dazu ein Beispiel zu sehen. Die Diode schützt den Transistor vor den Induktionsspannungen der Relaisspule.

Für den Normalfall (Relais angezogen) bedeutet die Diode keine Belastung für die Spannungsquelle, da sie in Sperrichtung betrieben wird (sehr großer Widerstand). Erst wenn der Kollektorstrom unterbrochen wird, entsteht eine Induktionsspannung an der Spule, die so gerichtet ist, daß die Diode in Durchlaßrichtung geschaltet ist. Es liegt also nur in diesem Fall der kleine Durchlaßwiderstand der Diode parallel zur Spule (Abb. 1).

[E67] Durch zu Induktivitäten parallel geschaltete Dioden lassen sich bei Stromunterbrechung hohe Induktionsspannungen verhindern (Fachwort: **Freilaufdiode**).

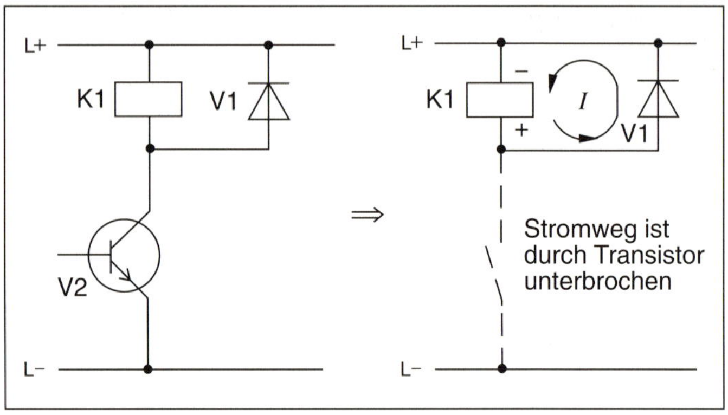

Abb. 1: Schutz vor hohen Induktionsspannungen durch Paralleldiode (Freilaufdiode)

Aufgaben

23.1 Strom-Spannungs-Kennlinie 1 (Diode)

Die Strom-Spannungs-Kennlinie einer Germanium- und einer Silicium-Diode in Durchlaßrichtung soll aufgenommen werden.

a) Zeichnen Sie den Stromlaufplan für die Meßschaltung!

b) Zeichnen Sie die Kennlinien, wenn folgende Meßwerte vorliegen:
Maßstab: 10 mA ≙ 5 cm; 0,1 V ≙ 2 cm

Germanium-Diode

U_F in V	0,10	0,20	0,25	0,30	0,35	0,40	0,45
I_F in mA	0	0,70	2,0	4,3	8,0	14	30

Silicium-Diode

U_F in V	0,30	0,40	0,50	0,55	0,60	0,65	0,70	0,75	0,80
I_F in mA	0	0,2	1,0	2,0	4,0	7,3	14,3	22,3	36,7

c) Berechnen Sie zu den in Teil b) ermittelten Größen die jeweiligen Gleichstromwiderstände!

d) Berechnen Sie an Hand der Kennlinien die Wechselstromwiderstände für die folgenden Spannungsänderungen!
Germanium-Diode: 0,40 V ... 0,45 V
Silicium-Diode: 0,75 V ... 0,80 V

23.2 Schaltungen mit Dioden

In der Abbildung ist die Durchlaßkennlinie einer einzelnen Diode abgebildet.

Zeichnen Sie für die Fälle a), b) und c) die resultierenden Kennlinien der Schaltungen!

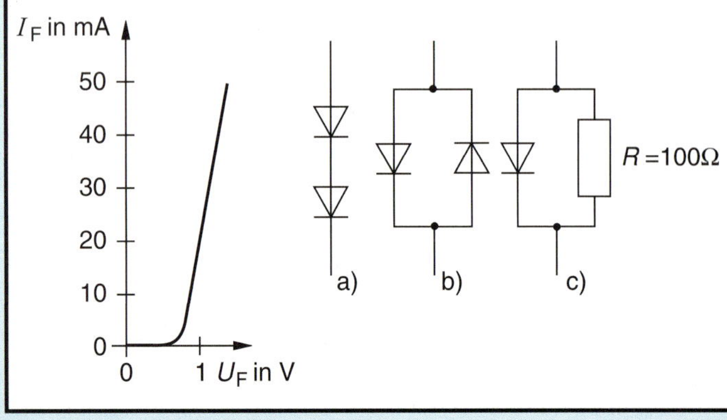

23.3 Strom-Spannungs-Kennlinie 2 (Diode)

Kennlinien von Dioden werden häufig in Diagrammen mit logarithmischen Achsenteilungen dargestellt. Entnehmen Sie entsprechende Daten aus der Abbildung und stellen Sie den Durchlaßstrom I_F der Silicium-Diode in Abhängigkeit von der Durchlaßspannung U_F in einem Diagramm mit linearer Achsenteilung dar (bis U_F = 0,9 V).

Maßstab: 0,1 V ≙ 2 cm; 10 mA ≙ 2 cm

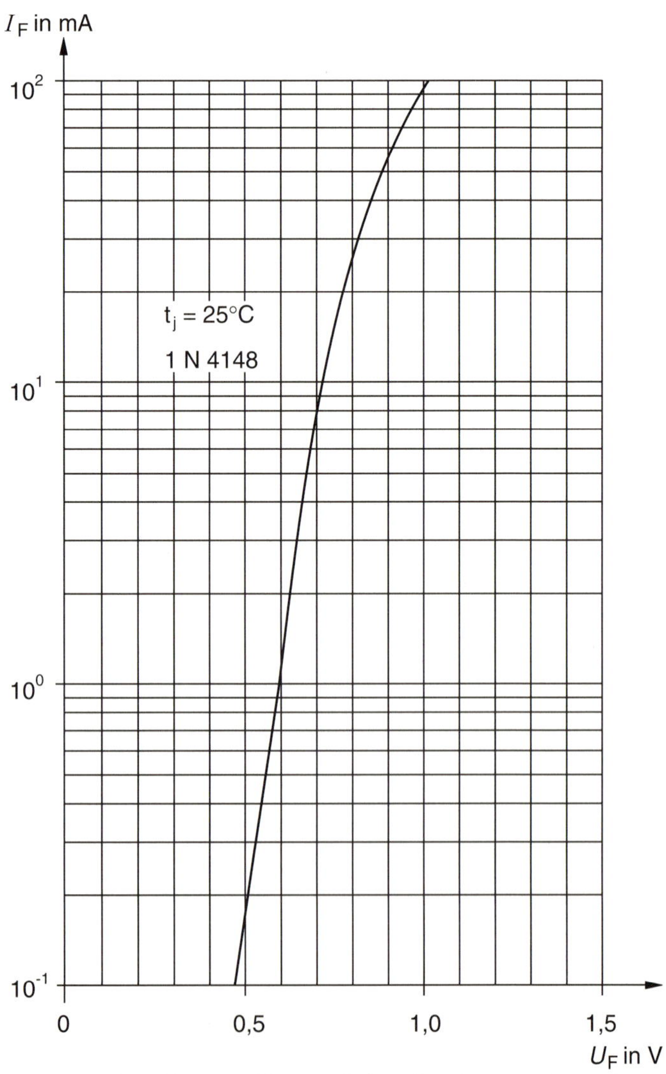

Aufgaben

23.4 Reihenschaltung von Diode und Wirkwiderstand

a) Ermitteln Sie auf graphischem Wege die Stromstärke durch die Reihenschaltung sowie die Spannungsaufteilung!

b) Die Betriebsspannung ändert sich um ± 10 %. Um wieviel Prozent ändert sich die Stromstärke?

c) Bewerten Sie das Ergebnis von Teil b). Für welchen Anwendungsbereich läßt sich die Reihenschaltung aus Diode und Wirkwiderstand verwenden?

d) Zu der einen Diode wird eine weitere gleichartige in Reihe geschaltet. Zeichnen Sie die resultierende Kennlinie beider Dioden und ermitteln Sie die Stromstärke in der Schaltung sowie den Spannungsabfall an der Diode! (R = 1 kΩ)

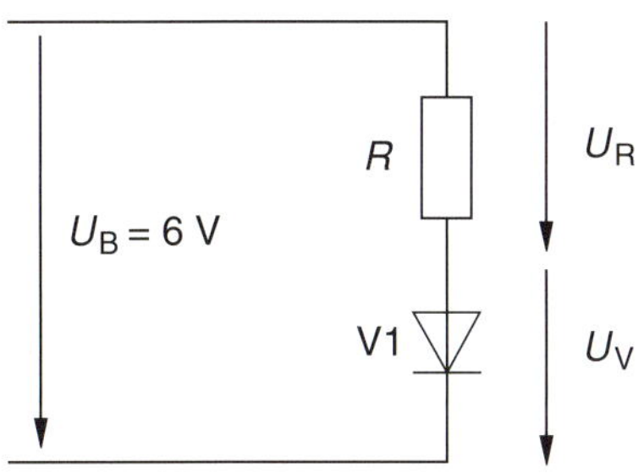

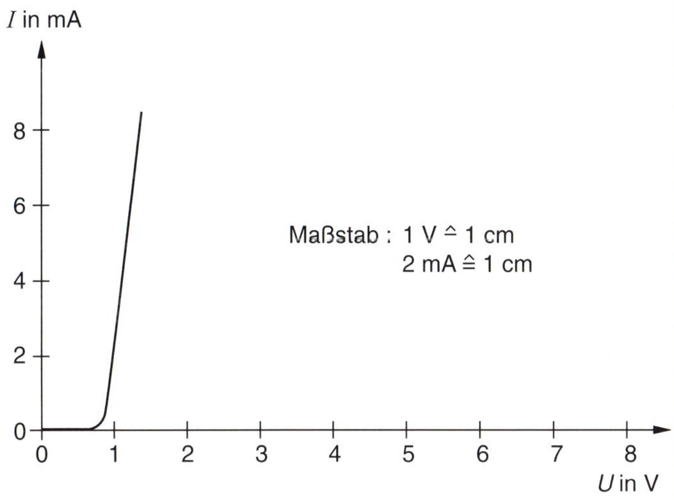

23.5 Kennlinien unbekannter Diodenschaltungen

In der Abbildung sind die Kennlinien von Schaltungen abgebildet, in denen sich Dioden befinden.

Zeichnen Sie für jeden Fall den Stromlaufplan!

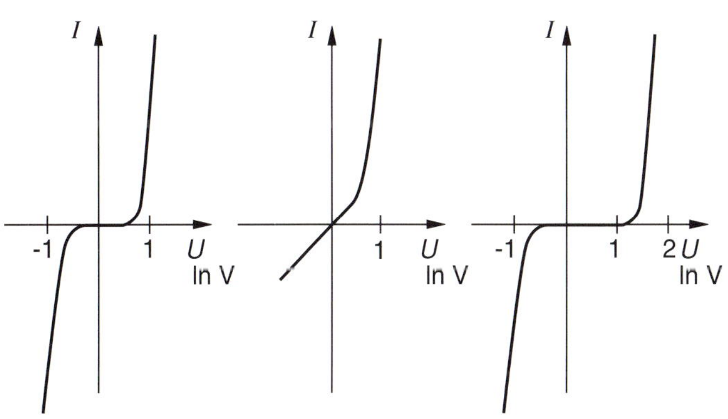

a) b) c)

23.6 Unbekannte Schaltungen

Vier vergossene Schaltungen mit ie drei Anschlüssen werden mit einem Widerstandsmeßgerät untersucht. Der maximale und eindeutig ablesbare Widerstandswert mit dem verwendeten Meßgerät beträgt etwa 50 kΩ.

Es wird vermutet, daß sich Dioden in der Schaltung befinden. Deshalb wird jede Strecke mit unterschiedlichen Polaritäten des Widerstandsmeßgerätes gemessen.

Zeichnen Sie die Stromlaufpläne, wenn die folgenden Meßwerte ermittelt wurden:

a)	R_{AB} = 5 kΩ	(B positiv)	b)	R_{AB} = 2 Ω	(A positiv)
	R_{AB} = 5 kΩ	(A positiv)		R_{AB} = 10 kΩ	(B positiv)
	R_{AC} = 5 kΩ	(C positiv)		R_{AC} = 12 Ω	(A positiv)
	$R_{AC} \to \infty$	(A positiv)		R_{AC} = 10 kΩ	(C positiv)
	R_{BC} = 2 Ω	(C positiv)		R_{BC} = 10 Ω	(B positiv)
	$R_{BC} \to \infty$	(B positiv)		R_{BC} = 10 Ω	(C positiv)
c)	R_{AB} = 2 Ω	(A positiv)	d)	R_{AB} = 60 Ω	(A positiv)
	$R_{AB} \to \infty$	(B positiv)		R_{AB} = 60 Ω	(B positiv)
	$R_{AC} \to \infty$	(A positiv)		R_{AC} = 30 Ω	(A positiv)
	$R_{AC} \to \infty$	(C positiv)		R_{AC} = 30 Ω	(C positiv)
	R_{BC} = 2 Ω	(C positiv)		R_{BC} = 70 Ω	(C positiv)
	$R_{BC} \to \infty$	(B positiv)		R_{BC} = 70 Ω	(B positiv)

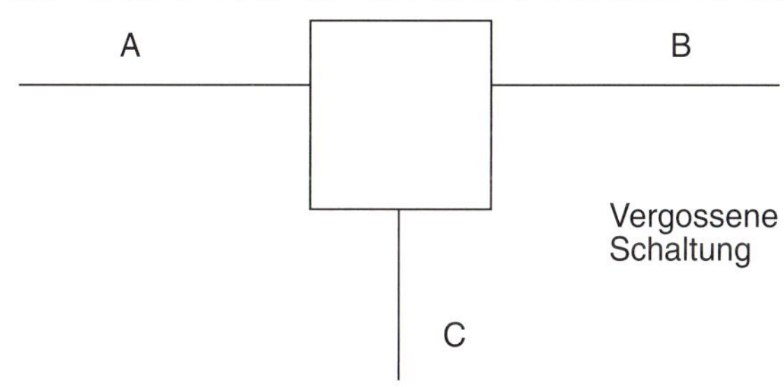

23.7 Diode mit Schutzfunktion

In der Abbildung soll die Diode eine Schutzfunktion gegenüber hohen Induktionsspannungen übernehmen.

Überprüfen Sie die Funktion der Schaltung!

Wenn Fehler vorhanden sind, zeichnen Sie den richtigen Stromlaufplan!

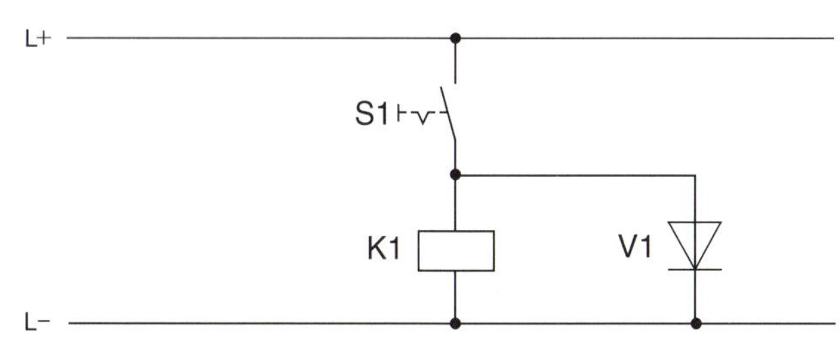

23.8 Antiparallele Dioden am Meßwerk

Zu einem Meßwerk sind zwei Dioden antiparallel geschaltet. Sie sollen das Meßwerk vor zu hohen Spannungen schützen. Erklären Sie ihre Schutzfunktion!

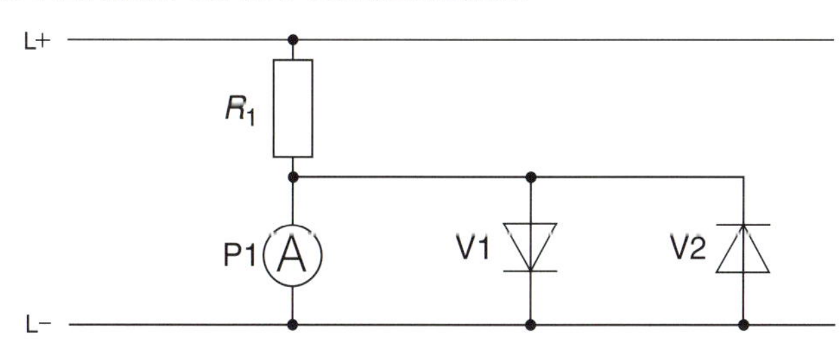

Aufgaben

23.9 Summation von Schaltsignalen 1

a) Die Schalter S2 und S3 in Abb. 8; S. 85 werden gleichzeitig betätigt.
Zeichnen Sie den Stromlaufplan und deuten Sie die Stromwege durch Strompfeile an Leitungen und Bauteilen an!

b) Welches Signalverhalten zeigt die Schaltung der Abb. 8; S. 85 in folgenden Fällen:
- V1 hat eine Unterbrechung
- V2 hat eine Unterbrechung

23.10 Summation von Schaltsignalen 2

a) Bei der Schaltung von Abb. 8; S. 85 wird die Polarität der Betriebsspannung vertauscht.
Wie wirkt sich dieser Fehler auf das Signalverhalten der Lampen aus?
Geben Sie das Verhalten in einer Wertetabelle an!

b) Die Schaltung der Abb. 8; S. 85 soll nur bei der dort angegebenen Polarität der Spannungsquelle gemäß der Wertetabelle arbeiten. Wenn die Polarität falsch ist (fehlerhaft angeschlossen), soll keine Lampe leuchten.
Zeichnen Sie einen Stromlaufplan mit einem zusätzlichen Bauteil, das diese Bedingungen erfüllt!

23.11 Polaritätsanzeige

In der Abbildung ist eine Polartitäts-Anzeige-Einheit mit Leuchtdioden zu sehen. Externe Bauteile sind hinzugeschaltet worden.

a) Erklären Sie die Funktion der Schaltung, wenn zwischen 1 und 2 eine Gleichspannung gelegt wird!

b) Wie verhält sich die Schaltung, wenn eine Wechselspannung angelegt wird?

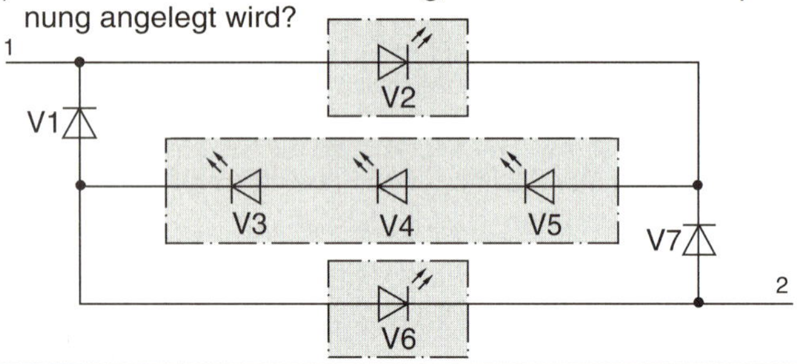

23.12 Umschaltung mit einer zweiadrigen Leitung ❑

Die Schaltung soll mit nur einer Leitung (zwei Leiter) zwischen A1 und A2 und einem Umschalter folgende Funktion besitzen:
- Wenn S1 nicht betätigt ist, soll K1 angezogen sein.
- Wenn S1 betätigt ist, soll K2 anziehen und K1 abfallen.

Zeichnen Sie den Stromlaufplan, wenn die Bauteile entsprechend der Abbildung in ihrer Anordnung vorgegen sind!

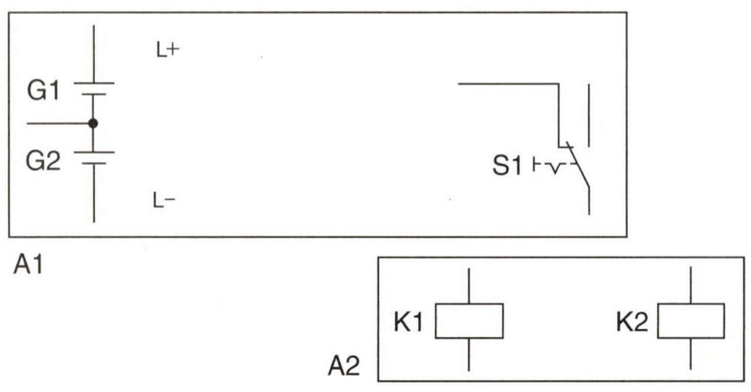

23.13 Trennung von Schaltsignalen

Die abgebildete Schaltung dient zur Trennung von Schaltsignalen.

a) Zeichnen Sie einen Stromlaufplan, bei dem X1 positiv und X2 negativ ist!
Kennzeichnen Sie die Stromrichtung durch Strompfeile an Leitungen und Bauteilen, wenn S1 betätigt wird!

b) Welche Dioden sind leitend, wenn nur S2 betätigt wird?

c) Wie verhält sich die Schaltung, wenn X1 negativ und X2 positiv wird und die Schalter nacheinander betätigt werden?

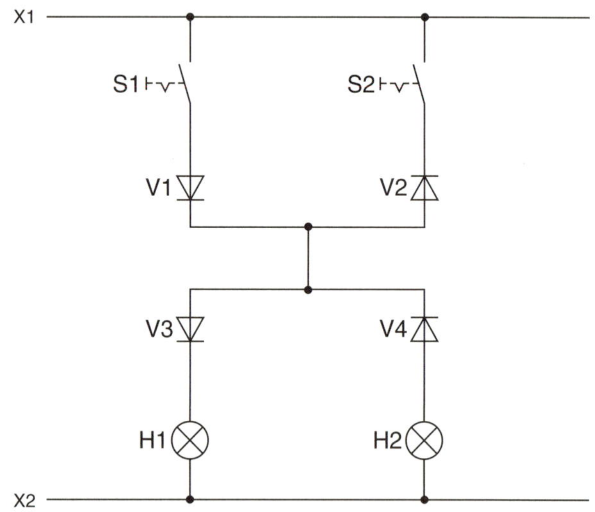

23.14 Sieben-Segment-Element

Mit dem Sieben-Segment-Element soll durch Betätigung von S1 die Zahl 3 zur Anzeige gebracht werden.

Zeichnen Sie den Stromlaufplan ohne Netzteil!

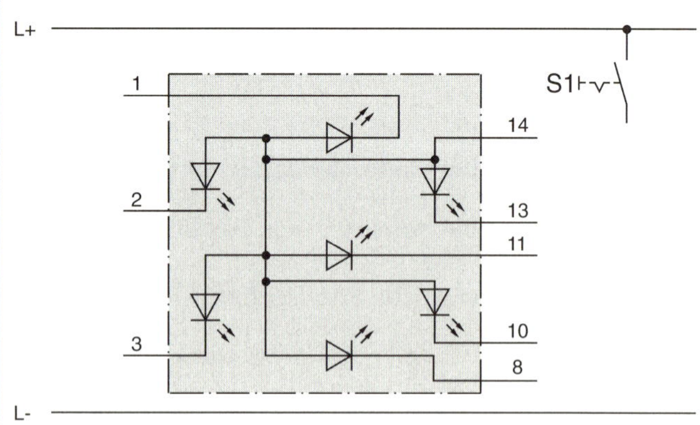

23.15 Steuerung von Schaltsignalen

Zwei Relais K1 und K2 sollen durch drei Taster so geschaltet werden, daß
- durch S1 nur K1 anzieht,
- durch S3 nur K2 anzieht und
- durch S2 beide Relais anziehen.

Zeichnen Sie den Stromlaufplan mit 2 Dioden und 3 einpoligen Schaltern!

Auftrag

Die Abb. 1 zeigt die Unterseite der Platine einer gedruckten Schaltung mit Widerständen, Kondensatoren und zwei NPN-Transistoren. Da sich die Bauteile an der Oberseite befinden, sind sie gestrichelt dargestellt worden. Die Leiterbahnen sind grau unterlegt ① und die Bohrungen für die Bauteile sind durch Punkte gekennzeichnet ②.

Zur Erklärung der Schaltung soll ein Stromlaufplan in aufgelöster Darstellung gezeichnet werden.

Lösung

Beim Übertragen der gedruckten Schaltung in einen Stromlaufplan ist es zunächst sinnvoll, die Leiterbahnen für die Spannungsversorgung des Verstärkers zu finden. Es sind dies offensichtlich die obere ③ und die untere ④ Leiterbahn. Sie werden im Stromlaufplan der Abb. 2 als durchgehende Linien gezeichnet, ③ ④.

Wesentliche Elemente eines Verstärkers sind die Transistoren. Sie sollen als nächstes in den Stromlaufplan so plaziert werden, daß der Emitter nach unten zeigt ⑤. Danach können die übrigen Bauteile wie in Abb. 2 eingezeichnet werden.

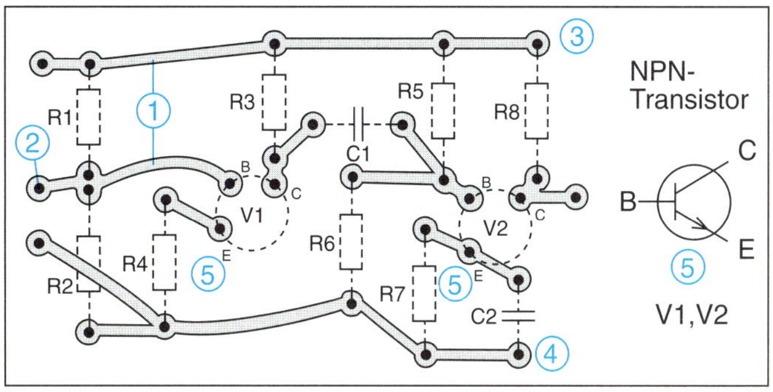

Abb. 1: Gedruckte Schaltung eines Verstärkers

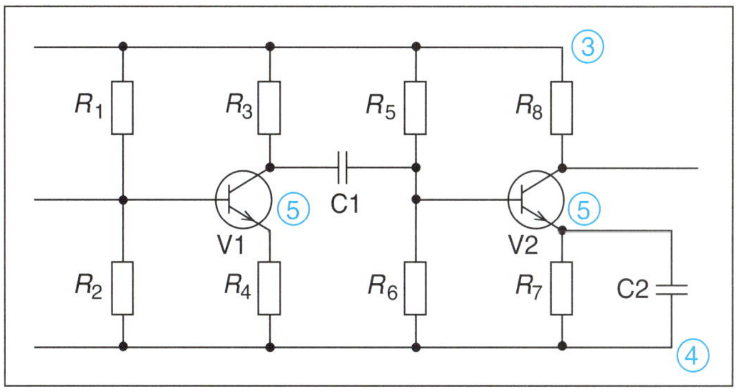

Abb. 2: Stromlaufplan zu Abb.1

Aufgaben

24.1 Multivibrator

Die Unterseite der Platine eines Multivibrators sowie die Bestückungsanordnung sind getrennt dargestellt worden. Zeichnen Sie den Stromlaufplan in aufgelöster Darstellung.

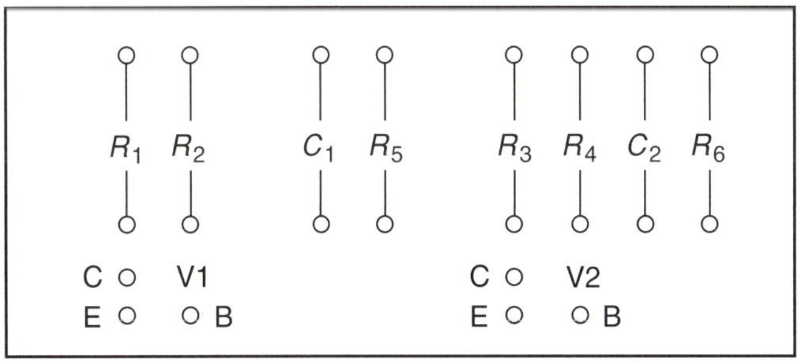

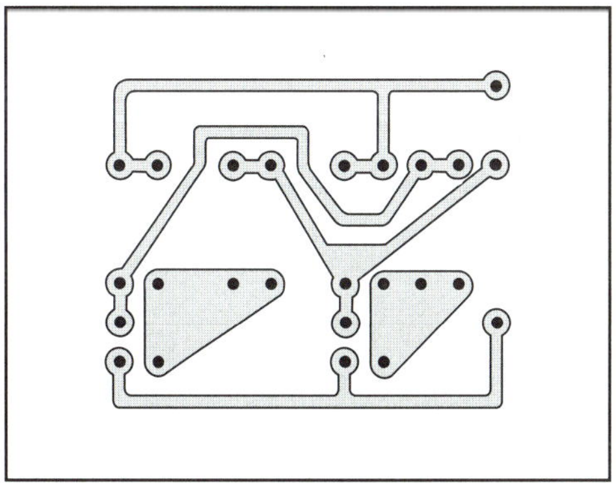

24.2 Stabilisiertes Netzteil

Zeichnen Sie den Stromlaufplan in aufgelöster Darstellung für die Platine des abgebildeten Netzteils. Der Transistor V6 befindet sich außerhalb der Platine. Er soll in den Stromlaufplan mit eingezeichnet werden.

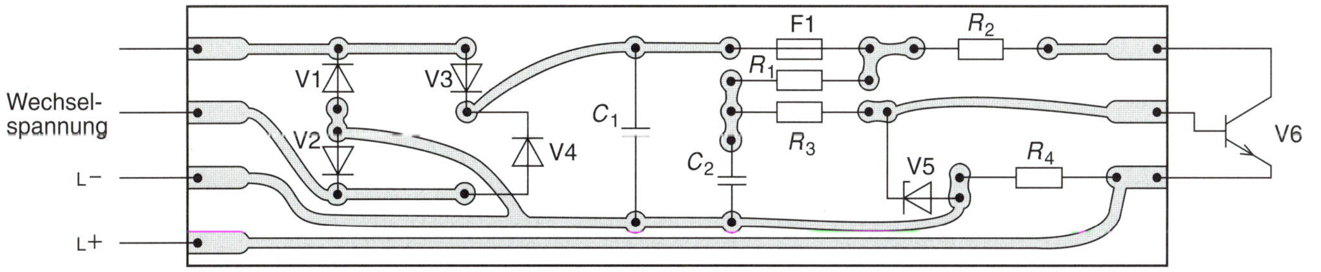

Papierformate nach DIN 476 T. 1 u. 2

Reihe A

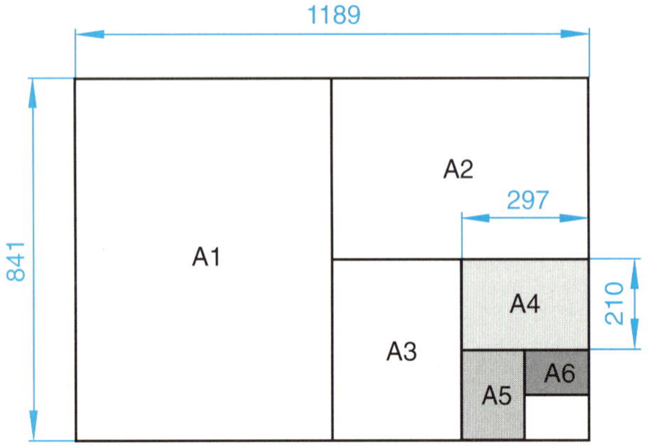

A0: 1189 mm x 841 mm = 1 m^2

Anwendungen: Schreibpapier, Zeichenpapier

Reihe B

B0: 1000 mm x 1414 mm = 1,414 m^2

Anwendungen: Aktendeckel, Schnellhefter

Reihe C

C0: 917 mm x 1297 mm = 1,189 m^2

Anwendungen: Briefumschläge

Blattgrößen

Beispiel: A4

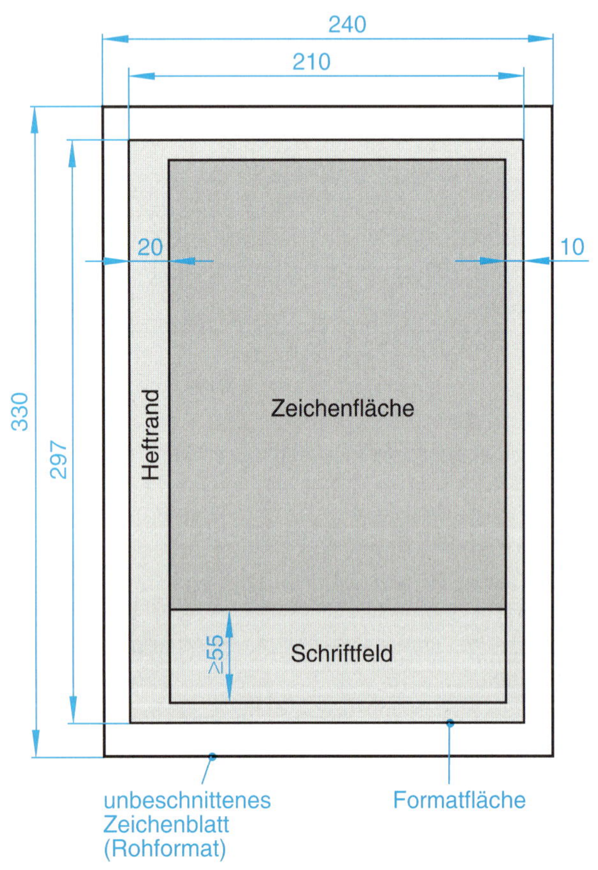

Normschrift

Schriftform B kursiv (75°)

ABCDEFGHIJKLMNOPQRSTUVW

XYZÄÜÖ 1234567890IVX

abcdefghijklmnopqrstuvwxyz

äöüß±□ [(!?:;"-=+x·:√%&)]Φ

Anwendung: Schreiben ohne Schablone

ISO-Normschrift nach DIN 6776

Schriftform B vertikal (90°)

ABCDEFGHIJKLMNOPQRSTUVW

XYZÄÜÖ 1234567890IVX

abcdefghijklmnopqrstuvwxyz

äöüß±□ [(!?:;"-=+x·:√%&)]Φ

Anwendung: Schreiben mit Schablone

Griechische Schrift nach DIN 1453

αΑ	βΒ	γΓ	δΔ	εΕ	ζΖ	ηΗ	ϑΘ
Alpha	Beta	Gamma	Delta	Epsilon	Zeta	Eta	Theta
ιΙ	κΚ	λΛ	μΜ	νΝ	ξΞ	οΟ	πΠ
Jota	Kappa	Lambda	My	Ny	Ksi	Omikron	Pi
ρΡ	σΣ	τΤ	υΥ	φΦ	χΧ	ψΨ	ωΩ
Rho	Sigma	Tau	Ypsilon	Phi	Chi	Psi	Omega

Maße für

Schriftformen	Abstände	
A: Linienbreite $\frac{1}{14}$h	Buchstaben	≥ $\frac{1}{5}$h
B: Linienbreite $\frac{1}{10}$h	Wörter	≥ $\frac{1}{2}$h
	Zeilen	≥ $\frac{8}{10}$h

Linienarten — S. 11, 12, 14, 20, 21, 24, 27

Linienart Linienbreite in mm	Anwendungen
Vollinie 0,5 0,25	sichtbare Körperkanten [M08] Maßlinien [M09] Maßhilfslinien [M09] Schraffur [M38] Gewindelinien [M50]
Strichlinie 0,25	verdeckte Körperkanten [M26]
Strichpunktlinie 0,5 0,25	Schnittverlauf [M45] Mittellinien [M17]
Freihandlinie 0,25	Bruchlinien [M41] [M63]
Zickzacklinie 0,25	alternativ zur Freihandlinie

Zeichenhinweise — S. 11, 16, 27

[M34] Strichlinien enden an Kanten mit Strichen
[M35] Strichlinien kreuzen sich in Strichen
[M12] Maßlinien sollen keine Linien kreuzen
[M13] Maßhilfslinien sollen keine Linien kreuzen
[M63] lange Werkstücke mit gleichem Querschnitt: unterbrechen oder abbrechen.

Kurzzeichen — S. 14, 24

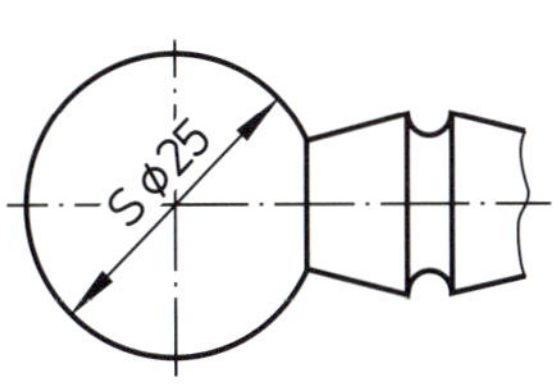

⌀ : Durchmesser [M20]
S ⌀ 25 : Kugel mit Durchmesser 25

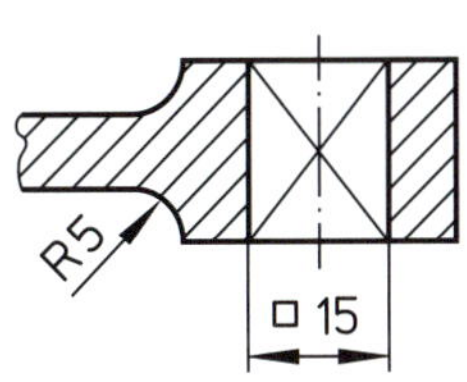

□ 15 : Quadrat mit Seitenlänge 15

x(Diagonalkreuz) : ebene Fläche
R 5 : Radius 5 [M29]

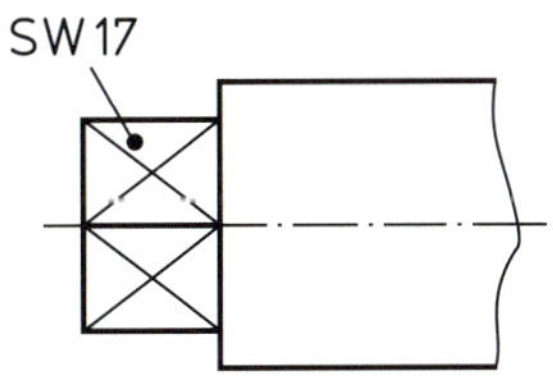

SW 17 : Schlüsselweite 17 [M55]

Bemaßungen — S. 11, 12, 14, 15, 16

[M10] **Nicht symmetrische Werkstücke**: Maße auf zwei Bezugskanten beziehen
Flache Werkstücke: Bezugskanten senkrecht aufeinander

[M11] **Maßlinien** parallel zu Körperkante
[M12] Maßlinien enden an Maßhilfslinien oder Körperkanten, aber nicht an Körperecken

[M13] **Maßhilfslinien** = Körperkanten-Verlängerung

[M14] **Maßzahlen**: lesbar von unten oder rechts
[M15] Maßangaben in mm, aber ohne Einheitsangaben

[M18] **Mittellinie** = Bezugslinie
[M22] Mittellinie kann Maßhilfslinie sein

[M20] **Bohrungen**: Mittelpunkt und Durchmesser bemaßen Ø vor Maßzahl
[M36] Gleiche Bohrungen oder Rundungen nur einmal bemaßen

[M24] **Durchbrüche**: Abmessungen und Lage des Lochs bemaßen

[M23] **Maßpfeile** und Maßzahl bei Platzmangel auch außen an Maßhilfslinien

[M30] Ansichten so wählen, daß Maße an sichtbaren Kanten.

[M27] **Verdeckte Kanten** bekommen keine Bemaßung

[M25] **Drehteile**: mindestens 2 Ansichten
[M31] Drehteile: Stirnkante = 2. Bezugslinie

[M28] Maße nur in einer Ansicht (**keine Doppelbemaßung**)

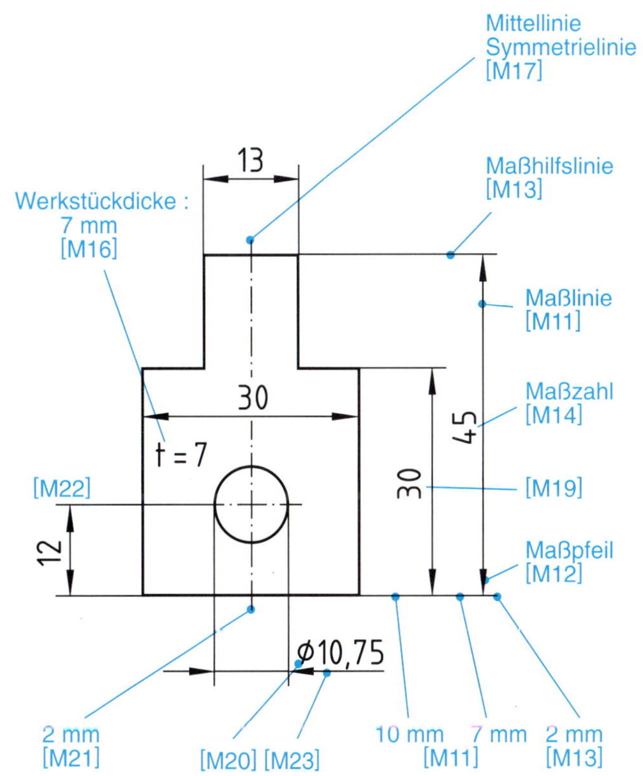

Kurzfassung Metalltechnik

Drei Ansichten — S. 16

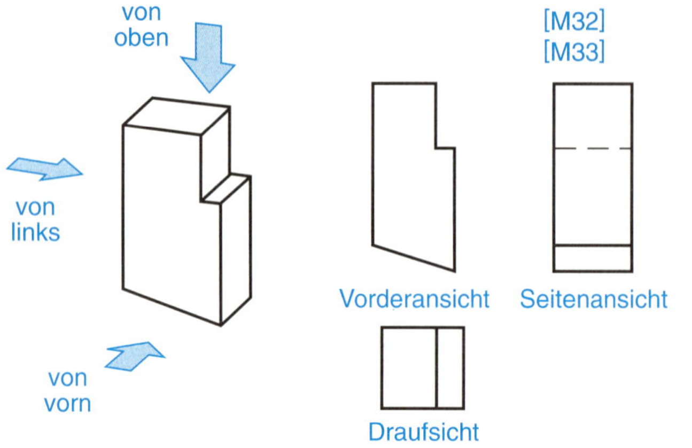

Schnitte — S. 20, 21

[M37] Schnitte entlang Mittellinie bzw. senkrecht dazu
[M39] Schnittdarstellungen ohne verdeckte Kanten

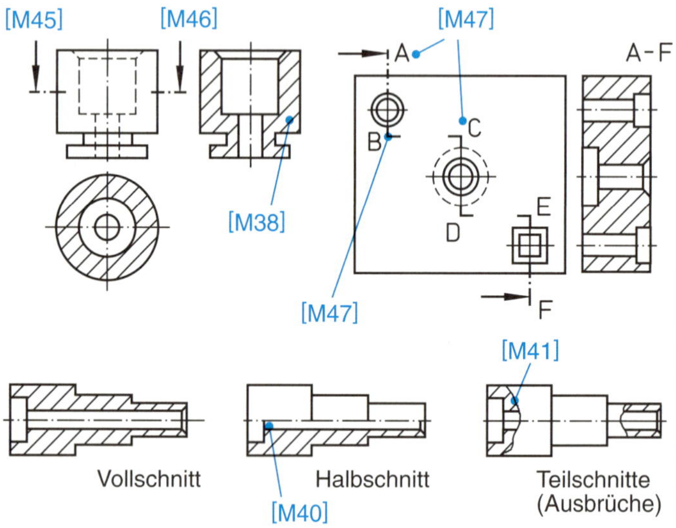

Maßstäbe — S. 20

[M43] Maßstabsangabe im Schriftfeld oder unter Zeichnung
[M44] Maßangaben in Zeichnung = Werkstückmaß

Beispiel : M 1 : 2

Zeichnungsmaß — Werkstückmaß

Vergrößerungen	Natürl. Maßstab	Verkleinerungen
z.B. M 2 : 1	M 1 : 1	z.B. M 1 : 10

Explosionszeichnungen (Anordnungspläne) — S. 9

[M03] Einzelteile in dimetrischer Projektion
[M04] Einzelteile vereinfacht und unmaßstäblich
[M05] Zusammenbau:
- Richtung: Fluchtlinien oder Strichpunktlinien
- Reihenfolge: nicht festgelegt, eventuell Hinweise

[M06] Einzelteile numeriert, u.U. bezeichnet
[M07] Stücklisten: Positionsnummer, Benennung, Menge, Norm.

Gewinde — S. 24, 25

[M54] **Gewindeform** = Buchstaben vor Maßzahl
M = Metrisches ISO-Gewinde   Tr = Trapezgewinde
R = Whiteworth-Rohrgewinde   E = Elektrogewinde

Vereinfachte Darstellung [M56]

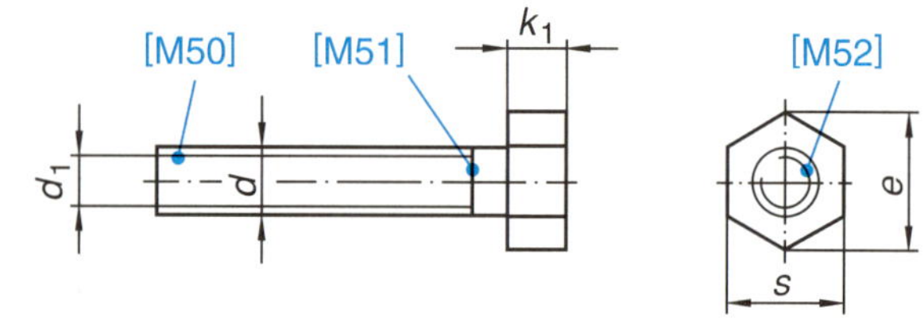

Richtwerte zum Zeichnen:

Eckmaß $e = 2 \cdot d$ $d_1 = 0{,}8 \cdot d$
Schlüsselmaß $s = 1{,}7 \cdot d$ $k_1 = 0{,}7 \cdot d$

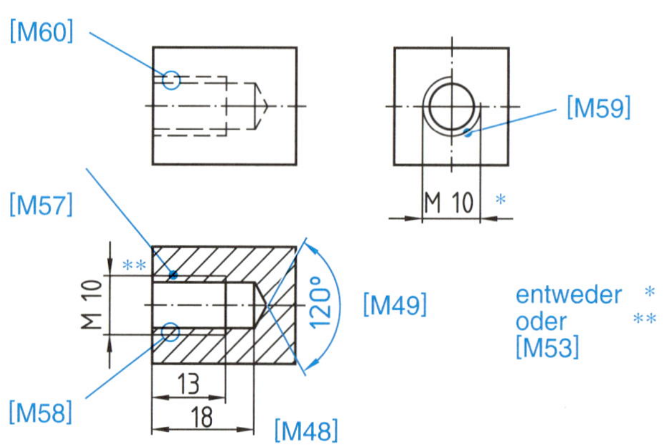

Oberflächenzeichen — S. 27

[M62] Zeichen senkrecht auf Fläche, lesbar von unten oder rechts

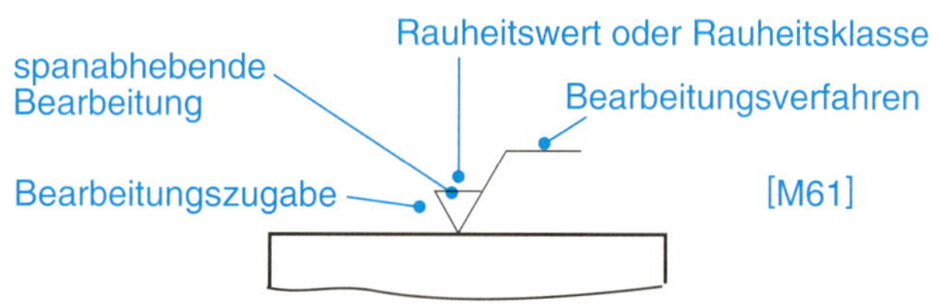

Zusammenbauzeichnungen — S. 29, 30

[M64] **Gesamt-Zeichnung** = zusammengebautes Werkstück
[M65] Keine Maße eintragen
[M69] Keine verdeckten Kanten einzeichnen.

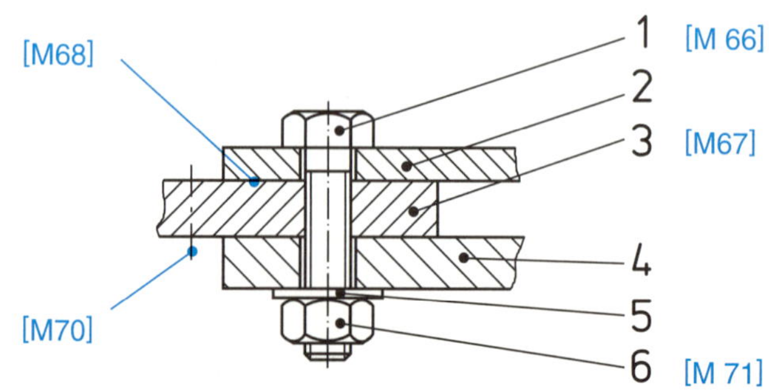

[E05] Es werden nur die für die Schaltung erforderlichen Adern angegeben

[E06] Es werden nur die für die Schaltung erforderlichen Betriebsmittel angeben

Installationsplan S. 31

Anwendung: Räumliche Anordnung der Betriebsmittel in Grundrissen o.ä.

Merkmale: [E02] Keine Leitungen dargestellt, Schaltzeichen für einpolige Darstellung

Beispiel

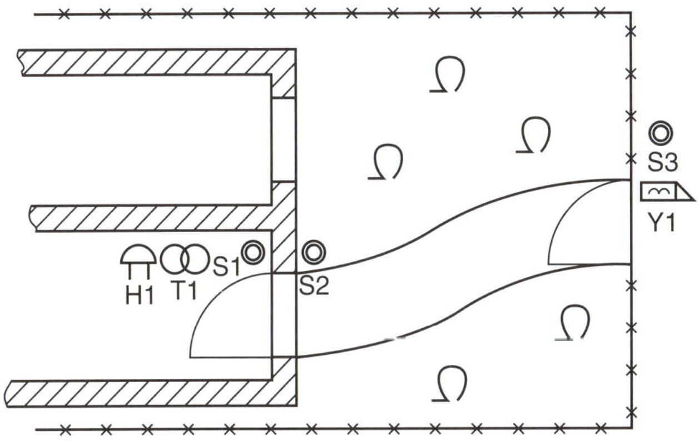

Übersichtsschaltplan S. 32

Anwendung: Überblick über Arbeitsweise und Gliederung einer Anlage

Merkmale: [E03] Zeigt wesentliche Anlageteile
Kann Verlegungsart enthalten
[E04] Wird einpolig dargestellt

Beispiel

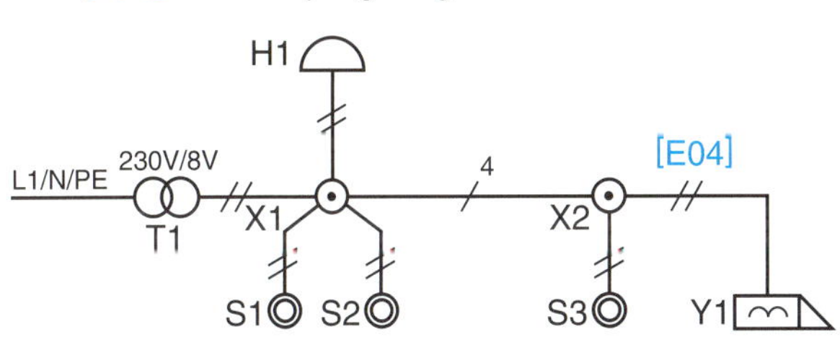

Verteilungsplan S. 51

Anwendung: Überblick über die Gliederung der Anlage und Zuordnung der Schutzorgane

Beispiel

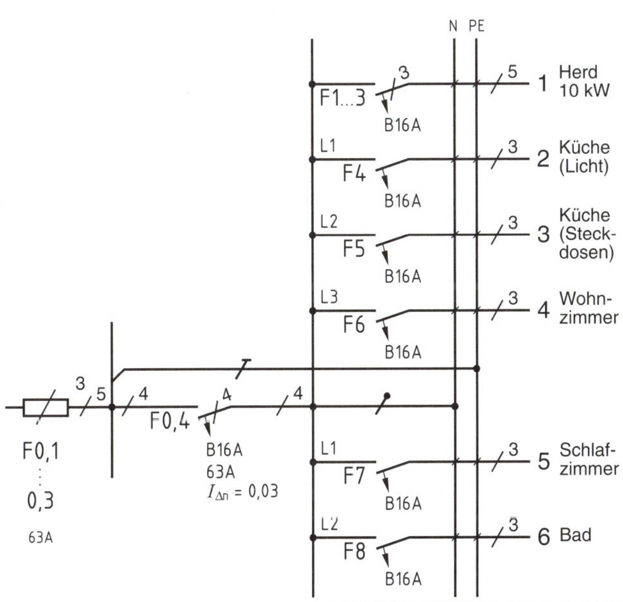

Stromlaufpläne S. 33

Anwendung: Erkennen der Wirkungsweise einer Anlage

Merkmale: [E13] Zeigt alle Betriebsmittel mit Klemmen und Leitungen
[E10] Wird mehrpolig dargestellt
[E12] Schaltgeräte unbetätigt und Verbraucher im stromlosen Zustand dargestellt

Stromlaufplan in zusammenhängender Darstellung S. 33

Merkmale: [E08] Einzelteile der Betriebsmittel zusammenhängend dargestellt
[E09] Anordnung der Betriebsmittel ähnlich wie Übersichtsschaltplan

Beispiel

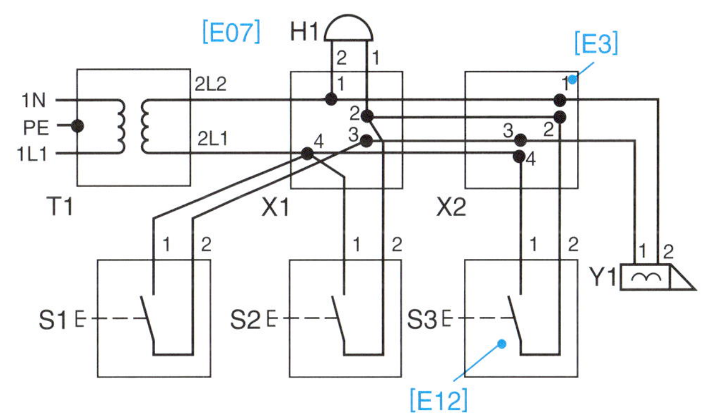

Stromlaufplan in aufgelöster Darstellung S. 46

Merkmale: [E22] Strompfade gradlinig und parallel
[E23] Strompfade möglichst kreuzungsfrei
[E24] Einzelteile der Betriebsmittel getrennt den einzelnen Strompfaden zugeordnet
[E24] Teile desselben Betriebsmittels haben die gleiche Betriebsmittel-Kennzeichnung
[E25] Schutzmaßnahmen nicht dargestellt
[E26] Stromfluß durch die Betriebsmittel in der gleichen Reihenfolge wie bei Stromlaufplan in zusammenhängender Darstellung

Beispiel

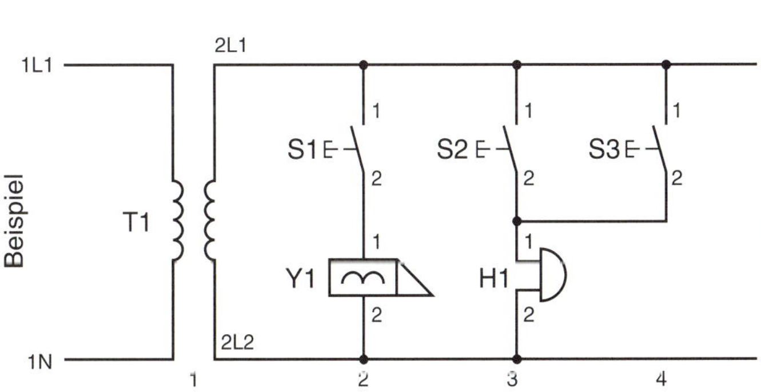

Ausschaltung S. 33

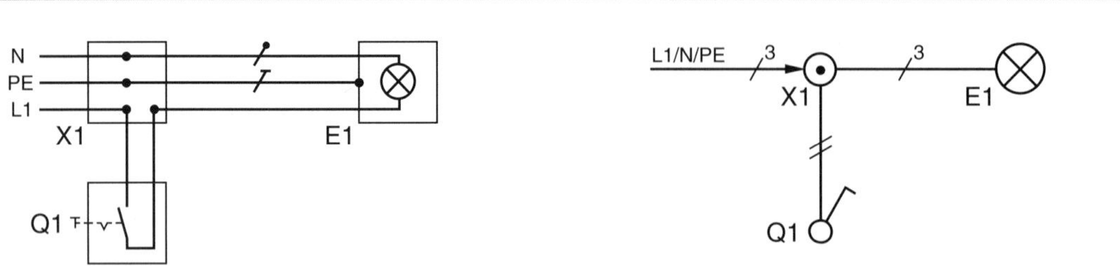

Serienschaltung S. 34

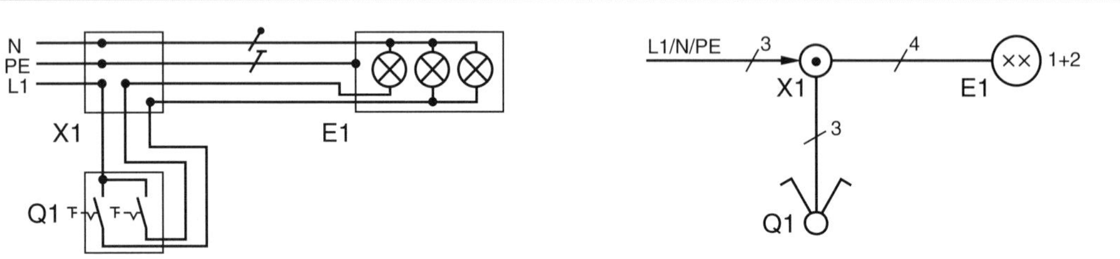

Gruppenschaltung S. 44

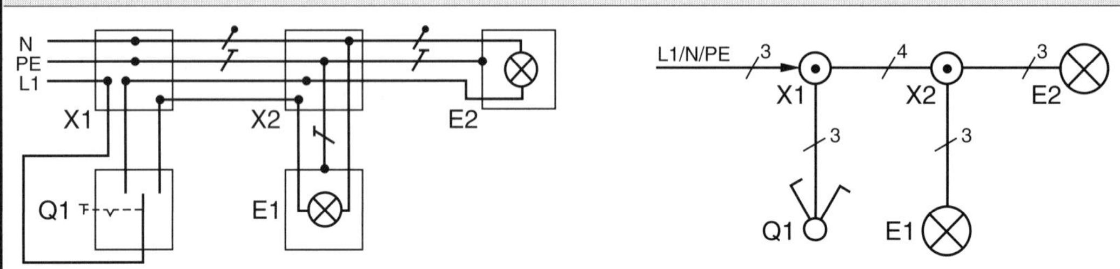

Wechselschaltung S. 39

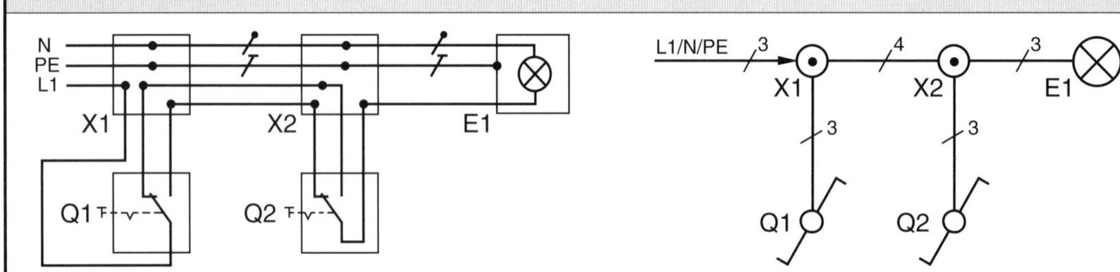

Sparwechselschaltung S. 40

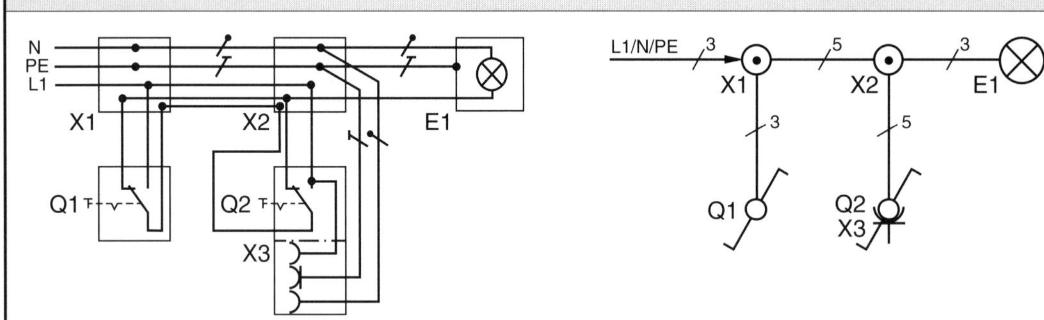

Kreuzschaltung S. 41

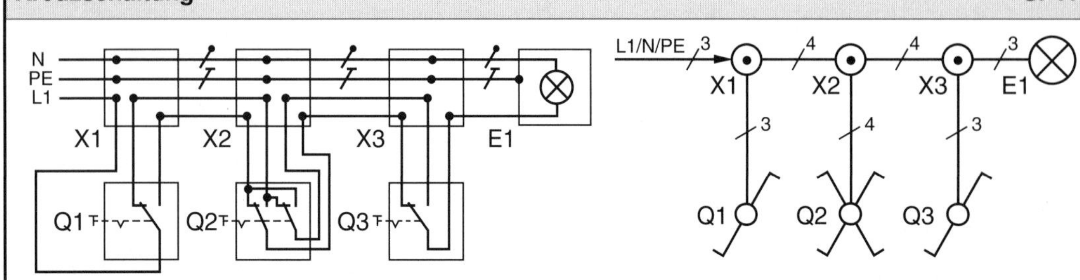

Besondere Schalter

Ausschalter mit Dimmer

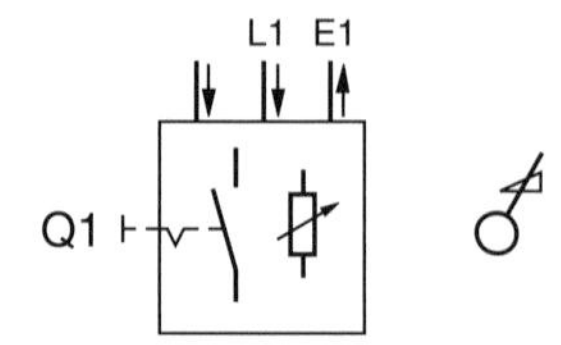

Wechselschalter mit Dimmer

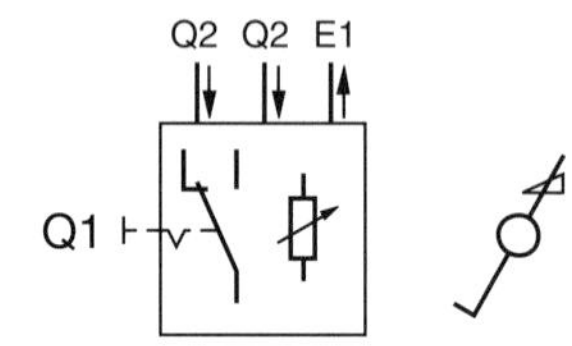

Beleuchteter Ausschalter

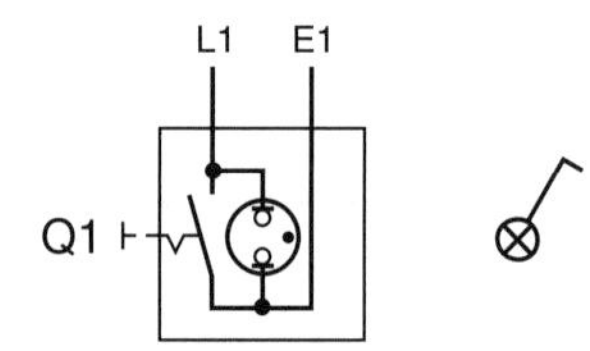

Ausschalter mit Kontrollampe

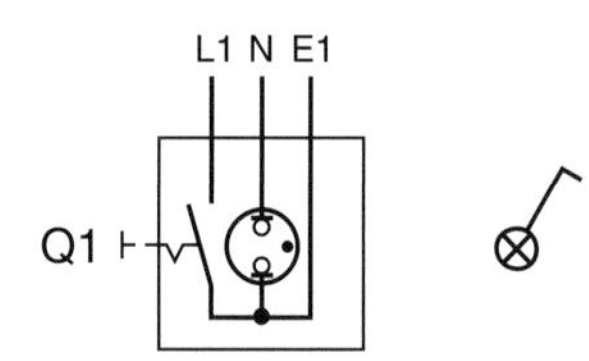

Wechselschalter mit Glimmlampe

- beleuchteter Schalter

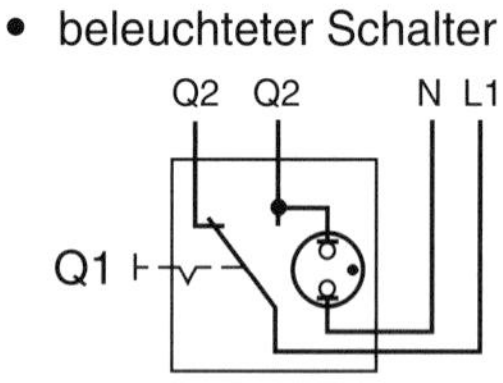

- Schalter mit Kontrollampe

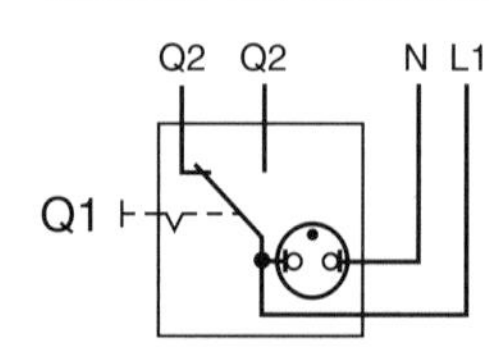

- Schalter ständig beleuchtet

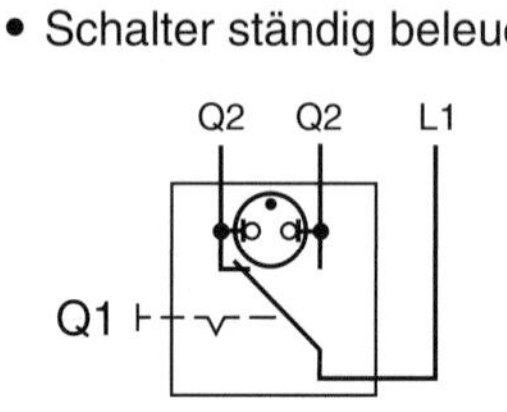

Tasterschaltung S. 45 ... 48

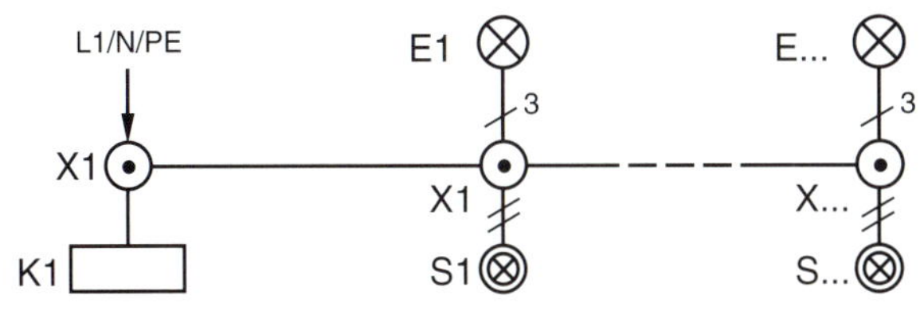

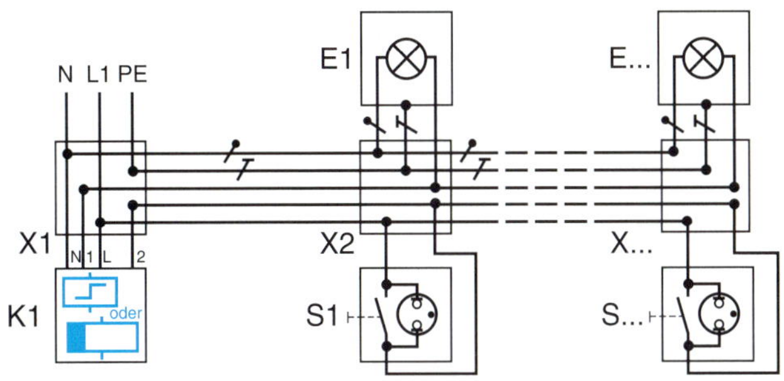

Stromstoßschalter

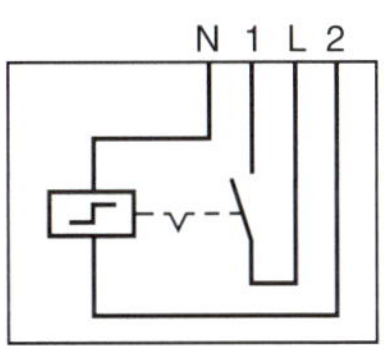

Zeitschalter

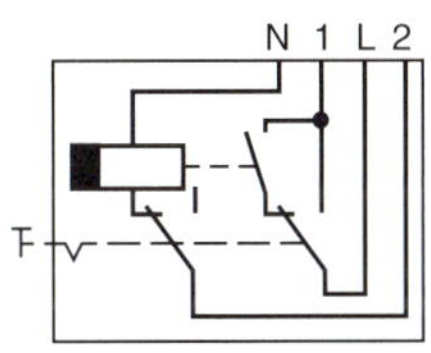

Hausklingelanlage S. 51

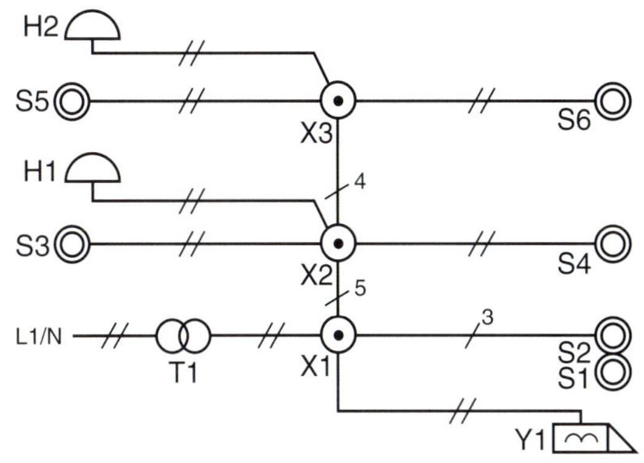

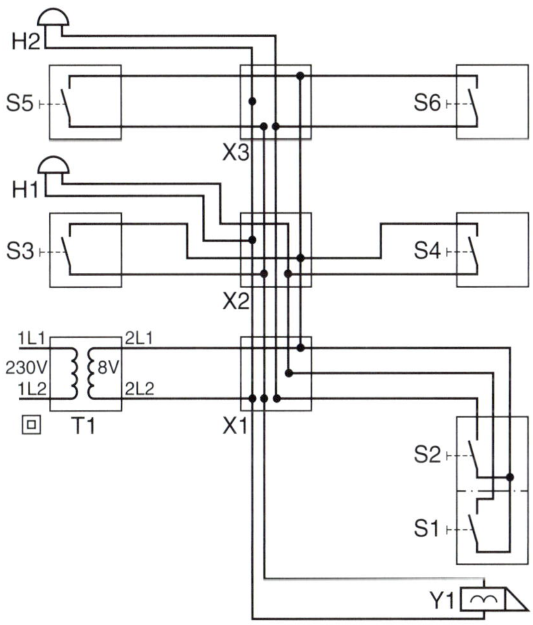

Betriebsmittel-Kennzeichnung S. 33

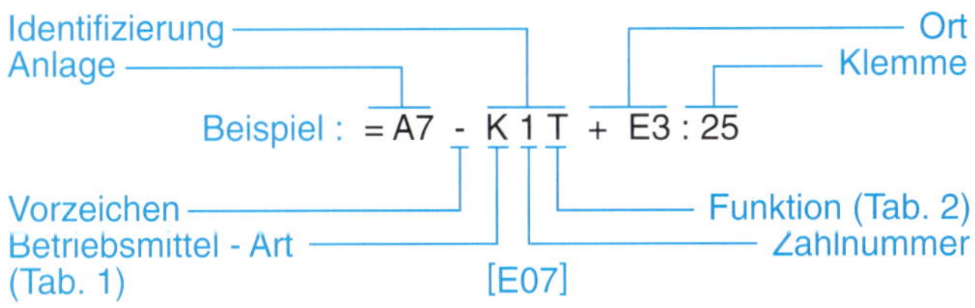

Tab. 1: Betriebsmittel-Art (Auszug)

Kenn-buch-stabe	Art des Betriebs-mittels	Beispiele
A	Baugruppe	Verstärker
B	Umsetzen von nicht elektrischen Größen	Mikrofon, Lautsprecher
E	Verschiedenes	Leuchten, Heizung
F	Schutzeinrichtung	Sicherungen
G	Generator	Netzgeräte
H	Meldeeinrichtung	Signallampen Wecker
K	Schütz, Relais	Zeitrelais
Q	Starkstrom-Schaltgerät	Installations-schalter
S	Schalter, Wähler	Steuer-schalter
T	Transformator	

Tab. 2: Betriebsmittel-Funktion (Auszug)

Kenn-buch-stabe	Allgemeine Funktion	Beispiele
A	Hilfsfunktion	Hilfsrelais
B	Bewegungs-richtung	
C	Zählung	
F	Schutz	Motorschutz-schalter
G	Prüfung	
H	Meldung	Melderelais
K	Tastbetrieb	
M	Haupt-funktion	Hauptschütz
N	Messung	
R	Rückstellen	
S	Speichern	
T	Zeitmessung, Verzögerung	Zeitschalter

Anschlußbezeichnungen S. 48

Spulen

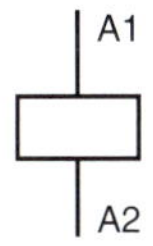

Hauptschaltglieder

[E28]

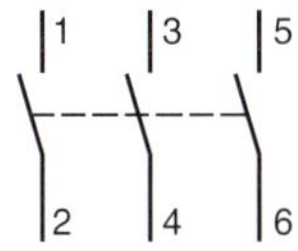

Hilfsschaltglieder

[E29]

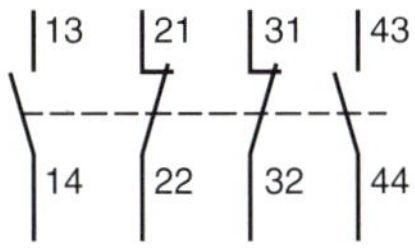

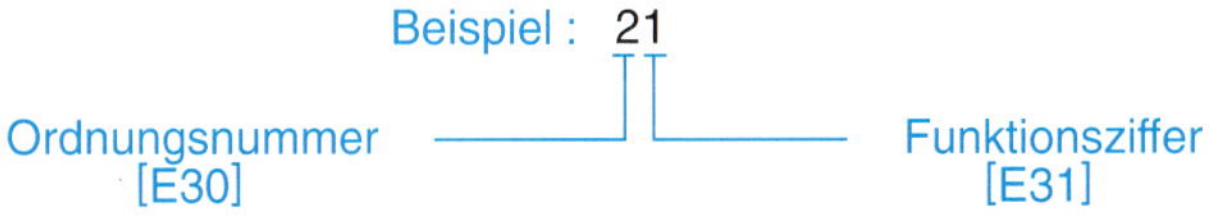

Schaltglieder werden durchnumeriert

Schaltglied	Ziffern
Öffner	1, 2
Schließer	3, 4
Wechsler	1, 2, 4
Zeitverzögerte Schaltglieder	
Öffner	5, 6
Schließer	7, 8
Wechsler	5, 6, 8

Kurzfassung Elektrotechnik

Kennliniendarstellung S. 63, 64

Schritte zur Kennlinienaufnahme

[E44] 1. Meßschaltung entwerfen
2. Meßwerte in Tabellenform aufnehmen
3. Meßwerte graphisch darstellen (Kennlinie)
4. Kennlinie interpretieren

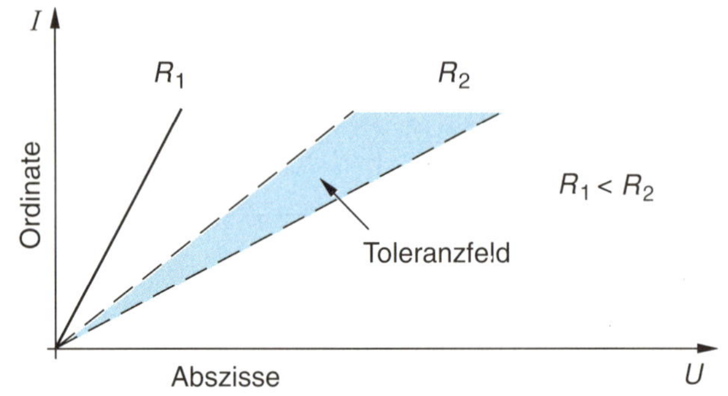

[E50] **Beziehungen zwischen Größen aus Kennlinien**
Aus Kennlinien lassen sich Beziehungen zwischen Größen in Form von

- sprachlichen Aussagen (größer, kleiner, steiler,...),
- Wirkungsketten ($U\uparrow \Rightarrow I\uparrow$) oder
- mathematischen Aussagen ($I \sim U$) ermitteln.

Zeichnerische Lösung von Reihenschaltungen S. 67

[E49] 1. Achsenkreuz mit dem zu erwartenden Spannungs- und Stromstärkenbereich zeichnen, Maßstab wählen.
2. Stromstärke durch R_1 für eine beliebige Spannung berechnen und diesen Koordinatenpunkt mit dem Nullpunkt verbinden (Kennlinie für R_1).
3. Stromstärke durch R_2 für eine beliebige Spannung berechnen und diesen Koordinatenpunkt mit dem Wert für die Gesamtspannung auf der U-Achse verbinden (Kennlinie für R_2).
4. An der I-Achse die Stromstärke der Reihenschaltung ablesen (Schnittpunkt der Kennlinien), I_{12}.
5. An der U-Achse die Teilspannungen U_1 und U_2 ablesen (Schnittpunkt).

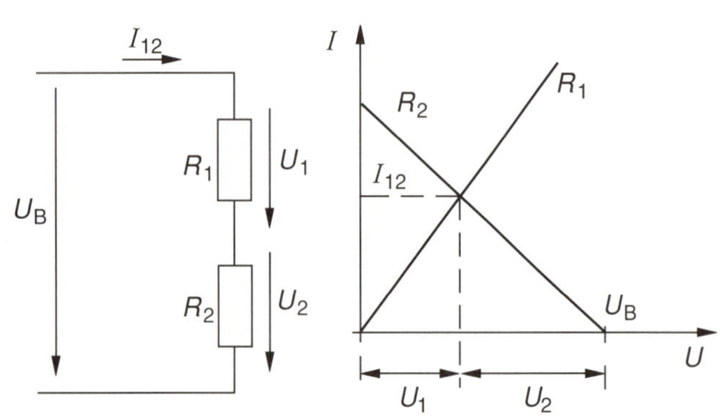

Leistungshyperbel

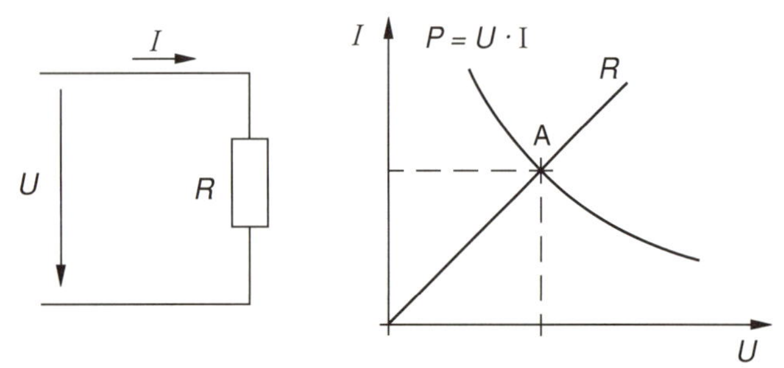

Arbeitspunkt A nur auf oder unterhalb der Leistungshyperbel.

Logarithmische Achseneinteilung S. 70, 71

[E52] Die Abstände zwischen zwei Zehnerpotenzen sind gleich. Im Diagramm gibt es keinen Nullpunkt.

Logarithmisch geteilte Strecke

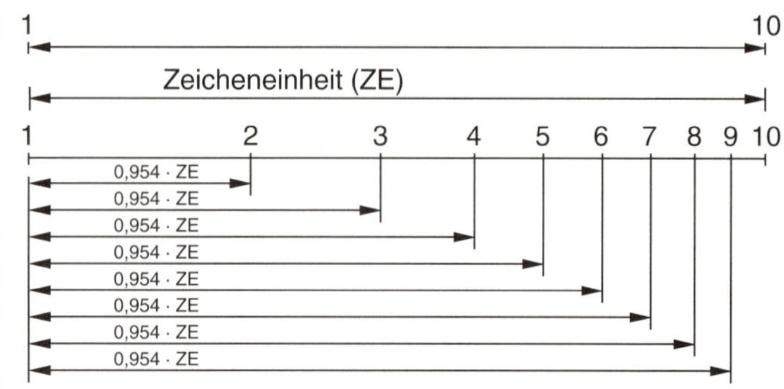

[E54] Schritte beim Ablesen beliebiger Werte:
1. Zeicheneinheit ermitteln (Abstand zwischen zwei Zehnerpotenzen in mm oder cm).
2. Anteil des abzulesenden Wertes von der Zeicheneinheit ermitteln (in mm oder cm).
3. Ablesewert durch Umkehrung des Logarithmierens ermitteln.

Kennlinieninterpretation S. 79

[E62]
- Welche Größen stehen an den Achsen?
- Wie sind die Achsen geteilt?
- Welche Größenbereiche werden dargestellt?
- Ist der Verlauf linear oder nichtlinear?
- Läßt sich die Kennlinie in Bereiche aufteilen, die unterschiedlich interpretiert werden müssen?
- Gibt es Maximal- und Minimalwerte? Welche Bedeutung haben sie?
- Gibt es Grenzwerte, die eingehalten werden müssen?
- Wie steil ist die Kennlinie oder sind Teilbereiche?
- Steht an der Kennlinie eine weitere Größe (z.B. Temperatur; Parameter)?
- Kann durch Umzeichnen (z.B. logarithmisch in linear) eine klarere Aussage über das Bauteil gemacht werden?
- Läßt sich mit Hilfe der Kennlinie etwas über das Verhalten des Bauteils und deren Anwendungsbereiche aussagen?

Differentieller Widerstand S. 84

[E66] Differentielle Widerstände (Wechselstromwiderstände) werden ermittelt, indem man eine Tangente an die Kurve in den Arbeitspunkt legt und die Spannungsänderung durch die Stromänderung dividiert.

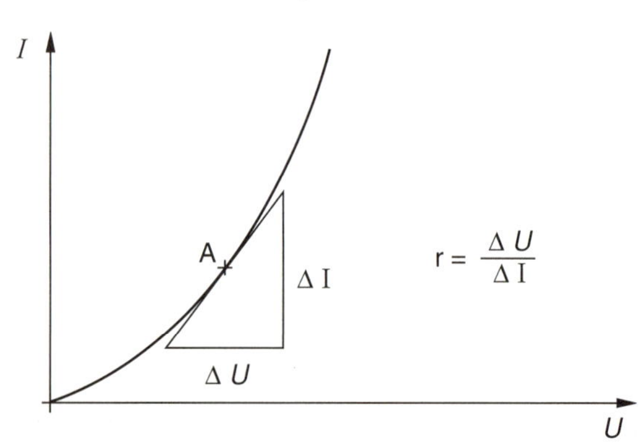

$$r = \frac{\Delta U}{\Delta I}$$

Linearer Widerstand — S. 64, 65

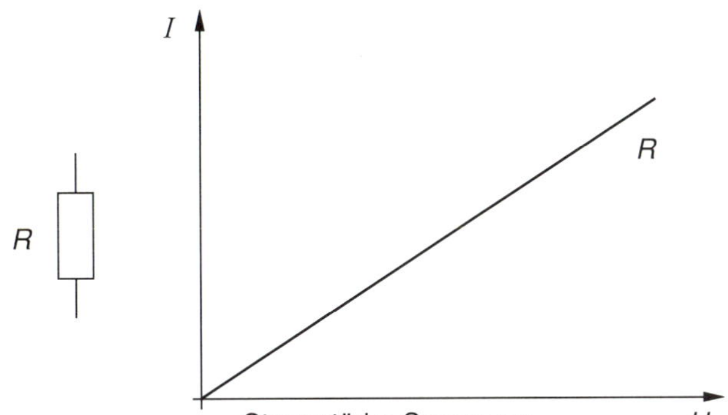

Stromstärke-Spannung

Varistor, VDR — S. 70 … 73

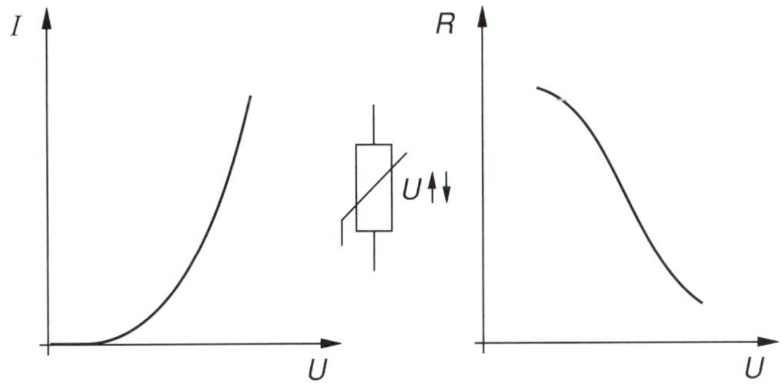

Stromstärke-Spannung — Widerstand-Spannung

Reihenschaltung aus Varistor und linearem Widerstand — S. 72

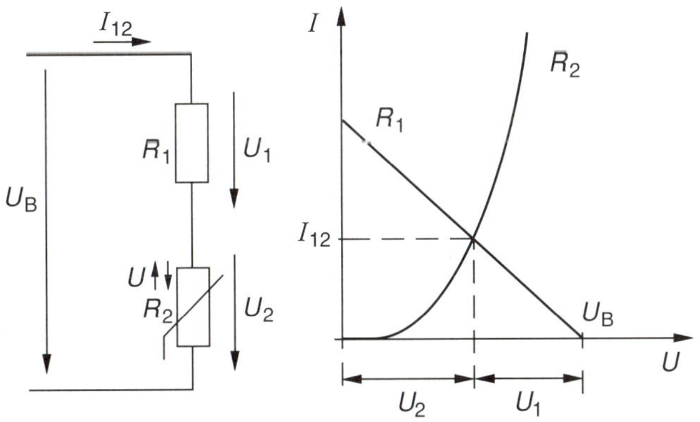

Spannungsaufteilung

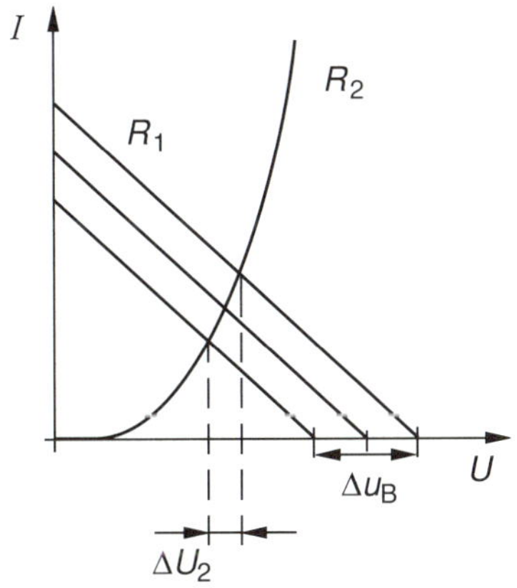

Spannungsänderung

Heißleiter, NTC — S. 74 … 78

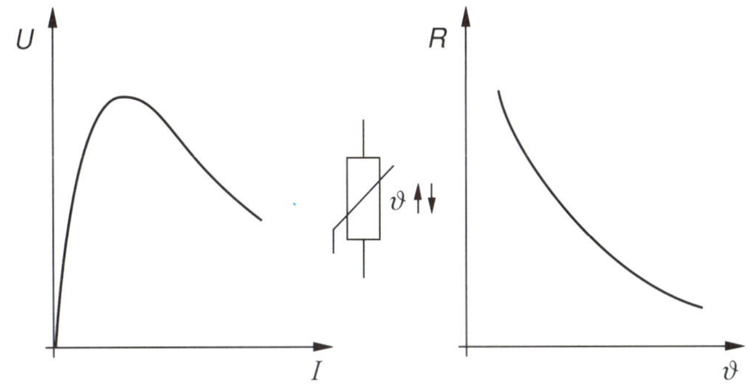

Spannung-Stromstärke — Widerstand-Temperatur

Linearisierung von Kennlinien

[E58] Heißleiterkennlinien lassen sich durch zusätzliche Widerstände linearisieren. Vorwiderstände sollten so groß sein wie der Heißleiterwiderstand im mittleren Temperaturbereich und Parallelwiderstände etwa 10mal so groß.

Kaltleiter, PTC — S. 79 … 83

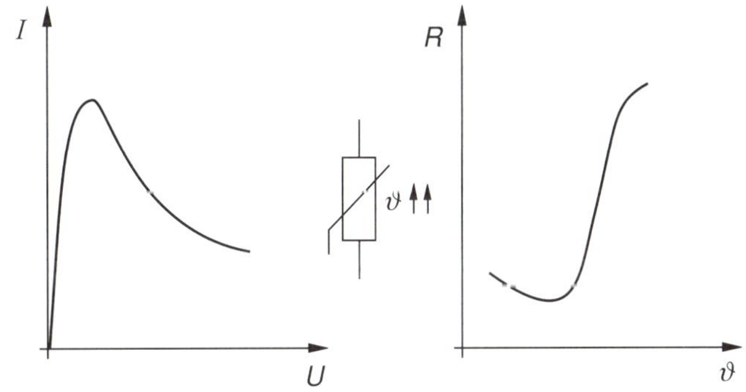

Stromstärke-Spannung — Widerstand-Temperatur

Fotowiderstand, LDR — S. 82, 83

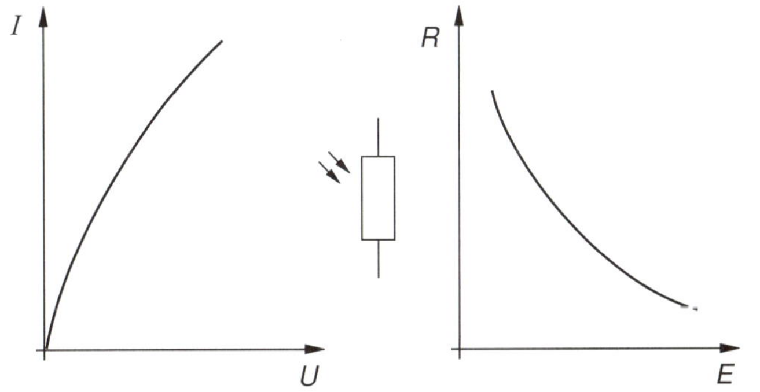

Stromstärke-Spannung — Widerstand-Beleuchtungsstärke

Dioden S. 84 ... 88

Kennlinie

[E64] Dioden besitzen im Durchlaßbereich einen kleinen und im Sperrbereich einen erheblich größeren Widerstand. Je steiler die Kennlinie, desto kleiner ist der Widerstand.

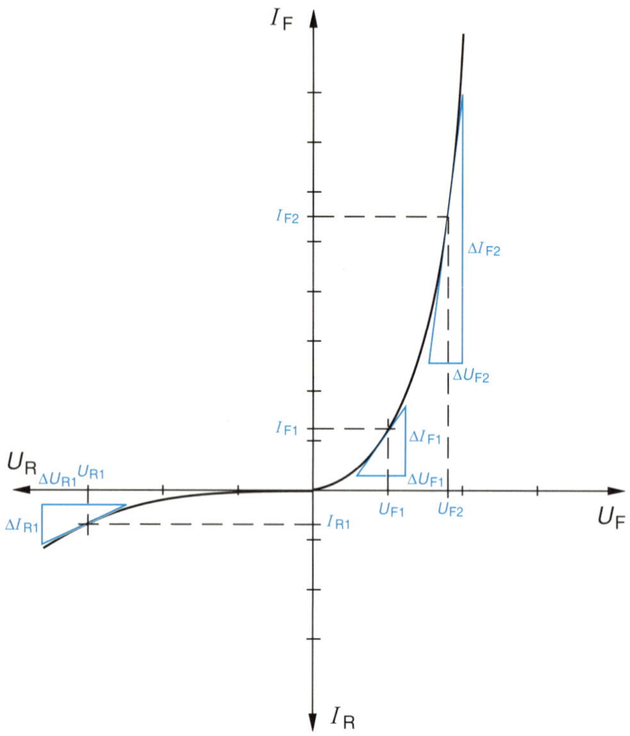

Dioden als Schalter

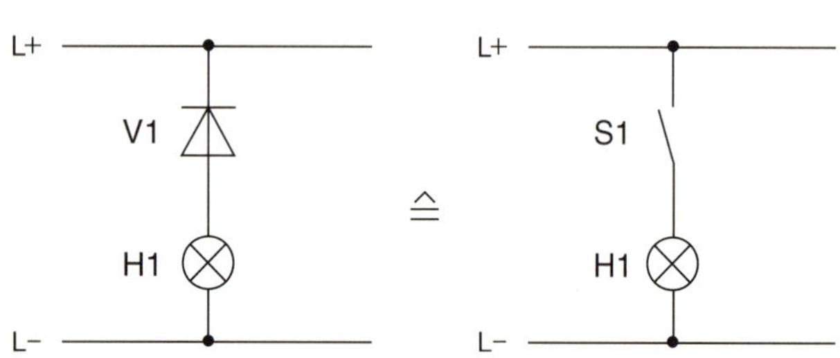

Sperrverhalten

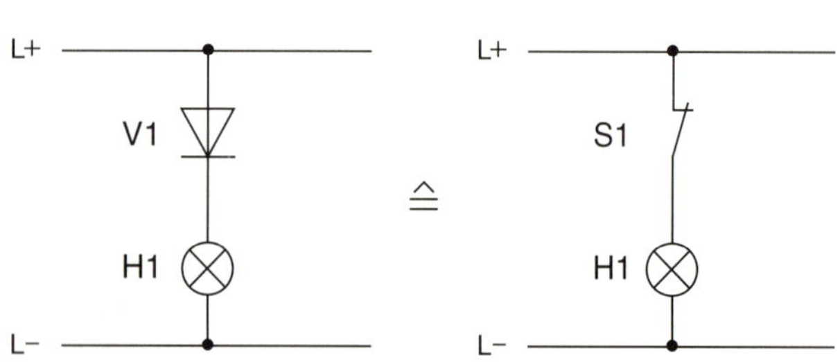

Durchlaßverhalten

Logische Bausteine S. 57 ... 62

Das Verhalten von Logikbausteinen kann durch
- Schaltzeichen,
- Wertetabellen oder
- Signal-Zeit-Verläufe

beschrieben werden.

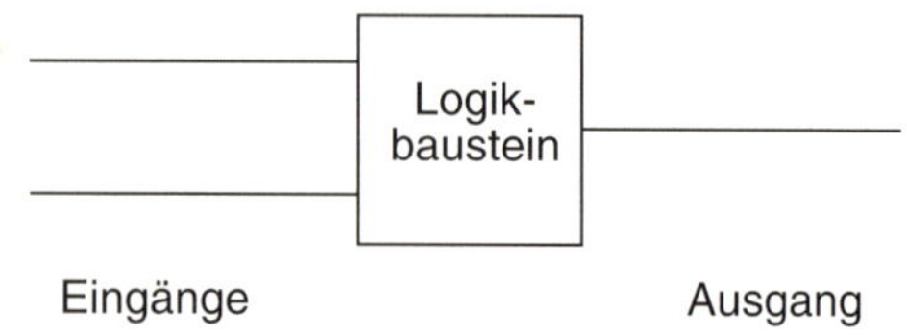

UND S. 57

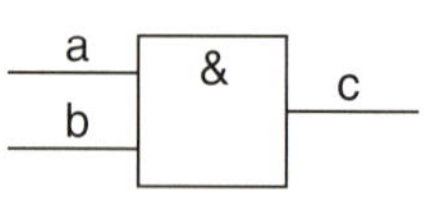

a	b	c
0	0	0
0	1	0
1	0	0
1	1	1

$c = a \wedge b$

ODER S. 58

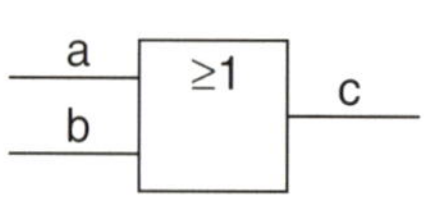

a	b	c
0	0	0
0	1	1
1	0	1
1	1	1

$c = a \vee b$

NICHT S. 59

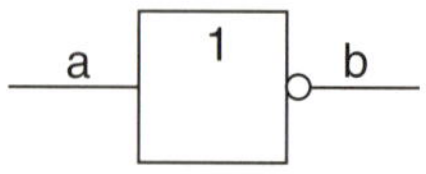

a	b
0	1
1	0

$b = \overline{a}$

NAND S. 59

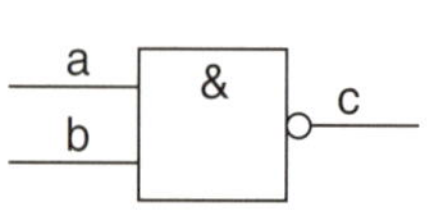

a	b	c
0	0	1
0	1	1
1	0	1
1	1	0

$c = \overline{a \wedge b}$

NOR S. 59

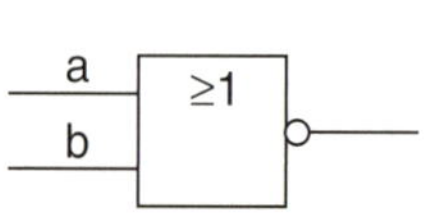

a	b	c
0	0	1
0	1	0
1	0	0
1	1	0

$c = \overline{a \vee b}$

Schaltzeichen für mehrpolige Darstellung	Schaltzeichen für einpolige Darstellung	Benennung
L1 N PE	L1/N/PE 3	Abzweigdose
		Tastschalter, unbeleuchtet
		Tastschalter, beleuchtet
		Tastschalter mit Kontroll-lampe
		Ausschalter (s.S.94)
		Wechsel-schalter (s.S.94)
		Gruppen-schalter
		Serien-schalter
		Kreuz-schalter
		Dimmer (s.S.94)

Schaltzeichen für mehrpolige Darstellung	Schaltzeichen für einpolige Darstellung	Benennung
	3	Schutzkontakt-steckdose, einfach
	3	Schutzkontakt-steckdose, dreifach
	3	Leuchte, einfach
	4 ×× 1+2	Leuchte mit zwei Strom-kreisen
	3	Leuchte mit Schalter
	oder	Leuchte mit Leucht-stofflampe
	3	Notleuchte
	4 ××	Leuchte mit Notleuchte
	3	Scheinwerfer

Schaltzeichen	Benennung
	Gehäuse
	Zwei Betriebs-mittel in einem Gehäuse
	Sicherung
	Wecker
	Gong
	Summer
	Mikrofon
	Fernhörer
	Laut-sprecher
	Hupe
	Hand-apparat
	Gegen-sprech-stelle
	Türöffner
	Leitung, allgemein
	Neutralleiter N
	Schutzleiter PE
	Nulleiter PEN

Schaltzeichen der Elektrotechnik

Schaltzeichen für		Benennung
mehrpolige Darstellung	einpolige Darstellung	
		Transformator
		Relais, Schütz
		Stromstoß-schalter
		Zeitschalter, abfall-verzögert
		Zeitschalter, anzugs-verzögert

Schaltzeichen	Benennung
	mechanische Wirkverbindung
	Handbetrieb, allgemein
	Handbetrieb, Drücken
	Handbetrieb, Ziehen
	Handbetrieb, Kippen
	Handbetrieb, Drehen
	andere Antriebe, z.B. Fußantrieb
	abnehmbarer Griff
	Betätigung durch Schlüssel
	Fühler
	rastend
	abfallverzögert
	anzugsverzögert

Schalt-zeichen	Benennung
	Netzgerät
	ideale Stromquelle
	ideale Spannungs-quelle
	Primärzelle
	Verstärker
	Meßgerät hier: Strom-messer
	Transistor (NPN)
	Spule
	Kondensator

Verlegungen	
Schalt-zeichen	Benennung
	Leitung auf Putz
	Leitung im Putz
	Leitung unter Putz
	Leitung im Installa-tionsrohr
	Erdkabel

Schalt-zeichen	Benennung
	Widerstand, linear
	Widerstand, spannungs-abhängig (VDR)
	Widerstand, lichtabhängig (LDR)
	Widerstand, temperatur-abhängig (PTC)
	Widerstand, temperatur-abhängig (NTC)
	Diode
	Leuchtdiode

Logische Verknüpfungen	
Schalt-zeichen	Benennung
	UND-Glied
	ODER-Glied
	NICHT-Glied
	NAND-Glied
	NOR-Glied